U0305952

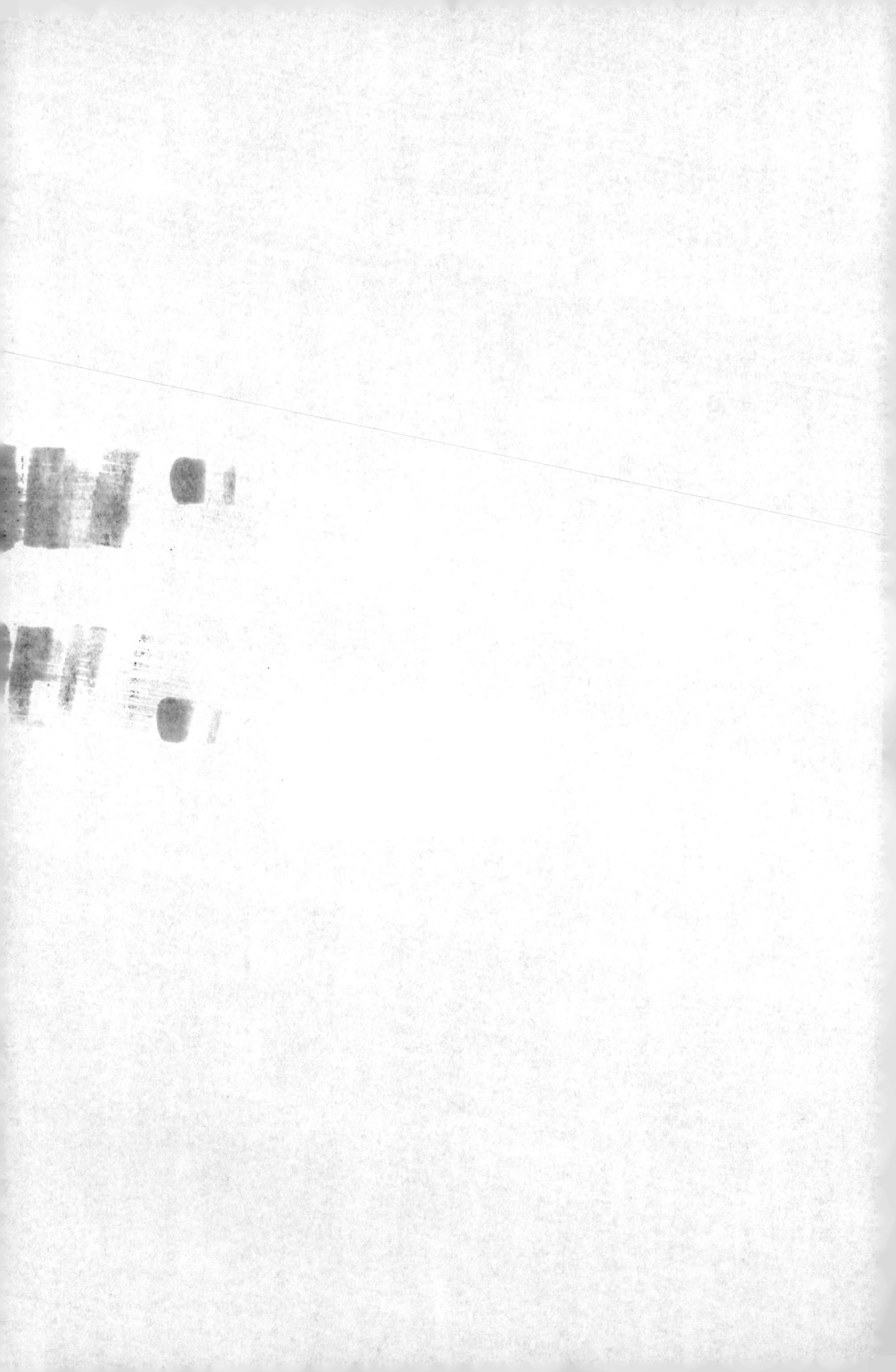

测绘科技经典著作

制图综合

ZHITU ZONGHE

王家耀 等 编著

测绘出版社

·北京·

内容简介

本书共九章。第一章，地图制图综合概述，主要分析了综合方法应用于地图制图的特殊性、实质及其表现形式，提出解决问题的基本原则和方法；后续第二至第九章，分别详细讨论了地图上居民地，道路，水系，植被，境界，地貌，测量控制点、独立地物、管线和垣栅等地理要素（现象）的制图综合方法，以及地形图上各要素图解关系的处理方法。

图书在版编目(CIP)数据

制图综合 / 王家耀等编著. -- 北京 ：测绘出版社，
2022.7
（测绘科技经典著作）
ISBN 978-7-5030-4409-0

Ⅰ. ①制… Ⅱ. ①王… Ⅲ. ①地图制图学 Ⅳ.
①P282

中国版本图书馆 CIP 数据核字(2022)第 002725 号

责任编辑 余　凡　**执行编辑** 焦孟梅　**封面设计** 李　伟　**责任印制** 陈姝颖

出版发行	测绘出版社	**电　话**	010－68580735(发行部)
地　址	北京市西城区三里河路 50 号		010－68531363(编辑部)
邮政编码	100045	**网　址**	www.chinasmp.com
电子信箱	smp@sinomaps.com	**经　销**	新华书店
成品规格	184mm×260mm	**印　刷**	北京建筑工业印刷厂
印　张	14.75	**字　数**	365 千字
版　次	2022 年 7 月第 1 版	**印　次**	2022 年 7 月第 1 次印刷
印　数	0001－1000	**定　价**	58.00 元

书　号 ISBN 978-7-5030-4409-0
审 图 号 GS(2021)8381 号
本书如有印装质量问题，请与我社发行部联系调换。

前　言

《制图综合》这本书从手刻油印版到今天作为"测绘科技经典著作"正式成书快 50 年了。这本书的编写有四个背景：一是，当时解放军测绘学校（前身为解放军测绘学院，1978 年又恢复称测绘学院）在武汉办学期间，学员都是来自测绘部队生产一线有实践经验的作业人员，迫切要求系统提高关于地图制图综合的理论水平；二是，1970 年开始在武汉办学期间积累的教学实践经验、大量实地考察和对系列比例尺地形图进行综合比较与统计分析研究的成果，为本书的撰写奠定了坚实的基础；三是，随着 20 世纪 70 年代计算机地图制图技术的兴起，制图综合指标量化成为突出的问题，数学方法在制图综合中的应用引起了包括本书作者在内的学界的重视，也取得了初步成果，为本书的编写开拓了新的视角；四是，当时正值大力提倡学习马列主义和毛泽东思想之际，本书作者努力运用马列主义和毛泽东思想的认识论和方法论，分析地图要素的分布规律和不同比例尺地图上地理要素的变化规律，为本书的编写确立了正确的指导思想。

《制图综合》一书是 1974 年撰写的，受当时印刷条件的限制，由教研组的郑治权、高少青两位教员用铁笔在蜡纸上刻写，采用油印机印刷而成，保持了手稿本原貌，属于学校内部用教材。到了 2016 年 2 月，时逢本人 80 岁生日，星球地图出版社将《制图综合》作为我早期撰写的著作（教材）之一出版。由于手刻油印稿本人只保留了一本，所以星球地图出版社采用了两种方式：一是重印原手刻油印稿，完全保持了手稿原样；二是重新打字排版印刷正式公开出版，将原油印手稿中各章（共八章）之前的"制图综合的任务"改为第一章"地图制图综合概述"，共九章。此次测绘出版社将《制图综合》一书作为本人编著的四部"测绘科技经典著作"之一出版，保持了 2016 年版的编排格式，在文字校订和插图处理、封面设计等方面做了大量工作。

《制图综合》一书是 20 世纪 70 年代中期以前作者教学科研成果的积累，打上了"传统手工模拟地图制图综合到计算机数字地图制图综合过渡期"的"烙印"，从分析现实世界地理要素（现象）的复杂多样性同地图幅面的局限性之间的差异（差异即矛盾）入手，突出了地图制图综合作为一种科学抽象的基本理论和方法，如何解决不同用途、不同比例尺、不同制图区域地理特点和不同要素（现象）在制图时会遇到的综合问题，凸显了制图综合指标由定性到定量分析的特点。全书共九章。其中，第一章，地图制图综合概述，作为本书的总论，主要分析了综合作为一种科学抽象方法用于地图制图的特殊性、实质及其表现形式，地图制图综合的基本原则和方法，用于地图制图综合的条件及制图综合的过程；第二至第九章，分别详细讨论了地图上居民地，道路，水系，植被，境界，地貌，测量控制点、独立地物、管线和垣栅等地理要素（现象）的制图综合方法，以及地形图上各要素图解关系的处理方法。各章除文字论述外，还配置了大量的系列比例尺地图制图综合样图，突出了理论与实践的统一。

本书在居民地综合和地貌综合章节引用了当时解放军测绘学院高俊等编著的《地形图编制》中的一些综合原理放大图，关于地貌成因的论述参考了钱振和其他学者的有关文献资料，书中插图由当时的学员编绘或从地形图上选用。

《制图综合》一书从原手刻油印版（解放军测绘学校），到星球地图出版社重印、重新打字排版印刷正式公开出版，再到本次由测绘出版社作为“测绘科技经典著作”出版，我的同事、学生和两个出版社做了大量工作，付出了辛勤劳动。在此一并表示衷心的感谢。

唯有科学的批判，才有真正的科学。本书是20世纪70年代中期的产物，由于作者水平有限，特别是本书原手刻油印版至今时间久远，书中难免有缺点甚至错误。恳请批评指正。

王家耀

2021年5月于郑州

目　录

第一章　地图制图综合概述

第一节　制图综合的基本概念

综合，作为一种方法，在自然科学和社会科学研究中的应用是十分广泛的。一切科学研究，不论是自然的还是社会的，总得首先要提出一个问题，接着加以分析，然后综合起来，指明问题的性质，提出解决问题的办法。这就是从现象到本质的分析和综合的研究，也是找出事物规律性的方法。

综合方法在制图中的应用还有着它的特殊性，这是由地图的基本特性决定的。

将地面转化为地图，要解决两个最基本的问题❶。地面与地图在面积大小上的差异便是这两个最基本的问题之一。

地面与地图在面积大小上的差异，实质上表现为地面物体与现象复杂多样的无限性同地图幅面的局限性之间的差异。地面物体的外形多种多样，十分复杂，大小各不相同，差别很大。所以，一张幅面有限的地图要想包罗万象地表示地面上的一切物体和现象是不可能的，必须按照一定的制图任务，选择与此有关的地面物体和现象，并且按照某些共同的特征将它们加以分类，将形体不同但性质相同的某类物体用一种符号表示。这样做，就会大大减轻由于缩小表示地面所造成的地图上的“负担”。

到此，是否就解决了地面与地图在面积大小上的差异呢？没有。因为即使如此，也还是不可能将地面上已按一定的制图任务经过选择、加以分类并符号化的物体与现象全部容纳在缩小的实测地图上，势必要对它们做些挑选，以保证与地图用途有关的内容能得到充分的显示。

而且，地面与地图在面积大小上的差异并不仅仅表现于将地面转化为地图，还表现在将大比例尺地图转化为较小比例尺地图。很明显，欲将1∶5万或1∶10万比例尺地图上的内容全部地、不加任何化简地表示到1∶20万或1∶50万、1∶100万比例尺地图上，那是不可能的。这就说明利用较大比例尺地图编绘较小比例尺地图时，必须对地图内容进行挑选和化简，即在较大比例尺地图上表示的内容，到了较小比例尺地图上就只能表示其中的一部分或者较概略地予以表示了。这就是我们通常说的对地图内容进行了“综合”。

所以，制图综合的任务就是解决地面与地图在面积大小上的差异。可以说，制作地图就要进行综合。

那么，地面与地图在面积大小上的差异，在编绘作业中是怎样具体地反映出来的呢？对这个问题的讨论，可以使我们对制图综合的任务有进一步的认识。

地面与地图在面积大小上的差异，在编绘作业中具体地表现在两个方面。

---

❶　一是不可展面（地球椭球体面）与平面（地图）的矛盾，由地图投影来解决；二是地面与地图在面积大小上的差异，由制图综合来解决。

一是详细性与清晰性的统一。既详细又清晰是我们对地图的基本要求之一。如果我们能够把地面上的物体全部表示到地图上，或者将较大比例尺地图上的一切物体及它们的一切碎部全部表示到较小比例尺地图上，那当然可以算是详细了。可是实际上这是做不到的。如果硬是这样做，势必不清晰，甚至无法阅读，这样的详细性也就失去其意义了。所以，详细性与清晰性是矛盾的两个方面。但是，必须看到详细性与清晰性都不是绝对的，而是相对的。在地图用途与比例尺一定的条件下，详细性与清晰性是能够统一的。因为我们所要求的详细性，是在比例尺允许的条件下，尽可能多表示一些内容；而我们所要求的清晰性，则是在满足用途要求的前提下，做到层次分明，清晰易读。所以，详细性与清晰性的统一是有条件的统一，其条件就是地图用途和比例尺，统一的方法就是制图综合。

二是准确性与关系正确性的统一。准确性，就是要求地图上所表示的物体必须达到地图比例尺所允许的精度；关系正确性，就是要求地图上以图解形式表示出的物体间的相互关系与实地一致。

准确性与关系正确性的统一是对立的统一。一切实测地图都具有很高的精度，同时又能很真实地显示实地客观存在着的相互关系，比例尺越大，则精度越高，相互关系也越真实。这时，准确性与关系正确性能同时满足，只要做到了准确性，关系正确性也就实现了。而编绘地图则不然，随着比例尺的缩小，二者之间的矛盾突出了，而且比例尺越小，这个矛盾越突出。制图综合的任务，就是要在地图比例尺和用途变化了的情况下，使准确性与关系正确性达到新的统一。

准确性与关系正确性都包含于相似性。所谓相似性，即保持综合前后同一物体的形状相似或群体图形的相似。对于实测地图，是要求地图上的图形与实地地物在形状上相似；对于编绘地图，则要求新编地图上的图形与资料地图上的图形相似。很明显，当物体在地图上以平面图形（真形）表示时，保持了轮廓图形的准确性，也就保证了物体形状的相似性，一切实测地图都具有很好的相似性，比例尺越大越相似；编绘地图由于比例尺缩小了，只能保持物体形状的主要特征，比例尺越小，则形状的相似性越是只能表现在地物的总体形状上；当比例尺缩小到不能用平面图形表示个体地物的形状时（如居民地只能用圈形记号表示），就只能保持地物的群体图形的相似，即相互关系的正确性。

第二节 制图综合的基本原则和方法

制图综合是怎样解决地面与地图在面积大小上的差异，即实现两个“统一”的呢？这就是制图综合应该遵循什么原则和采用什么方法的问题。

一、制图综合应遵循的基本原则

制图综合应遵循的基本原则是表示主要的，舍去次要的。制图物体的主要与次要是普遍存在的。无论在各类要素之间，或同一要素之中，以及许多物体本身，都有主次之分。制图综合的工作，就是要认识制图物体和现象的规律性，将它们区分为主要的与次要的。实施综合时，应根据认识和研究的结果，表示主要的，舍去次要的。

表示主要的和舍去次要的，是一个问题的两个方面。要表示主要的，就必须舍去次要的；而舍去次要的，正是为了表示主要的。不加综合就无法制作地图。所以，表示主要的和舍去次要的，这是一切制图综合所必须遵循的原则。

应该看到，运用“表示主要的，舍去次要的”这一原则，既可决定内容的弃取，解决详细性与清晰性的统一问题，又可指导制图物体的图形化简和制图物体间的图形关系处理，解决准确性与关系正确性的矛盾问题。例如，舍去次要细部，以保持其主要轮廓特征；移动次要物体的位置，以保证主要物体的位置正确；等等。所以说，这一原则能全面指导制图综合，解决综合中的两个基本矛盾，是制图综合最根本的原则。

需要指出的是，这里所说的主要与次要，表示与不表示都不是任意规定的，而是有条件的。在这里，条件就是地图的用途、比例尺和制图地区的地形特点。它们决定着对地面物体的评价及其在图上表示的详细程度和准确程度。这就告诉我们，在运用制图综合的原则时，必须研究运用这一原则的条件。

二、制图综合采用的方法

制图综合的方法，广义地讲，它贯穿于编绘地图的全过程；狭义地讲，则是图上的制图综合作业。我们是从认识制图区域地理特征、拟定综合指标，直至进行图上的制图综合作业这样一个全过程来考虑的。

（一）认识制图区域的地理特征

它是通过对制图区域的分析研究来实现的。关于分析研究的方法问题，将在“地图编辑与设计”课程中详细讨论，这里仅就认识区域特征和制图综合的关系做些说明。

地图的任务是根据国防和国民经济建设的需要，通过制图综合，显示地面物体与现象的数量与质量特征、地理分布及相互关系的规律性。这就要求我们，必须对制图区域进行深入的分析。这样，才能克服制图综合中的盲目性，提高作业的自觉性。

（二）拟定综合指标

它是以地图的用途、比例尺为条件，以制图区域的地理特征为基础的，是进行图上综合作业的依据。其目的在于保证地图内容详简适当，以反映区域特征和地区差异。

综合指标一定要便于编绘作业的实际运用。如果虽然有了综合指标的规定，但实际作业中却可用可不用，或者无法使用，那就失去拟定综合指标的意义了。

（三）进行图上制图综合作业

这是制图综合全过程的最后一步，是制图综合的最终体现。它是将对制图区域地理特征的认识以及所拟定的综合指标，利用制图的技术，以图解的形式体现出来。完成这一任务的具体方法，一是对物体进行取舍，即按照综合指标，对每一要素各物体进行分析比较，在此基础上，按由高级到低级、重要到一般、大到小的顺序进行选取；二是对物体的形状进行概括，即按照保持或突出形状的主要特征、保持物体内部及各物体间的相互关系、保持形状相似的原则，采用删除、合并、位移和夸大（个别为缩小）的方法，对物体的形状进行化简。通过这些技术手段完成制图综合所担负的任务。

第二章　居民地的综合

第一节　地形图上综合居民地的要求

居民地是人类活动的中心场所，在政治、军事、经济和文化方面都有很重要的意义，历来是地形图的重要要素之一。在军事上，居民地是部队行军、宿营、作战、判定方位、指示目标的主要依据之一。处于交通枢纽等重要位置的居民地对通行起着控制作用，也是飞行的良好地标。居民地的分布和数量，有助于判断一个地区的自然条件、土地利用、政治经济和文化发展状况等。

在地形图上综合居民地时，根据比例尺的大小，居民地表示的方法及图形本身的详略，应分别关注以下要素。

当居民地用街区或独立房屋表示时，主要关注的要素是：

(1) 居民地的准确位置，平面图形的内部结构，外围轮廓形状，建筑物的排列特点、方向、密度及相互对比；

(2) 居民地内通行状况、主次街道的衔接、街道的曲直特点、出入口与外围道路的联系、铁路车站、水运码头等；

(3) 居民地内具有重要军事和经济意义的突出目标；

(4) 居民地内的水域、人工和天然障碍物及绿化耕作地带；

(5) 居民地的正确名称和行政等级；

(6) 各地区内居民地的大小层次、彼此间交通联络、密度差别和分布特点。

当居民地用整个轮廓图形或圈形符号表示时，主要关注的要素是：居民地的相对位置、外围轮廓的基本形状、正确的名称和行政等级、与其他要素的关系、密度差别和分布特征。

第二节　我国居民地分布状况简介

我国一向以地大物博、人口众多著称于世，居民地密度（实地每百平方千米内的居民地个数）大。

认识我国居民地的分布特点，对于编绘地图来说是很有意义的。由于目前此项工作做得还很不够，下面仅作一概略叙述。

一、东部和西部居民地状况

从全国居民地分布的密度看，东部和西部显著不同。东部密集，西部稀少。东西部的划分，大致以嫩江、白城、呼和浩特、河套平原、银川平原、兰州、西宁、雅安至云南西部为界，以东地区，除了一些山区、林区、沙漠及黄河三角洲等地居民地较稀少，为我国居民地分布的密集地区。

东部居民地的图形大小和数量多少，各地也不一致。从图形大小看，我国东部居民地具有北大南小的特点。从数量多少看，刚好与图形大小相反，具有南多北少的特点。

我国北方，以大型的街区结构居民地（又称集团式或密集式居民地）为主，分布区域甚广。集中分布的地区有河南、山东、河北、山西等省的大部分平原区，内蒙古呼和浩特、包头一带，辽河平原、松嫩平原、关中平原，渭河及湟水流域谷地等。这些地方的居民地，图形规则、类型单一、分布较均匀。除个别地方密度过百外，每百平方千米均在30～100个。例如，华北平原居民地多由房屋密集街区组成（图2-1）；辽河平原居民地多由房屋稀疏街区组成（图2-2）；松嫩平原上的居民地多沿坡麓、谷地成东北—西南向的条状排列（图2-3）。

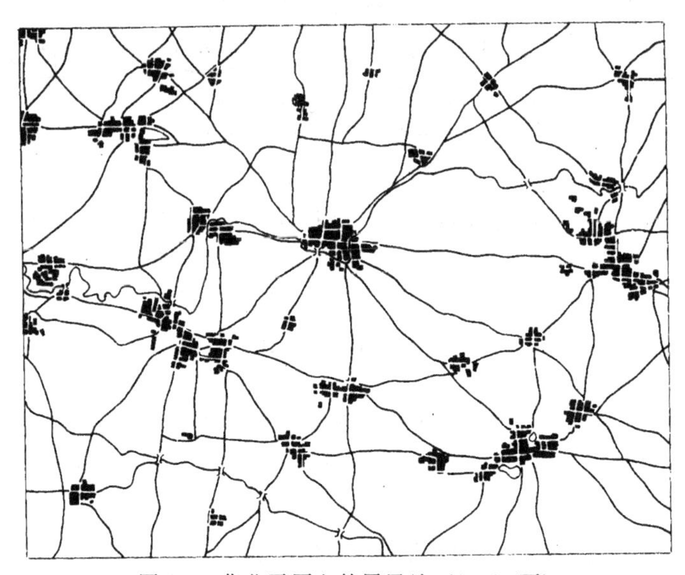

图2-1　华北平原上的居民地（1∶10万）

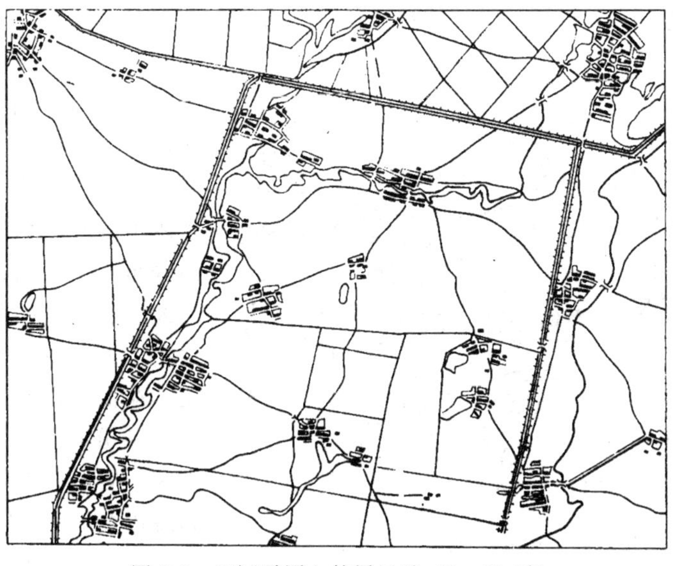

图2-2　辽河平原上的居民地（1∶10万）

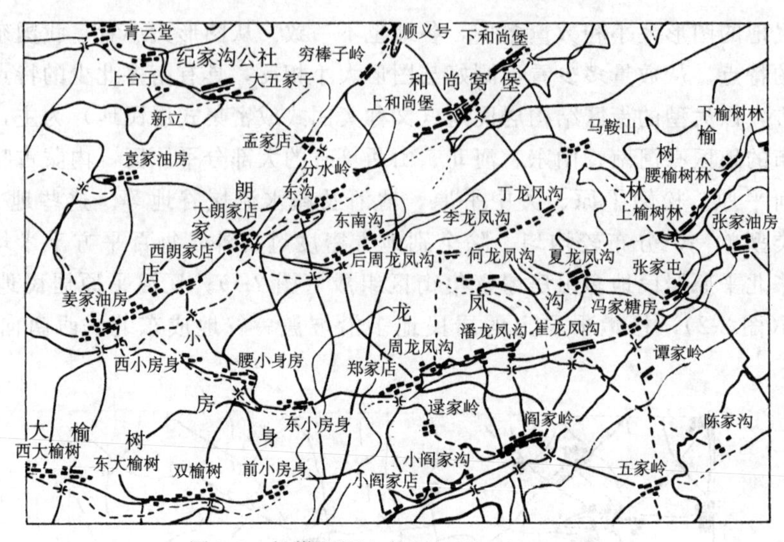

图 2-3 松嫩平原上的居民地（1∶10 万）

徐州、济宁、开封、漯河、南阳、洛阳、西安以南的广大地区，为我国南方小型而稠密的居民地主要分布区；居民地多由独立房屋或小街区组成，图形小而个数多。在四川、江浙等地，房屋分散分布，居民地间范围不清。当然，南方局部地区也分布有大型街区结构居民地，如嘉义、台南、中山、汕头、泉州、莆田、滇池、洱海等地。

南方居民地密度在每百平方千米 100 个以上的地区很广。据不完全调查，鄂东、皖西居民地密度最高达每百平方千米 400 个以上，淮北、豫东南也接近每百平方千米 400 个，上海、杭嘉湖、苏北、鄂北、衡阳等不少地方也多至每百平方千米 300 个左右。

与东部比较起来，我国西部地区居民地稀少，分布很不平衡。居民地分布较集中的地区有河西走廊、吐鲁番盆地、伊犁盆地、塔里木盆地西部和南部、哈密、乌鲁木齐、石河子、克拉玛依、玉门附近，以及西藏雅鲁藏布江河谷等地，密度一般在每百平方千米 50 个以下(河西走廊有的地区在 100 个以上)。在广大的青藏高原、沙漠和高山区，不少地方荒无人烟。

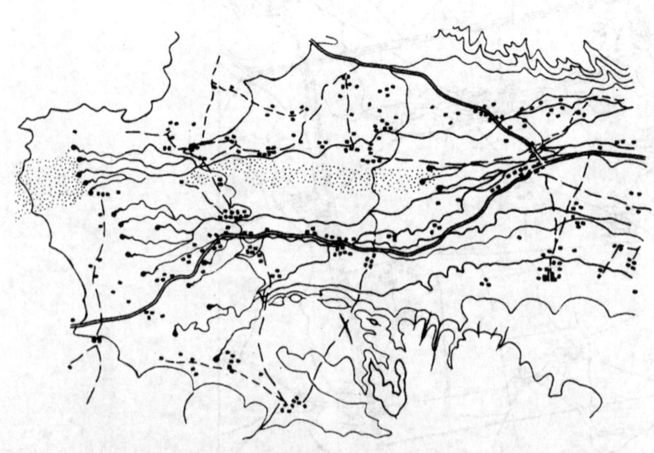
图 2-4 干旱区居民地循水源分布之一（1∶10 万）

在西北干旱区，除一些工矿区，居民地循水源分布的规律性十分显著。在盆地和平原，居民地沿水源丰富的洪积扇边缘与河流、湖泊分布。河、湖、井、泉、渠是当地经济建设、社会文明进步与人民生活不可缺少的。水的存在及其利用，在很大程度上制约着居民地的规模和分布（图 2-4，图 2-5）。在山区，居民地沿河谷可以一直延伸到海拔 3 000 米以下中、低山湿润带，再往上，则少有永久性居民地，只有季节性的放牧帐篷。

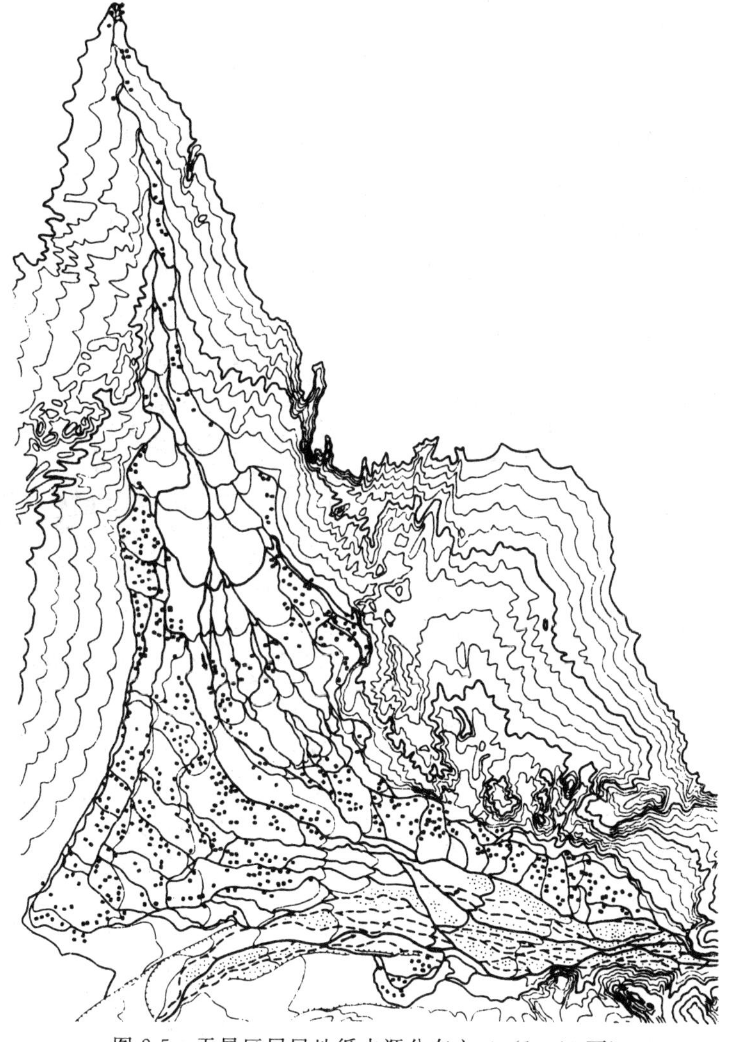

图 2-5　干旱区居民地循水源分布之二（1∶10万）

西部地区，除河西走廊、伊犁河谷有部分稀疏街区结构居民地（图 2-6），其余多为独立房屋或帐篷。

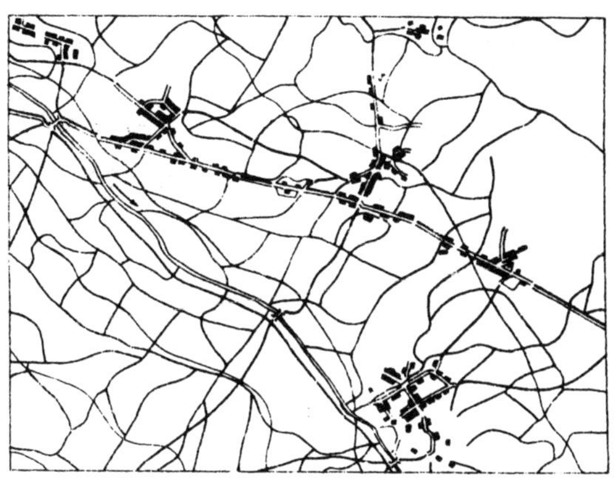

图 2-6　伊犁盆地中的居民地（1∶10万）

西部地区也是我国蒙古包分布较多的地区。

二、平原水网区居民地状况

我国江湖海之滨的平原水网区，如长江下游、江浙水网区、珠江三角洲、河套平原、洞庭湖区、鄱阳湖区和沙漠区各绿洲等，居民地图形和分布存在着共同点，即居民地多由独立房屋或小街区组成。房屋多分散分布，有的甚至范围不清，许多居民地依水、堤的自然形状排列成直线、弧线或蛇形，彼此交织，组成错综复杂的图形（图 2-7～图 2-10）。

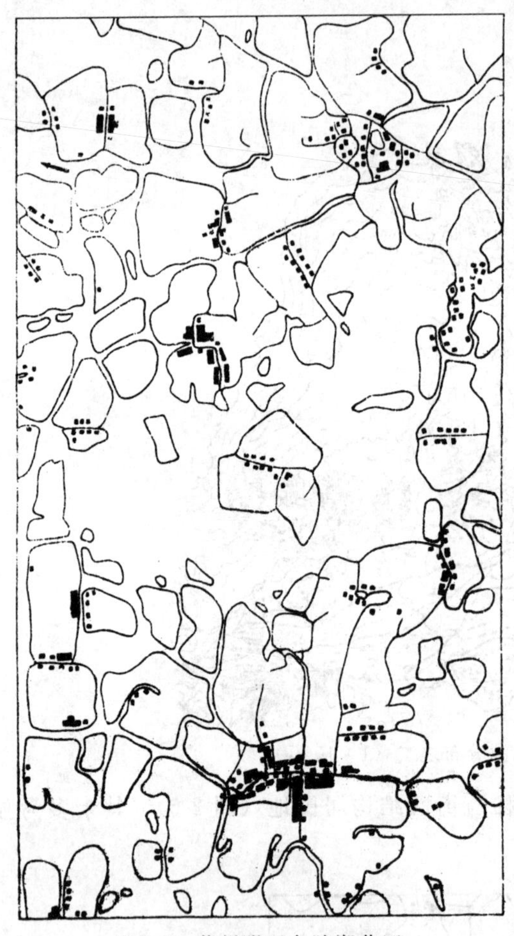

图 2-7　苏州附近岛陆湖荡区居民地（1∶10万）

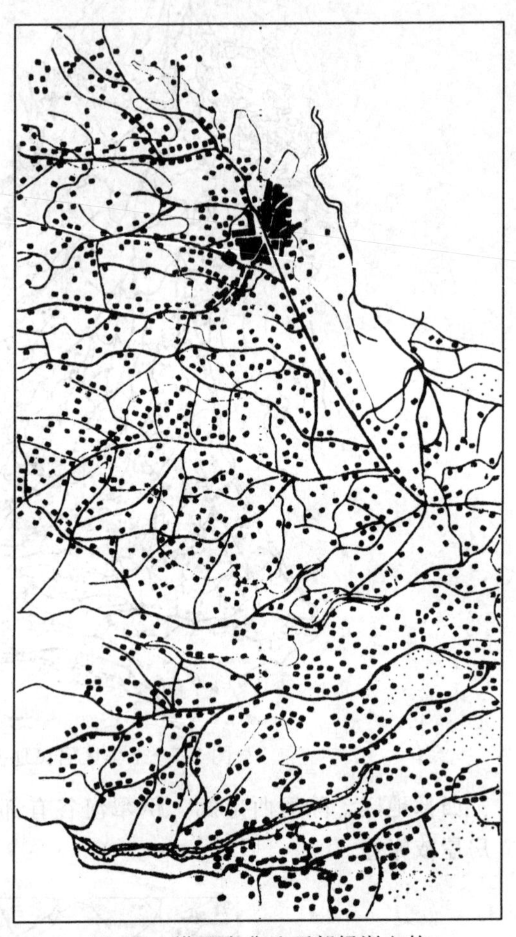

图 2-8　塔里木盆地西部绿洲上的居民地（1∶10万）

图 2-9　珠江三角洲鱼塘区居民地（1∶10 万）

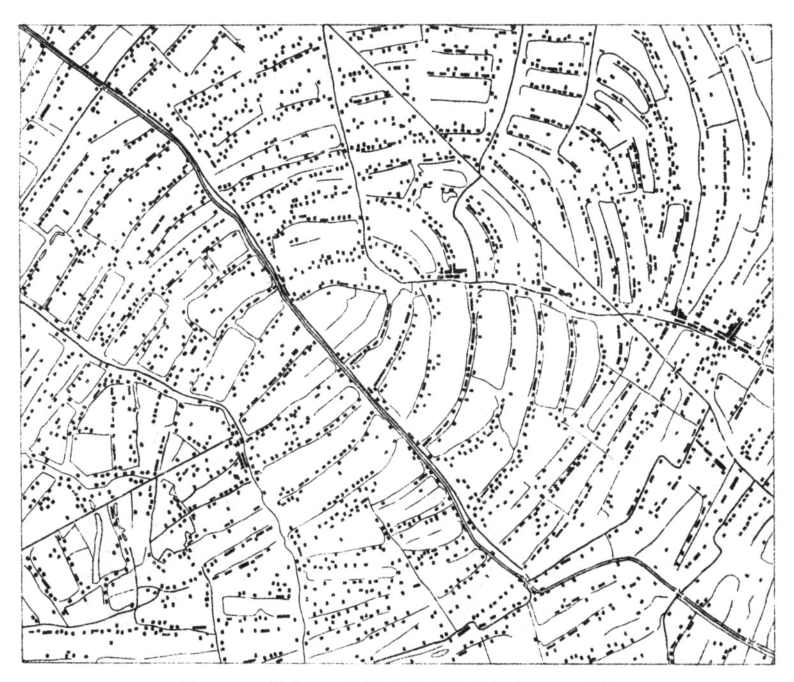

图 2-10　长江三角洲上的居民地（1∶10 万）

三、山区居民地状况

我国各地山区居民地的图形和分布，也有其共同点：山区居民地的图形一般小而分散，多由独立房屋组成，少数为街区结构；密度不大，除丘陵地带，山区居民地密度一般不到每百平方千米 100 个；山区居民地分布的位置是不均匀的，通常位于山间盆地、河谷、平原地带（图 2-11）；在峡谷区，居民地分布于较缓的山坡或山顶，以云南为典型。

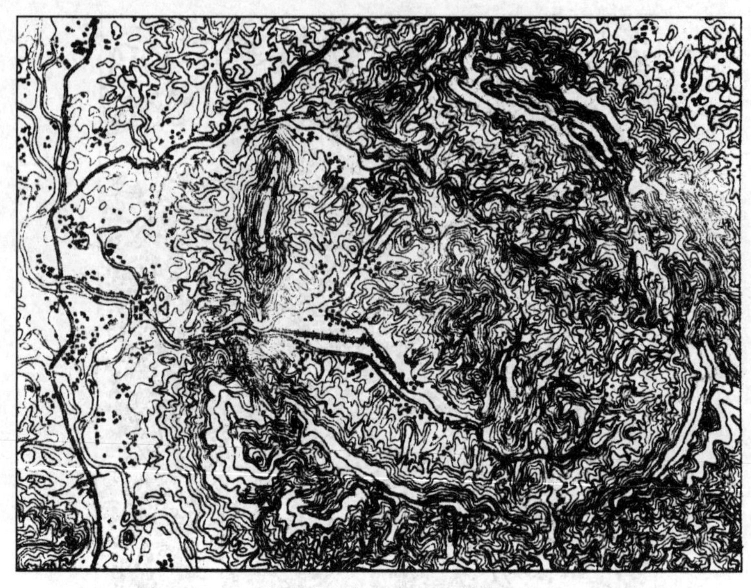

图 2-11 山区居民地分布的一般情况（1∶10万）

在黄土区，居民地多由窑洞或窑洞与房屋组合而成，其分布位置与地形和水源条件关系密切。斜坡上的居民地，窑洞排列较整齐，有地面上的，也有地面下的；有的为单层窑洞，有的为多层窑洞（图 2-12）。谷地中的居民地，窑洞依谷地自然形状散列配置，窑洞方向朝底部，与等高线近直交（图 2-13）。黄土顶面上的居民地，窑洞多向下凿洞而成。窑洞居民地以黄河中下游为典型。

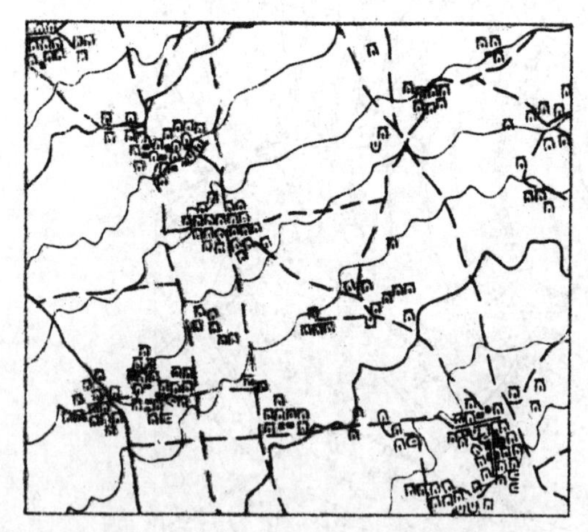

图 2-12 多层窑洞居民地（1∶10万）

图 2-13 谷地中的窑洞居民地（1∶10万）

黄土区居民地密度，除少数地区如定西、张家川、长治等每百平方千米超过 100 个，多数在每百平方千米 30～100 个。

第三节 居民地选取指标的确定

居民地的选取指标也称居民地的选取容量，即新编地图上单位面积内容纳居民地个数，通常以图上 1 cm^2 或 1 dm^2 为单位。

在编绘居民地的作业中，为了保证地图的真实、统一，提高地图的使用价值，常常需要确定居民地的选取指标。这一工作表面上看起来，只是解决一个多少问题，即取多少、舍多少。其实，围绕着多少问题，必须解决以下三方面的问题。

（1）确定选取指标，必须满足既详细又清晰的用途要求。按照详细与清晰兼顾的原则，处理有关技术问题。

（2）确定选取指标，必须反映各地区居民地的数量特征及其相互对比。反映客观实际状况是综合的出发点和归宿。确定选取指标，就是要从全局出发，研究实地居民地的分布状况，从中找出差异性，划分出不同的密度等级或区域，分别规定不同的指标，以便在地图上保持这一客观规律。如果达不到上述目的，则任何确定指标的工作，都是不成功的。

（3）确定选取指标，还必须反映各地区居民地数量差别越来越小这一变化规律。制图实践告诉我们，在综合过程中，随着比例尺的缩小，不同密度区居民地的取舍，不可能保持同一选取比例。由稠密区到稀疏区，居民地选取数量逐渐减少，而选取比例却逐渐加大（表 2-1）。

表 2-1　1：20 万地形图居民地选取容量表

密度等级	实地密度	相应图上实地密度	图上选取容量			选取居民地的百分比/%
	每百平方千米实有居民地数量/个	图上每 4 cm² 实有居民地数量/个	个/cm²	个/dm²	个/4 cm²	
稀疏	＜15	＜2.4	尽量全取	尽量全取	尽量全取	100
中等	15～30	2.4～4.8	0.6～0.8	60～80	3	100～66
较密	30～100	4.8～16	0.8～1	80～100	4	66～25
稠密	100～150	16～24	1～1.25	100～125	4～5	25～20
	≥150	≥24	1.25～1.5	125～150	5～6	＜20

由此可见，地图上反映的各地区居民地的数量差异与其实地的数量差异，是不完全一致的。地图上所反映的，只是各地区居民地数量的相对对比，它随着比例尺的不断缩小而变化。变化的趋势是，各地区居民地的数量差别越来越小，稀疏区的居民地逐渐接近于稠密区。然而，这一差别无论怎样小，也不应倒置。正确的做法只能是既缩小差别，又保持差别。图 2-14 是某地四个密度区在四种比例尺地图上居民地选取数量变化的比较，基本符合上述原则。

以上也是对确定居民地选取指标的基本要求。

确定居民地的选取指标，要做的工作很多，归纳起来大致有以下几方面。

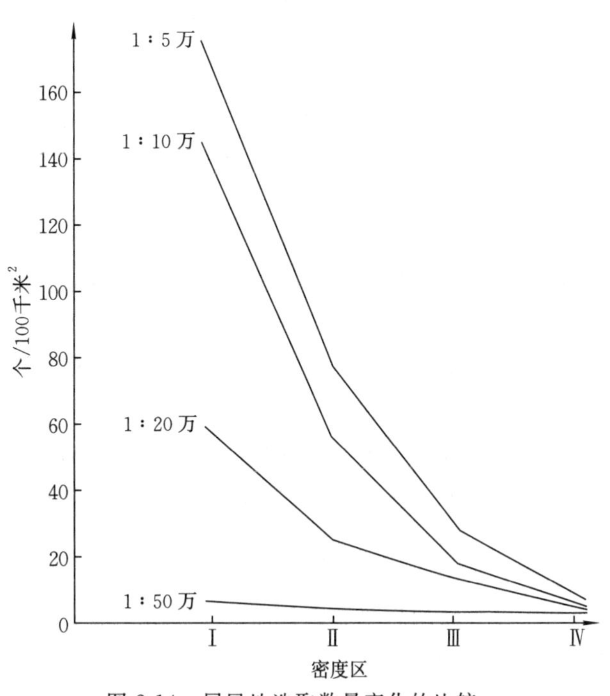

图 2-14　居民地选取数量变化的比较

一、了解地区特点

在确定指标之前，首先应了解一下地区特点，这对整个工作大有好处。

了解地区特点通常包括：作业地区所属范围，所处地理位置，地区的自然条件（地貌、水系情况），交通状况，居民地类型（街区结构或独立房屋或窑洞），分布特点和图形大小。

通过了解以上内容，有助于认识居民地所处环境，从整体上建立起居民地分布的大致轮廓，并对居民地疏密状况和重要性做出初步判断。

二、调查密度状况

所谓居民地的密度，即实地单位面积内的居民地个数。面积单位通常用100 km^2（在编绘1∶10万和1∶20万地图时，为了方便起见，可将面积单位化为图上4 cm^2）。

调查居民地的密度，是利用地图资料进行的。1∶5万地形图基本能够容纳实地全部居民地（江浙水网区部分名称有取舍），因此，一般采用该种比例尺地图即可代表实地情况。我国西部地区及北方居民地图形较大的地区，也可采用1∶10万地形图。

调查密度状况需做以下工作。

（一）目测分区

在了解地区特点的基础上进行目测分区。即利用1∶5万地形图，以目测分辨彼此差别，将整个作业地区按密、中、稀几级划出一个个小地区，分区界线不要求十分准确，可在编绘蓝图上或更小比例尺地图上概略标出。

（二）统计密度

按分区分别选几块有代表性的地区，即该区密度适中的地区，在1∶5万或1∶10万地图上，按方里格数每百平方千米内的居民地个数（以注记为准），然后将几块加起来取平均，作为该区密度的代表值。

当编绘1∶10万或1∶20万地图时，可以直接利用基本资料进行密度统计，将统计面积改为相应于新编图上4 cm^2 的大小，与规定选取指标的面积取得一致，以便使用。这一做法的优点是，充分地反映了实地小范围内居民地分布的不均匀性。

（三）划分密度等级

在统计密度后，尚需划分密度等级，以便将整个地区各种密度数值统一起来，并最后合并调整密度分区界线，为确定选取指标打下基础。

划分密度等级有两种方案。一种是地区性的，视作业地区的密度情况来划分。这一方案的优点是，能较好地反映实地特点，满足尽量详细的要求。缺点是不易保证全国范围内同比例尺地图的统一性和可比性，可能给大面积的研究用图和编绘小比例尺地图带来一定困难。因此，有必要考虑第二种方案，即全国统一的密度分级方案，新的1∶10万地形图编绘规范就是这样做的，这是实现全国地图规范化的重要途径之一。

当然，在按全国统一的密度等级分区时，也应尽量照顾地区特点，使分区等级和界线不至于相差太大。

密度分级的间隔应具备连贯性，级数以3～4级为宜（表2-1）。

（四）绘制分区略图

在编图比例尺大于1∶20万的作业中，一般不做分区略图，将统计结果列表说明或做简要概述即可。但当编绘中、小比例尺地图时，图区范围大，情况复杂，文字叙述既烦琐又不具体。此时最好绘制分区略图。

分区略图一般利用较小比例尺地图做底图，将目测分区线按已定的密度等级进行调整与合并，最后着墨整饰定稿，如图 2-15 所示。

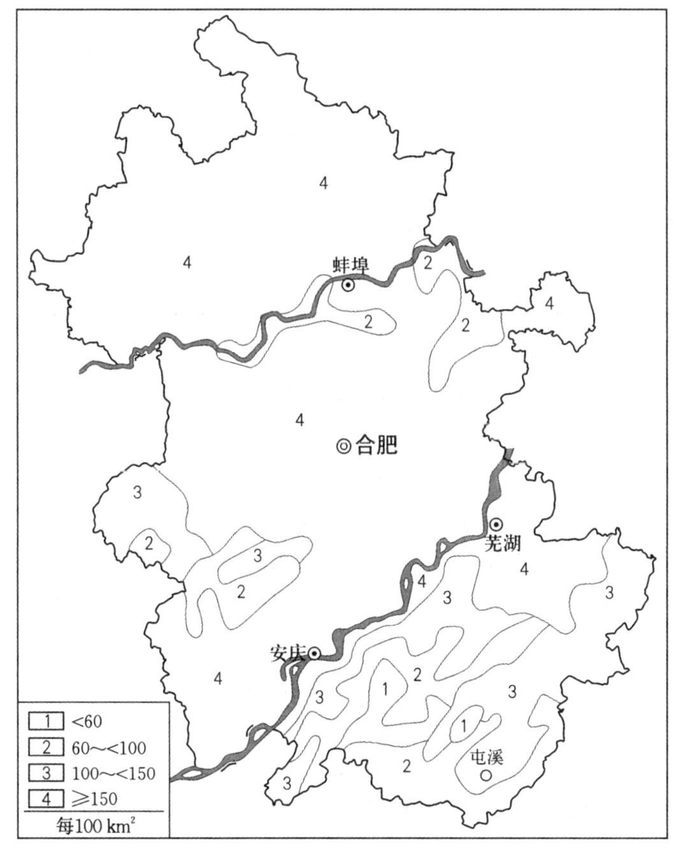

图 2-15　居民地密度分区略图示例

三、确定居民地的选取指标

这一步要解决的任务是，结合地区特点，使规范规定的原则指标具体化，以便更好地指导作业。例如，无论笼统地规定每 4 $cm^2$4 个，还是分密度区规定的指标，均是带原则性的一般规定，到底作业地区居民地选取指标为多少，需视密度状况和图形大小，将一般规定进一步具体化。通常的做法有：①直接规定选取指标；②从分析样图中寻求选取指标；③利用适宜面积载负量确定选取指标。

（一）直接规定选取指标

对于作业实践经验丰富的人员来说，确定选取指标的工作是轻而易举的。多种比例尺地图的编绘实践，各种类型居民地情况的处理，使他面对选取指标的拟定时胸中有数。只要了解了具体的地区特点，居民地密度、类型及其在全国性密度分级中所处的位置，他便可根据实践经验，对规范中一般规定的调整趋势做出正确的判断，很快提出具体的选取指标。

现在，让我们简单地列表说明 1∶20 万编绘规范中的一般规定在各种具体情况下的调整趋势，以供初学者参考（表 2-2）。

表 2-2　规范中一般规定在各种具体情况下的调整趋势（居民地）

具体情况	一般规定	调整趋势	备注
密度大于 100 个/100 km^2	4 个/4 cm^2	增加	4 cm^2 内一般取 5 个左右
密度小于 30 个/100 km^2	4 个/4 cm^2	减少	4 cm^2 内一般 3 个以下
居民地图形大	4 个/4 cm^2	减少	北方不宜超过 4 个
居民地图形小	4 个/4 cm^2	增加	南方可达 6 个左右
行政等级高	4 个/4 cm^2	减少	城镇越大个数越少
注记字大、字数多于 4 个	4 个/4 cm^2	减少	
注记字小、字数少于 3 个	4 个/4 cm^2	增加	
高级道路、大河多	4 个/4 cm^2	减少	
大比例尺图形大	4 个/4 cm^2	减少	
小比例尺图形小	4 个/4 cm^2	增加	

（二）从分析样图中寻求选取指标

利用样图确定选取指标，具有迅速、直观、简便、易行的特点。

供分析用的样图，可以从已出版的同比例尺同类型的地图中选择，也可从作业地区中选出居民地密度较大的典型图幅，进行编绘实验工作。

为便于综合考察地区特点、各要素关系，最好做全要素的样图。当然，如情况不太复杂，也可做单要素的样图。有时为了分析比较的方便，除了对不同密度区容量多少进行实验外，还需在同一地区采用两种不同的实验方案，即按不同的容量和注记规格，进行编绘实验。

对样图质量的评价，是从直接读图的视觉效果获得的，具体来说有：①居民地的容量是否满足详细性要求；②不同密度区居民地容量的对比是否适当；③名称注记的字大是否合适；④注记指示是否明确，压盖现象是否严重；⑤各要素关系是否清楚。

经鉴定，以详细性和清晰性均较好的样图为依据，提出选取指标，归纳列表如表 2-1 所示。

（三）利用适宜面积载负量确定选取指标

所谓居民地适宜面积载负量，是指在清晰易读和详细完备的条件下，地图上单位面积内居民地图形和注记所占面积的总和，通常以 mm^2/cm^2 为单位。

居民地适宜面积载负量是在继承和总结长期生产实践经验的基础上提出来的。从上面两种确定指标的方法可以看到，它们都会考虑居民地的图形大小和注记的影响来调整居民地的个数，这样提出来的数据是可行的。问题在于，直接规定指标的方法，没有长期实践经验的人是难于掌握的。样图法又较费时费工。能不能在这些经验的基础上加以总结提升，找出带规律性的东西，并简便易行地确定选取指标呢？这就产生了用适宜面积载负量确定选取指标的想法。

这一方法的基本思路是，从大量的读图活动中，寻求居民地的适宜面积载负量，再以此为已知数据，反过来确定居民地的选取个数。兹分述如下。

1. 从读图中寻求居民地的适宜面积载负量

从我国多年来已出版的地形图中，抽出若干幅来，找出居民地个数多又易于分辨的地区做读图比较，量测其图形面积和注记面积，进行简单的统计整理，分析面积载负量分布情况，若在某些面积载负量附近出现的个数最多，那么，便可认为这些面积载负量是比较适当的，可作为适宜面积载负量。

例如，按上述方法，量测了1∶20万地图上30块面积，每块量测面积为4 cm^2，取平均值，分组归纳整理，绘成直方图，如图2-16所示。图上横轴为面积载负量，纵轴为统计的个数（一块算一个）。量测面积为4 cm^2，图形面积的计算，不管街区、独立房屋、图形符号，一般均以符号所组成的外围轮廓范围为准（独立房屋不便定轮廓时，也可只计算房屋所占面积），为简化计算，注记以无间隔计算面积，面积载负量单位为 mm^2/cm^2。

分析统计结果可看到，在详细和清晰条件下，居民地面积载负量以20～25 mm^2/cm^2 间出现的个数最多，计17个，约占57%，其次是25～30 mm^2/cm^2 间的个数，计7个，约占23%。因此，我们可以将25～30 mm^2/cm^2 作为一般情况下的居民地适宜面积载负量，具体定多少，尚需考虑其他因素，如图形的大小及完整性、注记字大及字数、道路河流多少、地图用途要求等。图2-17就是说明居民地适宜面积载负量及其变动情况的一组图形，本着尽量详细的要求，所选适宜面积载负量多为增大的［图2-17（e）例外］。如果容量过大，也可将适宜面积载负量减至20 mm^2/cm^2 左右。

图2-16　在详细和清晰条件下，1∶20万地图上居民地面积载负量统计直方图

图2-17各图简要说明如下：

（a）1∶10万图面积载负量24.0 mm^2/cm^2，村庄字大2.0 mm。

（b）1∶20万图面积载负量24.5 mm^2/cm^2。

（c）1∶50万图面积载负量26.0 mm^2/cm^2，乡镇字大2.75 mm，村庄字大2.0 mm。

（d）1∶10万图面积载负量35.0 mm^2/cm^2，乡镇字大2.0 mm，村庄字大1.75 mm（较大）。

（e）1∶10万图面积载负量16.7 mm^2/cm^2，村庄字大1.5 mm（太小）。

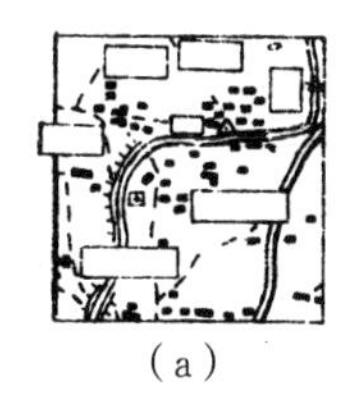
（a）

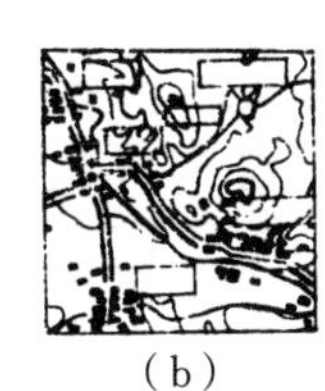
（b）

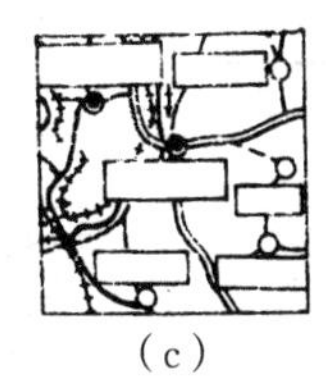
（c）

（d）

（e）

图2-17　居民地适宜面积载负量及其变动情况

2. 用计算法确定选取指标

设已知居民地适宜面积载负量 Z 为20～25 mm^2/cm^2，现在反过来，通过计算各级居民地的面积，来确定选取个数。

鉴于不同等级的居民地在图上注记占有面积及取舍时所处地位的不同，应分级计算居民地的面积，由高至低逐级分配面积载负量，做法如下。

选择稠密区的若干典型图幅，以作为量测居民地面积使用。在量测图上找出相应于新编图1 cm^2 大小的几块面积，按市、县、乡镇、村庄秩序，先量第一级居民地面积之和

(或量几块取平均)，设为 S_1。若 $S_1 < Z$，说明第一级居民地可以全部选取，还有剩余。再量第二级居民地面积之和(或取平均)，设为 S_2。若 $S_1 + S_2 < Z$，说明第二级居民地仍可全部选取。依此类推，直到 $S_1 + S_2 + \cdots + S_n > Z$，说明 S_n 级不能全部选取，只能部分选取。其选取个数可用下式计算

$$N_n = \frac{Z - (S_1 + S_2 + \cdots + S_{n-1})}{F_n}$$

式中，N_n 为最后一级居民地的选取个数，F_n 为最后一级居民地单个平均面积。

量测工作是比较麻烦的，为解决这一问题，提出如下简化办法：

(1) 新编图与量测图面积换算（表 2-3)。

表 2-3 新编图 1 cm² 相应的量测图面积表

新编图比例尺	新编图面积 /cm²	相应的实地面积 /km²	相应的量测图面积/cm²	
			1∶5 万	1∶10 万
1∶10 万	1	1	4	1
1∶20 万	1	4	16	4
1∶50 万	1	25	100	25
1∶100 万	1	100	400	100

(2) 乡镇以上较大的居民地在量算面积内可能有，也可能没有，应量几块取平均值。

(3) 居民地注记的面积，可只计字数，由注记面积概算表查取（表 2-4)。

表 2-4 居民地注记所占面积概算表

字大 /mm	面积/mm²									
	1 字	2 字	3 字	4 字	5 字	6 字	7 字	8 字	9 字	10 字
1.50	2.25	4.05	6.75	9.00	11.25	13.50	15.75	18.00	20.25	22.50
1.75	3.06	6.12	9.19	12.20	15.31	18.38	21.44	24.50	27.56	30.62
2.00	4.00	8.00	12.00	16.00	20.00	24.00	28.00	32.00	36.00	40.00
2.25	5.06	10.12	15.19	20.25	25.31	30.38	35.44	40.50	45.56	50.62
2.50	6.25	12.50	18.75	25.00	31.25	37.50	43.75	50.00	56.25	62.50
2.75	7.56	15.12	22.69	30.25	37.81	45.38	52.94	60.50	68.06	75.62
3.00	9.00	18.00	27.00	36.00	45.00	54.00	63.00	72.00	81.00	90.00
3.25	10.56	21.12	31.69	42.25	52.81	63.38	73.94	84.50	95.06	105.62
3.50	12.56	24.50	36.75	49.00	61.25	73.50	85.75	98.00	110.25	122.50
3.75	14.06	28.12	42.19	56.25	70.31	84.38	98.44	112.50	126.56	140.62
4.00	16.00	32.00	48.00	64.00	80.00	96.00	112.00	128.00	144.00	160.00
字大 /mm	面积/mm²									
	11 字	12 字	13 字	14 字	15 字	16 字	17 字	18 字	19 字	20 字
1.50	24.75	27.00	29.25	31.50	33.75	36.00	38.25	40.50	42.75	45.00
1.75	33.69	36.75	39.81	42.88	45.94	49.00	52.06	55.12	58.18	61.20
2.00	44.00	48.00	52.00	56.00	60.00	64.00	68.00	72.00	76.00	80.00
2.25	55.69	60.75	65.81	70.88	75.94	81.00	86.06	91.12	96.18	101.20
2.50	68.75	75.00	81.25	87.50	93.75	100.00	104.25	112.50	118.75	125.00
2.75	83.19	90.75	98.31	105.88	113.44	121.00	128.56	136.12	143.68	151.20

续表

字大/mm	面积/mm²									
	11字	12字	13字	14字	15字	16字	17字	18字	19字	20字
3.00	99.00	108.00	117.00	126.00	135.00	144.00	153.00	162.00	171.00	180.00
3.25	116.19	126.75	137.31	147.88	158.44	169.00	179.56	190.12	200.68	211.20
3.50	134.75	147.00	159.25	171.50	183.75	196.00	208.25	220.50	232.75	245.00
3.75	154.69	168.75	182.81	196.88	210.94	225.00	239.00	253.12	277.18	281.20
4.00	176.00	192.00	208.00	224.00	240.00	256.00	272.00	288.00	304.00	320.00

(4) 居民地平面图形面积，可用线号表上带毫米的方格概略量算，再缩小到新编图上。若居民地在新编图上用圈形符号表示，则只需从图式中了解符号尺寸，查圈形符号面积便查表（表 2-5）。

表 2-5 圈形符号面积便查表

直径/mm	1.0	1.1	1.2	1.3	1.4	1.5	1.6	1.7	1.8	1.9	2.0	2.1	2.2	2.3	2.4	2.5
面积/mm²	0.79	0.95	1.13	1.33	1.54	1.77	2.01	2.27	2.54	2.84	3.14	3.46	3.80	4.15	4.52	4.91

(5) 其他密度区的选取指标，应遵循逐步缩小差别的原则，参考规范或其他容量表酌定。

如果将适宜面积载负量同规范中的一般规定结合起来进行，则可进一步简化。

第四节 居民地的取舍

居民地的取舍是实施居民地综合的重要手段之一，取舍是否适当，直接影响到用途要求。因此，在作业中应遵循以下几点要求。

一、按重要性选取居民地

居民地的重要性是依地图用途来决定的。地形图要满足国防与经济建设多方面用途要求。一般来说，各级城市和乡镇驻地、工矿区、大村庄，以及具有政治、军事、经济、文化、历史意义的居民地，都是比较重要的，它们的选入不成问题。困难在于，如何从大量低等级的居民地中，确定取舍对象。

从政治意义上说，在我国具有重要政治和历史意义的居民地，如韶山、古田、井冈山、杨家岭、西柏坡等，应优先选取，尤其是韶山，在中、小比例尺地图上也应保留。

从军事意义上说，具有目标、方位意义的，如位于道路、水系等线状物体交叉点、拐弯点或起讫点的居民地，林中空地，沙漠中的居民地，国境线附近的居民地，以及内部有突出目标或形状特殊的居民地；具有控制意义的，如位于山隘口、山头、车站、桥头、渡口、重要水源处（缺水区）的居民地；具有重要军事与经济设施的居民地，如电厂、工厂、仓库等。

当然，对于重要性标志不能平均地静止地看待，而应辩证地运用。例如，一般来说，大村比小村重要，但居于重要位置的小村比邻近的大村更重要。而具有同一标志的，如具有目标或方位意义的，又以大的交叉点、拐弯点处的居民地更重要。上述标志中，具有政治意义的居民地又是重要的。图 2-18 是按重要性选取居民地的实例。

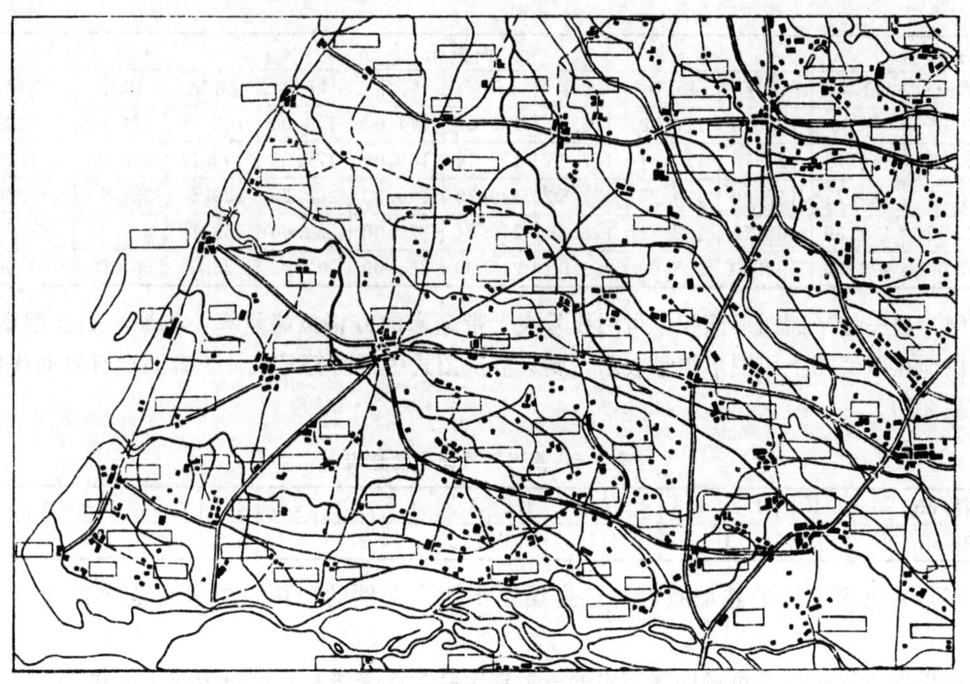

(a) 1∶20万

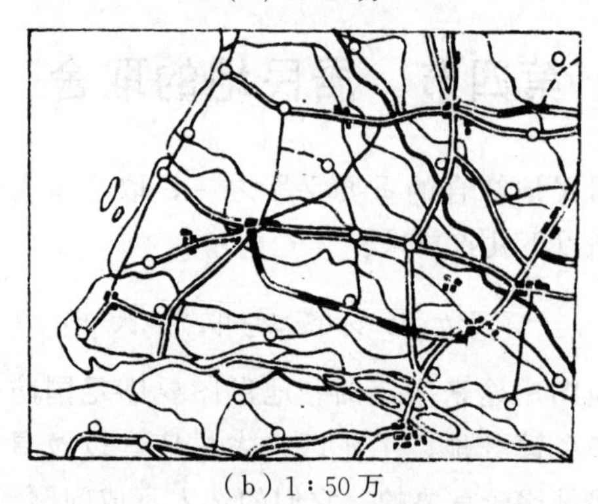

(b) 1∶50万

图 2-18 按重要性选取居民地

二、按反映密度对比和分布特征选取居民地

一个地区，大量的单个居民地又组成了居民地群，构成一个整体，有其固有的数量特征和分布规律。随着单个居民地的取舍，居民地群体图形也在不断简化，反映密度的相对对比和分布特征，就成为不可忽视的问题。

为了反映居民地密度的相对对比和分布特征，必须防止按数量指标和重要性机械地平均配置居民地，而应充分认识每个地区居民地分布的不均匀性，小范围内集中与分散的情况，以及居民地受地形、交通、水系等条件影响所形成的分布特征，如平原、盆地、丘陵区居民地多成片状沿山岭、坡麓、谷地、道路、河渠、江堤等分布，居民地多成线状分布。一般按 4 cm^2 内的密度及选取指标，在集中分布的地段、线状分布的拐弯和端点适当多取一些居民地（图 2-19）。紧靠道路或河流两侧的居民地最好同时取舍，以便航空判定方位。

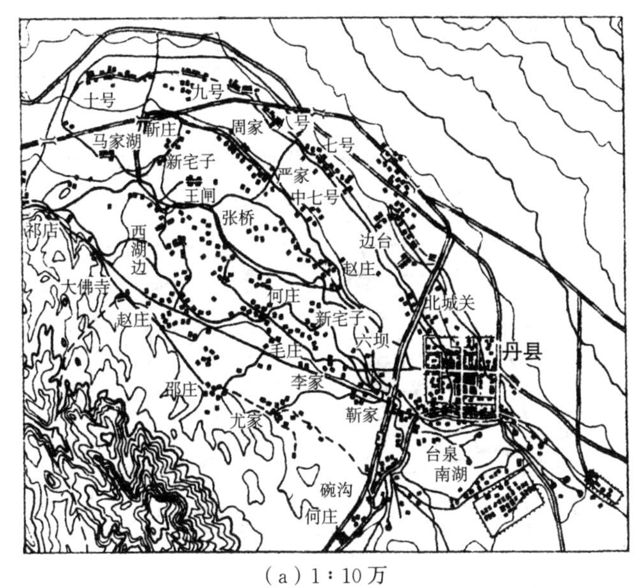

(a) 1∶10万

(b) 1∶20万

图 2-19　按反映分布特征选取居民地

三、按反映各要素相互联系选取居民地

任何一个地区，居民地都不是孤立存在的，它同道路、水系、地形诸要素有着密切联系，彼此构成一个整体。这也是在取舍过程中应注意的。

作业实践表明，在取舍居民地时，具有明显的重要性、密度差别和分布特征地段的居民地不易被遗漏。困难在于，如何处理大小相近、等级相同的大量小居民地。对此，如果仍单从重要性评价哪个该取、哪个该舍，是很难得出结论的。这就需要从反映各要素互相联系的观点进行取舍，把居民地的取舍及道路网等要素的取舍有机地结合起来。虽然一般来说，道路的取舍从属于居民地的取舍，但是，居民地的取舍也应照顾到道路网的分布和网眼大小。因此，从整体上说，在作业时应做好居民地与道路网（河流）取舍的规划布局，以大的、重要的居民地和高级道路（河流）为骨干，逐级推至小居民地和低级道路，按一定的网眼构网，依居民地的选取指标和分布特征，最后选取与已取的道路有联系的小居民地，舍去那些与已取的道路无联系的小居民地。图 2-20 就是按这一方法处理与本区低级道路——土路所连接的小居民地的一个例子。

以上谈的是取舍居民地应考虑的条件，下面我们简单地讨论一下选取居民地的程序问题。

按照取舍居民地的要求，居民地的选取大体分两个阶段进行。

第一阶段，规定选取标准，首先选取符合标准的居民地。所谓选取标准，就是某些等级的居民地必须全部选取的标准。例如，1∶20 万比例尺地图规范规定，乡镇必须全部选取，这就是选取标准。规定选取标准的一条原则是，选取标准界线以内的居民地总和不得大于最高容量。否则，说明规定不合理。在地形图上，通常以行政等级作为规定选取的标准。这样做的好处，在于可以保证重要居民地的入选。选取标准与编图比例尺和居民地密度关系很大。一般来说，同一比例尺图上，密度大的地区选取标准要定高一些；密度小的地区选取标准要定低一些。如在 1∶20 万地形图上，我国东部地区可以乡镇驻地作为选取标准；西部地区选取标准应降低一些，较大的村庄就必须选取；居民地稀少地区，则几乎要选取全部居民地。对于不同比例尺地图来说，比例尺越小，图上单位面积内居民地数量越多，选取标准应定得高一些。如 1∶50 万和 1∶100 万图上，我国东部地区乡镇数量多的省份，就不能将乡镇作为选取标准，因为它本身成了取舍对象，只能按最高容量选取其中一部分。到底各种比例尺地图上各地区选取标准规定在哪级居民地为恰当，需要做些调查与试验工作才好决定。

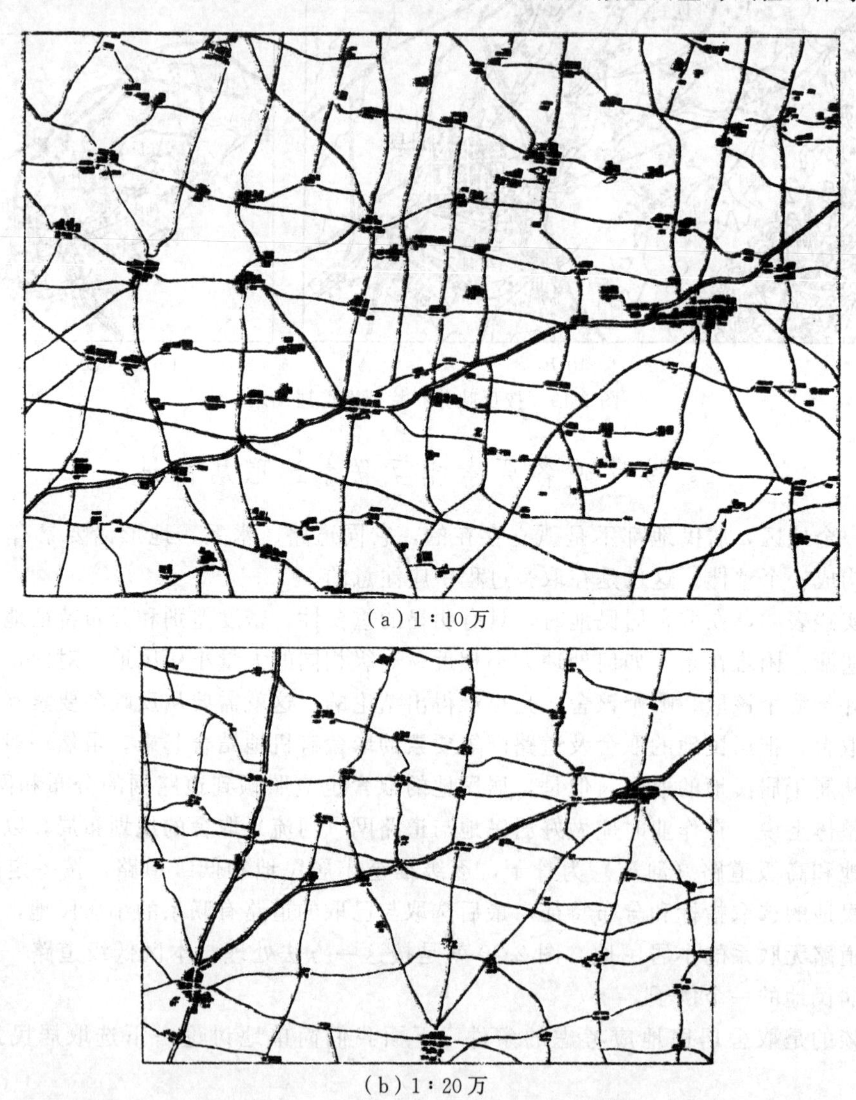
（a）1∶10 万

（b）1∶20 万

图 2-20　按反映各要素互相联系选取居民地

第二阶段，按选取条件取舍其他居民地。要做到取得正确，舍得合理，必须做好调查研究工作，根据居民地所处的地形、交通、水系等环境特点，灵活运用选取条件。在各种要素大小和主次区别显著的地区，应侧重于按重要性和分布特征选取居民地；在大小和主次不太显著的地区，则应侧重于按反映各要素互相联系来选取居民地。

所有这一切工作，最好事先在软纸蓝图上进行，获得一张选取草图，经检查修改，确认合适后，再正式作业。

第五节　居民地名称注记的选取与配置

居民地名称是表示居民地的重要内容之一，与居民地平面图形（或符号）构成一个整体。通过注记字体字大的区分，表示了居民地行政等级的高低和城乡的不同类型，更加丰富了地图内容。名称是识别居民地的基本依据，没有名称的居民地是很难识别的。有名称，但不正确，也会给指示目标带来困难。由于名称注记在图上占据的面积较大，所以注记配置得适当与否，将直接影响地图的清晰易读性和道路、河流的连贯性。正确地选取与配置居民地的名称注记，是一项十分重要的任务。

居民地名称注记的选取包括以下内容。

一、居民地所用名称的审查与处理

编图作业时，对于图幅中出现的居民地名称，必须依据有关资料进行必要的审查和处理，确认准确无误后，才将注记用于新编图上。例如，利用行政区划简册或行政区划图，可以审查县以上居民地名称；利用兵要地志或专门调查资料，可以审查乡镇名称和驻地名称。

居民地名称及其用字必须正确，且在各种比例尺地图上都应统一。这在一般情况下是不大成问题的，只要按照所用资料确定名称就可以了。如果遇到由于行政变更、改名、规划新村等各种原因，引起不同时期出版的地图上同一居民地名称前后矛盾的情况，一般按新资料更正即可。但必须注意，有的新资料名称不一定完全准确，老资料上的名称反而比较准，这主要表现于若干音同字不同的居民地。这种情况的产生，常常与外业调绘人员不懂当地语言，对风俗、地理等方面缺乏了解或不习惯，以及调查手续不完善有关。要解决这些问题，应当积极深入图幅所在地进行调查，并征求意见。另外，也要弄清异体字、简化字、方言用字。兄弟民族地区居民地名称用字，大的居民地名称应与国家公开的名称做对照，小居民地名称应用译音表审查。

各级城镇常有行政名称和驻地名称，对于这种有两个名称的情况，一般以行政名称为正名，驻地名称分情况处理。若驻地名称为通名，如县的驻地为城关镇的，一般省略不注；若有专有名称，应作为副名注记。乡镇驻地的自然村名为正名，乡镇名称作为副名。自然村若有两个名称，一般以资料为准，将流行广泛的名称作为正名。

在我国边疆地区，历史上根据不平等条约被别国侵占的地区及目前有争议的地区，居民地名称注记的处理是项严肃的政治任务。边疆地区的居民地名称，应按兄弟民族中流行使用并经政府承认的名称注记；根据不平等条约被别国侵占的原属我国的居民地，除了注记现名外，应将我国原来的名称作为副名注记；有争议的地区，应注记我国的习惯名称。

外国领土上的居民地名称，应按我国有关机构规定的地名翻译原则翻译或按已翻译的名称注记。在俄罗斯境内，被改变了的著名城市名称如斯大林格勒等，应将其原名作为副名注记。

二、毗邻居民地名称的取舍

居民地与其名称是一个整体，一般应同时取舍。但是在某些情况下，允许保留图形，舍去名称。这种情形主要出现在比例尺大于 1∶10 万的地图中，由于这些图主要做战术图用，要求居民地尽量详细表示。因此，当注记过密时，允许保留某些毗邻居民地的图形，而舍去其名称。

通常存在两种情况。一种情况是，居民地邻近但不相连，这种居民地名称的取舍，应选取位置重要的、图形较大的或乡镇驻地的居民地名称。线状延伸的居民地，还应选取两端的或特征转折处的居民地名称（图 2-21）。另一种情况是，若干居民地毗邻，但并无总名。前面已说过，为反映分布特征，仍将这些居民地视为一个整体，化简平面图形，并取舍名称（图 2-22）。名称取舍的原则同上。

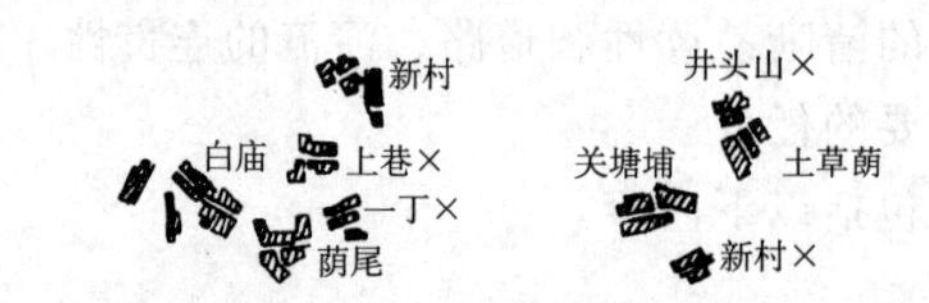

图 2-21　相邻居民地的取舍，打“×”者为舍去的

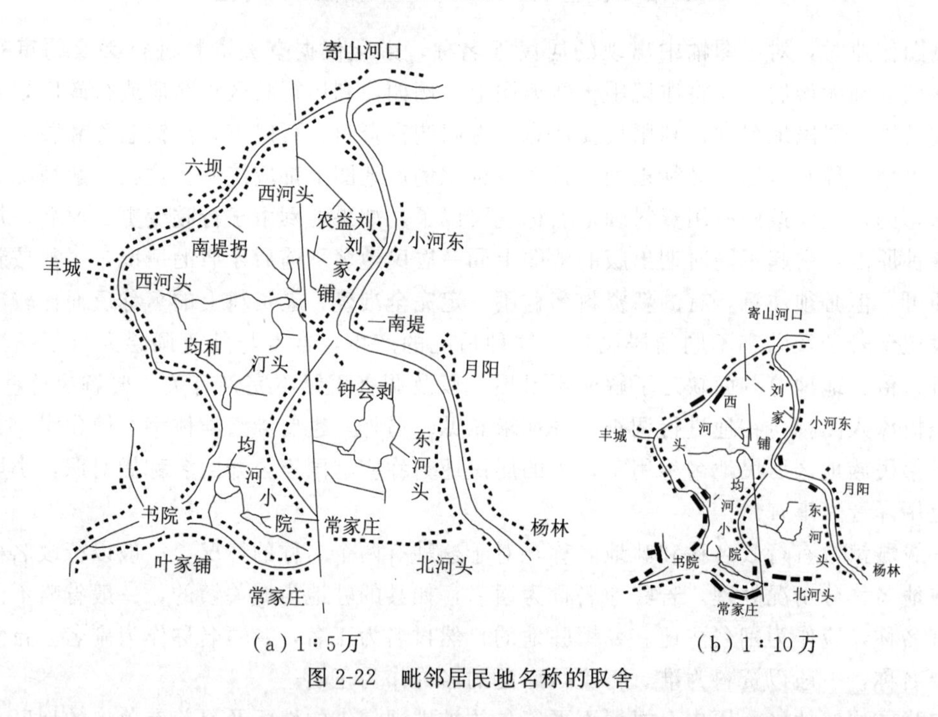

图 2-22　毗邻居民地名称的取舍

三、有总名和分名的居民地名称的取舍

我国有相当一部分地区，农村居民地的名称除了单个名称，若干居民地又构成一个整体，有一个总名。另外，自然村与工厂、矿山结合的新型工矿区，也有一个总名。这些情况都列为总分名的取舍问题来讨论。

为了正确地取舍总分名，首先必须确定总名及其所包括的范围。这个问题看起来简单，实际较难。因为大量居民地连续分布于一定地区内，它们互相邻近，并无明显分界。一个总名及其所属分名范围的确定，多数情况下要经过一番判断。据初步了解的情况，提出以下判断的方法：

(1) 依总名与分名的互相联系判断总名范围（图 2-23）；

(2) 依分名的互相联系判断总名范围，如可依东、南、西、北、前、后、左、右、上、中、下、大、小、新、老等来判断总名（图 2-24）；

图 2-23　依总名与分名的互相联系判断总名范围

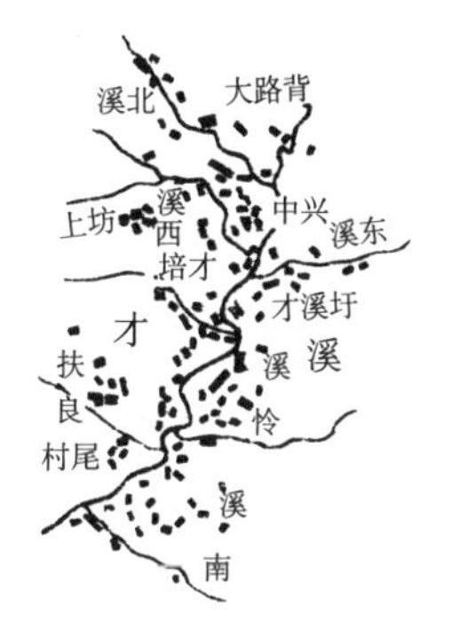

图 2-24　依分名的互相联系判断总名范围

（3）依总名注记位置判断总名范围（图 2-25）；

（4）依总分名和地形关系综合判断总名范围（图 2-26）；

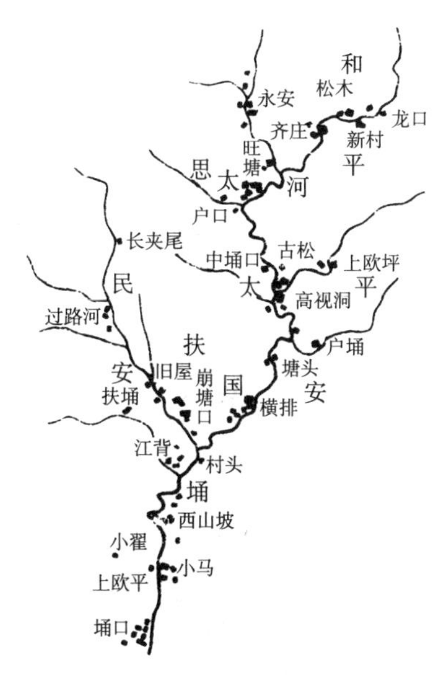

图 2-25　依总名注记位置判断总名范围（如和平、太河、太平、民安、国安等为分片总名，而思扶埔为全总名）

图 2-26　依总分名和地形关系综合判断总名范围（寨门与石井两总名可能以平菌—西康间的分水岭为界）

（5）凡注记指示范围不清或居民地毗邻连成片无法判断总名范围名称时，一般不做总名，只做地区名。

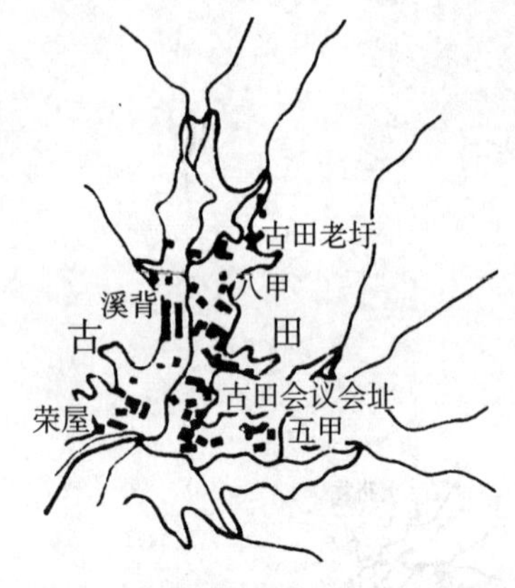

图 2-27 保留总名逐步舍去分名

对于总名和分名的处理，又可分几种情况：

(1) 整个居民地毗连成片，注记过密时，保留总名，保留图形，逐步舍去分名（图 2-27）。

(2) 有总名的各单个居民地彼此相距很近，但未连在一起，注记过密时，保留总名，逐步取舍孤立分布的分名和图形。

(3) 有总名和分名的居民地，各单个居民地彼此隔开，联系松散，分布于一个较长的地段。取舍名称时，可逐步取舍分名和图形，最后对于总名的处理，或者予以保留，或者予以舍去，取哪个分名居民地，保留哪个名称（图 2-28）。前一做法常见于地形图，后一做法多用于航空图的编绘。

在处理总名时，应注意调查作业地区地理情况，了解各种能用名称的含义，结合图上具体情况，以便分清总名和地区名，不得将地区名称作为总名。如长江中下游平原、珠江三角洲等地，广泛分布的沙、洲、垸、圩等，山区的沟、冲、川等，多为地区名，但也有做居民地名称的。

名称注记字大的选择，应有利于详细清晰地反映居民地的大小层次和重要性。一切名称注记的配置，除了必须达到指示明确、便于阅读，还应将注记配置作为表示居民地特征的一种手段。为此应注意以下几方面：

(1) 尽量按最有利的位置（右、上方）配置注记，并保持与图形的间隔适当（0.3～0.5 mm）。

(2) 注记位置不得压盖重要地物，如江河、海岸、高级道路的交叉点和拐弯点，山头，鞍部，以及居民地出入口处的道路等。

(3) 注记的排列应反映居民地的分布特征。如大比例尺图上居民地房屋沿某一方向呈线状分布，注记排列也应与这一形状相适应（字向不变，字距相等）。沿大的江河或高级道路分布的居民地，名称注记应尽可能配置于相应居民地的同侧。居民地的总名应拉开排列，显示所属居民地范围。但相邻居民地中有舍去名称而保留图形的，注记不得拉开，仍注于原图形之旁。

(4) 国境线两侧的居民地，名称注记应配置于相应居民地的同侧。其他行政境界旁的居民地，也应遵循这条原则。

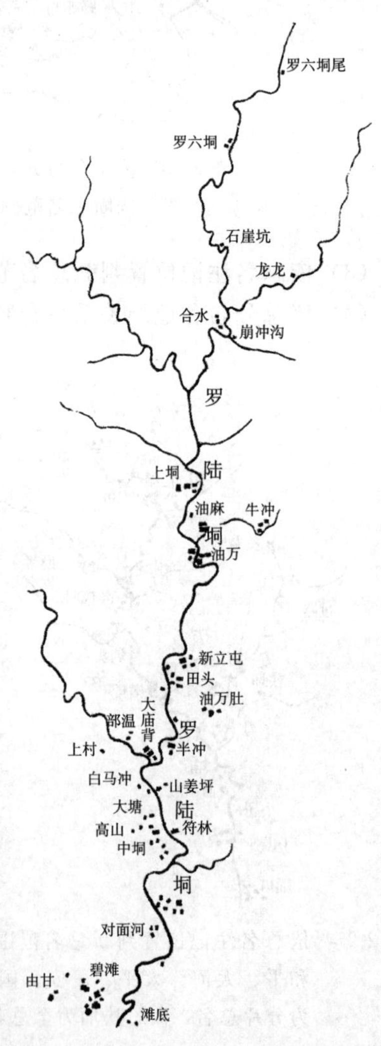

图 2-28 分布于较长地段的居民地总名和分名的处理

(5) 在配置范围不清的分散式居民地的名称注记时，不要轻易移动原注记的位置。只有在根据 1∶5 万地形图查明图形和注记关系的情况下，才允许移动注记，使之指示明确。

第六节　居民地结构特征的分析

在讨论居民地形状概括之前，需要先说一说居民地的结构特征。这是居民地图形概括时必须解决的问题。因为，只有深入地了解居民地的结构，从整体上把握主要特征，才能成功地完成编绘任务。

居民地的结构特征，随着每个居民地的情况不同而不同。它本身并不存在什么固定的一成不变的东西，需要通过读图实践活动获得每一居民地的结构特征。这一过程要贯穿于形状概括作业之中。通过读图，认识居民地的结构特征，然后，通过制图综合手段使其特征再现于图上。这就是概括居民地形状的完整的认识过程。

要想描述每一居民地的结构特征十分困难，也没有必要，这里只能指出居民地结构特征所包含的几个基本方面的内容，作为研究图形的参考。

一、居民地的形状

居民地的形状，在一定程度上反映了居民地与地理环境各要素之间的互相联系和制约关系，地理环境对居民地的形状和结构都有较大影响。

在地理环境中，地形和水系条件对居民地的影响尤为显著。地势平坦开阔的地区，居民地发展受约束较小，向四周均可扩展。因此，居民地形状比较匀称，舒展成片，道路四通八达。一个居民地是如此，若干个居民地组合起来也是如此，它们共同构成一定的区域特色。地势起伏较大的山区，居民地图形普遍较小，房屋分散，居民地形状受谷地或盆地的约束较大，有的城镇街道和房屋沿山坡成层分布。沿江、河、海滨发展的居民地另具特色，水和堤对居民地形状的影响，在一定程度上居于支配位置。

对于居民地形状，除了解总的区域性规律，还应着重了解每个居民地形状及其所处环境的特殊性。当然，作为制图综合条件之一的地理条件，不仅影响着居民地形状，还影响着对居民地内各种地形、地物、土质、植被的评价与取舍。

居民地形状受环境影响较显著的几个例子如图 2-29 所示。

二、居民地内主次街道的分布与联系

居民地内常有街道贯通，接于外围道路；一个较大的居民地，更有较复杂的街道系统。读图时，就要注意这些街道的分布与联系。居民地内常有主要街道分布，它们是居民地内的交通干线，连接次要街道的中枢，又是出入居民地的主要通道。次要街道以主要街道为骨干，伸向居民地的各个部分，彼此纵横交错，构成一个完整的街道网。

一个居民地内的不同部分及各居民地之间，其街道网的密度和图形常常是不相同的。街网密度通常以街网网眼的大小来说明。网眼小的，说明街道条数多；反之，说明街道条数少。街网图形可以分为规则的、不规则的、放射状的，以及规则与放射状的组合等几种(图 2-30)。对于规则的，还有街区纵横方向上长短的区别。

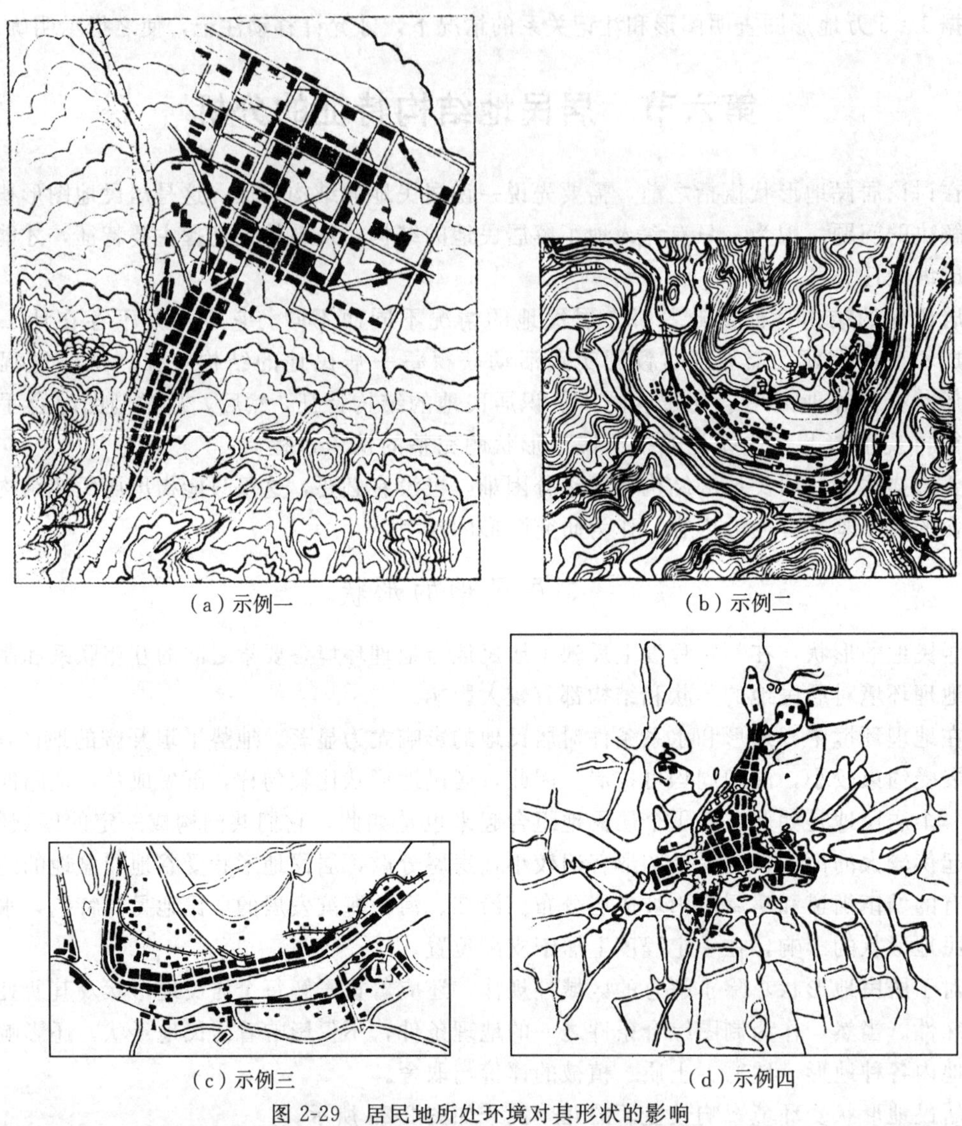
(a) 示例一
(b) 示例二
(c) 示例三
(d) 示例四

图 2-29 居民地所处环境对其形状的影响

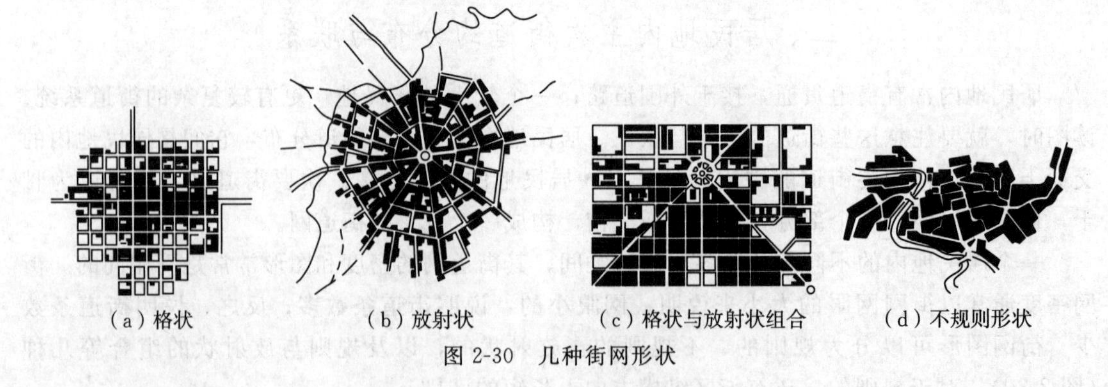
(a) 格状
(b) 放射状
(c) 格状与放射状组合
(d) 不规则形状

图 2-30 几种街网形状

三、房屋建筑密度对比及其规划特征

居民地内房屋建筑依其密集程度，可以分别组成房屋密集街区、房屋稀疏街区和分散独立房屋。居民地内建筑常被街道分开，房屋毗连成片或房屋间距小于 10 m 的为密集街区；有房屋又有空地或植被的为稀疏街区；房屋彼此相距较远，街道甚少，内部空地面积大，多数房屋无法连在一起的为分散式独立房屋（有时尚有少量小街区）。以上三种图形在大居民地内可能全部都有，而许多小居民地通常只有一种图形。

居民地内各部分街区和独立房屋组合起来，可以反映一定的规划特征。街区成片分布的地区，其规划特征与街网几何形状是一致的。独立房屋和小街区，也可以沿某一方向有规律地排列，有的呈直线，有的呈弧形，有的相互交叉呈十字形等。规划最差的是分散分布的小街区和独立房屋。

四、居民地内方位物及其重要程度

居民地内具有目标方位意义的独立物体，包括钟鼓楼、纪念碑亭、古塔、庙宇、工厂烟囱、各种塔形建筑、电厂等，应根据其性质、高度、位置、大小、外形等特征（有时还考虑颜色）确定其重要程度，如通常位于外围的、市内交通要道旁的、位置较高的、外形特殊的独立地物就比较重要。

五、居民地内各种非建筑地带的状况

居民地内除了房屋建筑区和街道，还有许多非建筑地带，如广场（空地）、园林、种植地、水区、城寨、高地、沟壑等，这些地带都有一定的军事利用价值，如通行和障碍、筑城和防御等。

六、居民地外围轮廓特征

以上各项总起来可以叫作内部结构。此外，尚需了解居民地外围轮廓特征，这就是说，要注意外围轮廓的基本形状，四周边缘分布的是什么物体（如独立房屋、街区、围墙、道路等），这些物体分布的完整性与连续性怎样，还要注意外缘轮廓线的形状及其特征转折点，以及独立房屋。

以上几点是制图综合时对每个居民地的具体结构图形要进行的具体分析，即特殊性。为了研究居民地形状概括的原则和方法，还应从所有居民地的图形特点中找出共性。

通过考察各个居民地可以看出，所有居民地的一个共同特点是，一切居民地均由单个建筑物组成，建筑物或者毗连一起构成街区，或者为分散独立房屋，而居民地的通行状况，则可以是有街道的或者是无街道的。所以，按建筑物的密集程度和通行状况，居民地有四种基本图形（图 2-31）。

任何一个居民地，不外乎由以上基本图形组合而成，在进行形状概括时，总是可以将一个复杂的图形“分割”开来，一块一块地化简它。

这样，我们暂时撇开一个个完整的居民地形状的概括问题，转而先讨论以下两类基本图形，即有街道的居住区和无街道的居住区形状的概括。在这些问题讨论之后，各个完整的居民地形状的概括也就好解决了。

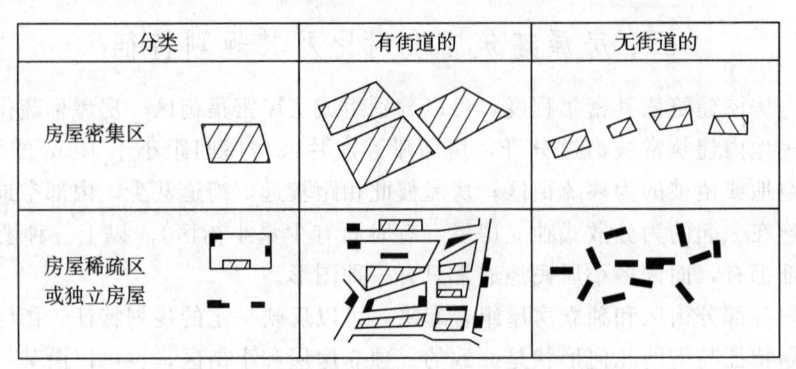

图 2-31 构成居民地形状的四种基本图形

第七节 有街道的居住区（房屋密集和稀疏）形状的概括

有街道居住区的基本特点，在于有明显的规划，房屋被街道分开，形成一个个街区。概括这一类居住区时，主要是处理好构成平面图形的两个基本部分——街道和街区。以下分别讨论形状概括的基本原则、方法、程序及实例。

一、形状概括的基本原则

（一）正确反映通行情况

反映居住区内的通行情况是军事用途的要求。尤其是主要街道，它是交通干线，又是连接次要街道的枢纽，更要正确表示。街道还是居住区形状的“骨架”，可以说，形状概括的基本要领，在于正确地取舍街道。

怎样才能正确反映通行情况呢？这就要很好地了解居住区内主次街道的分布状况和结构，以及街道与重要目标、外围道路的联系。

首先，应选取居于主导地位的主要街道。可以根据基本资料上街道的宽度直接判断，也可以根据街道与公路、车站、码头、广场、公园等的联系来间接判断主要街道，还可以用新出版的地形图和专题图来查明。一般不允许轻易改变主要街道，只是在比例尺缩小后图上主要街道过密或关系复杂时，方可将主要街道逐步降级处理。

对于主要街道，应保持宽度一致、通向明显，且保持中心线和拐弯点的形状和位置。只有在与相邻的铁路、江河、海岸等位置发生矛盾的情况下，才允许移动主要街道。

其次，应正确取舍次要街道。面对纵横交错的街道网，选取哪些次要街道呢？这就要从反映通行情况和街区形状特征的要求出发，仔细分析居住区的内部结构，了解各次要街道的长短及通行作用、各街道之间及街道同周围道路的联系，了解各部分街道网形状的基本特征。在此基础上，方可选取以下次要街道：①贯穿整个居民地大部分区域的；②连接码头、车站、广场、公园和重要方位物的；③与外围道路或邻近街道相衔接的；④有利于保持街区的主要形状和方向的；⑤有利于反映街网密度对比的。图 2-32 就是选取次要街道的例子。

（a）资料图

（b）综合图

图 2-32　次要街道的选取

（二）保持街区形状的基本特征

概括形状时，对于组成居住区的街区，应正确保持其形状的基本特征。从整体上说，城市各部分的街道网有一定的几何形状，如放射状、格状、不规则状，以及放射状与格状的组合等。一个大型居民地，可能由几种几何形状的居住区组成。在化简形状时，对于放射状街道网，应注意选取收敛于一点的和近似同心圆或多边形的两组街道；对于格状的街道网，应注意选取互相垂直的两组街道；对于放射状与格状组合的街道网，则应兼顾两方面的特征；对于不规则的街道网，不要任意“拉直”街道，以免使图形规则化（图 2-33）。

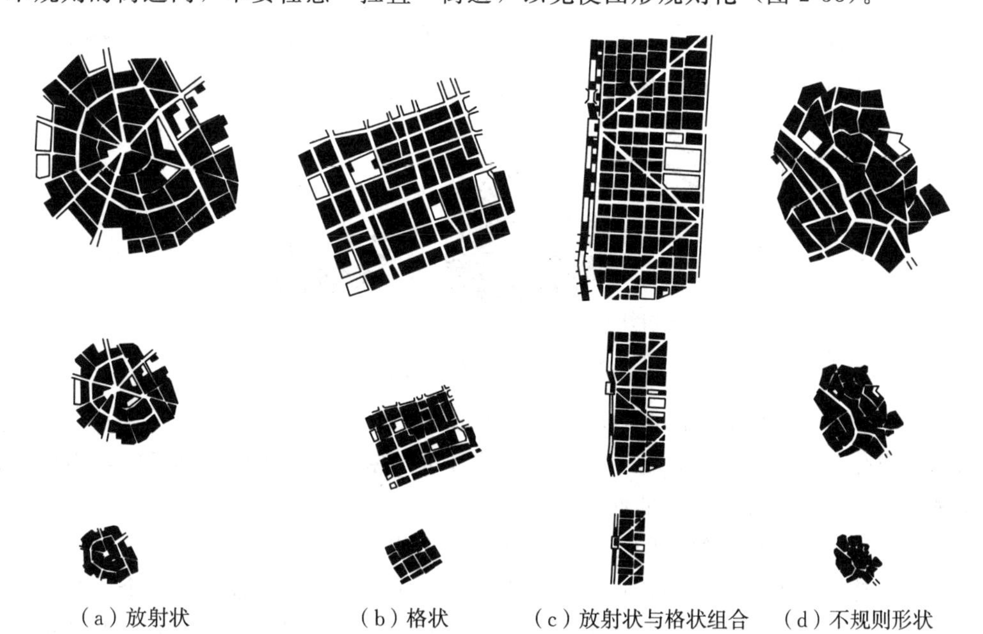

（a）放射状　（b）格状　（c）放射状与格状组合　（d）不规则形状

图 2-33　几种街网形状的概括

在选取以上街道的同时，舍去其他方向的短小街道。取舍街道的过程，是一个处理反映通行情况和保持街区形状的统一的过程。就其整体来说，是以保持通行情况为主来选取主次街道，正确地反映内部结构和外围道路联系的过程。就其局部来说，是以保持街区形状为主来舍去短小街道的过程。这是处理两者关系的基本着眼点。这里的关键问题在于，必须善于针对具体的图形把握住通行情况和街区形状的基本特征这一全局，不局限于个别的碎部。

除了注意街网、街区的形状和方向外，还应正确保持不同地段街网数量的对比，也即街区大小的对比。同一面积内，街网数量多，则街网网眼即街区面积小；反之，街网数量少，则街区面积大。形状概括后，应保持不同地段街区大小对比（图 2-34），不得过多地改变这一对比关系。

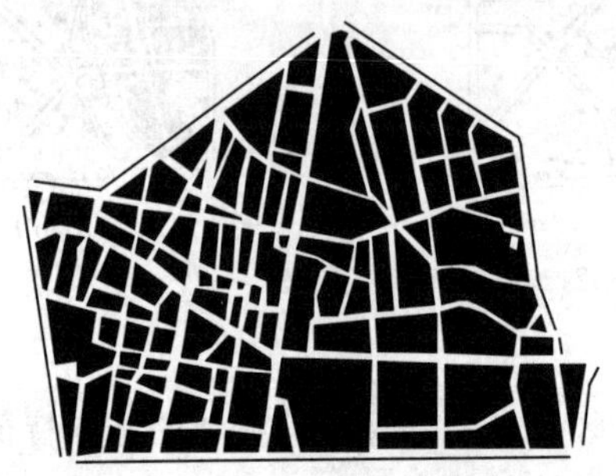

（a）资料图　　（b）正确的化简

图 2-34　保持街网密度对比

此外，街区大小必须适当，综合不宜过大（尤其是小街区组成的居民地）。一般来说，概括后的街区，最小可为两个记号房，即 0.8 mm×1.2 mm，但放射状与格状组合街网中的小三角形街区可更小；最大的街区边长一般不得大于 3 mm。合理取舍街道的结果，合并了街区，化简了居住区内部的形状。此时，尚需处理外围轮廓。化简外围轮廓碎部时，注意保持外围边缘的曲直特点、明显的拐角、突出的独立房屋、道路和墙垣（图 2-35）。

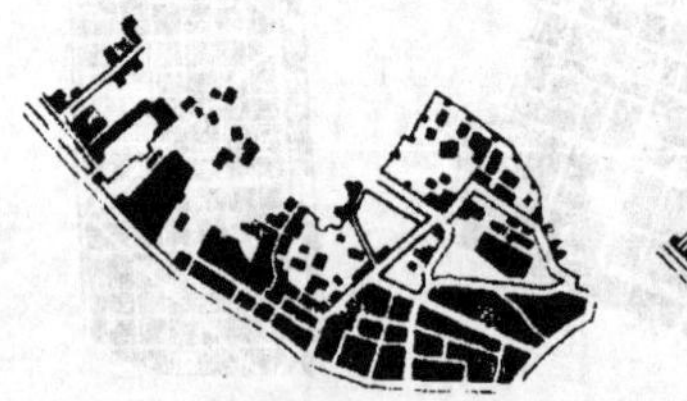

（a）资料图　　（b）综合图

图 2-35　外围轮廓概括示例

（三）正确反映街区内房屋疏密状况和非建筑状况

取舍街道化简街网形状后，每一块街区内房屋的疏密状况应予以正确反映，不得随意改变房屋密集街区和房屋稀疏街区的性质。

对于房屋稀疏街区内建筑物的处理，应注意以下几点：

首先，保持稀疏街区的规划特点。稀疏街区内建筑物的取舍，服从于整个稀疏街区形状概括的需要。一般来说，房屋与其所依附的街道同时取舍，只有若干突出的大型建筑，街道舍去后可予保留。反过来说，房屋分布较多的街道，尽可能不要舍去。

其次，应保持稀疏街区内建筑与空地面积对比，不要轻易扩大建筑面积，空地小于 0.5 mm^2 时，可以舍去空地，以涂黑表示。

稀疏街区内以记号房表示的建筑物，只取舍，不合并。依比例表示的房屋可以合并或化简。一般应先选取位于路口或拐角的房屋，并保持分布特征和房屋数量对比（图 2-36）。

（a）资料图

（b）综合图

图 2-36　稀疏街区的形状概括

对于居民地内的广场、空地、绿化地带、种植地、水区、高地、城寨、沟壑等，一般均需要保留，只在面积很小时才允许舍去或并入街区。

二、形状概括的方法

（一）加宽街道（合并街区）

随着编图比例尺的缩小，街道也随之变窄，在取舍街道化简形状时，还需按照规定尺寸，把选取的街道加宽。加宽后的街道，其形状不变，而宽度就不是按比例的了。

加宽街道的要领在于，保持街道中心线位置，向两侧扩张。

加宽街道的同时，也就把被舍去的街道两侧的街区合并在一起了。一方面街道扩张，占了部分街区；另一方面舍去的街道又并入街区内，互有得失，大体上保持了建筑与非建筑面积的对比。

（二）移动次要街道和街区

当居民地内有水系、重要方位物和铁路、桥梁时，为保持街道、街区同这些物体的相互关系和重要物体的位置，当距离小于 0.2 mm 时，需移动街道和街区。一般保持 0.2 mm 间隔，如有街道则应移至绘得下街道为止。移位的街区，视情况或者并入邻近街区，或者缩小面积，缩小后的街区宽度小于 0.3 mm 时，可改为一条街道线（图 2-37）。

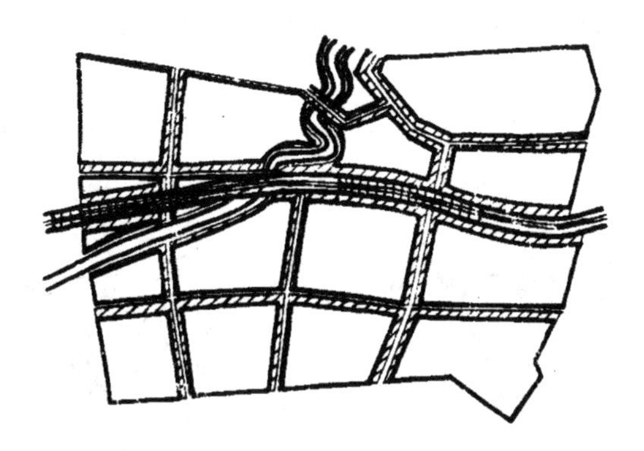

图 2-37　移动次要街道和街区

（晕线是移动部分）

另外，在概括形状时，对于某些特殊情况也需通过移动街道来处理。图 2-38 为格状街网，在主要街道选取后，次要部分出现了奇数块街区。为了保持街区形状相似，可以采用分割法，即将街道从中间的街区通过。这样做，优点是保持街区形状相似的效果好，缺点是街道移位太大。也可以将次要街道向街区合并的方向做适当移位。移位量大小可视具体图形、与外围道路联系和比例尺而定。

(a) 原图

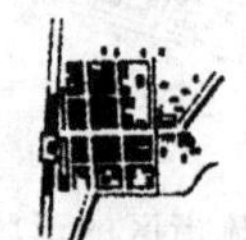

(b) 用分割法概括街区

(c) 次要街道未移动

图 2-38　奇数块街区形状概括方法的比较

(三) 删除细小碎部

对于外围轮廓转折处，或者街区内部，凸凹部分小于 0.3 mm 的一些细小碎部，可以删除，有特征的可以夸大表示。

(四) 夸大外围特征弯曲或建筑面积

对于外围轮廓或稀疏街区内的大型建筑，有特征弯曲的，可以夸大至 0.3 mm 表示。另外，在有道路尤其有高级道路通过的小街区居民地，街道两侧的街区不能合并，应分别向两侧移位，并适当夸大表示（图 2-39）。街区太小时也可改为独立房表示。

(a) 资料图　　(b) 综合图

图 2-39　有道路通过的街道，两侧街区不得合并，必要时稍夸大表示

有街道的居住区的编绘程序如下：

——重要方位物、桥梁、水系、铁路及附属物体；

——主、次街道；

——涂黑街区；

——外围轮廓及其他。

以上程序可参考图 2-40。

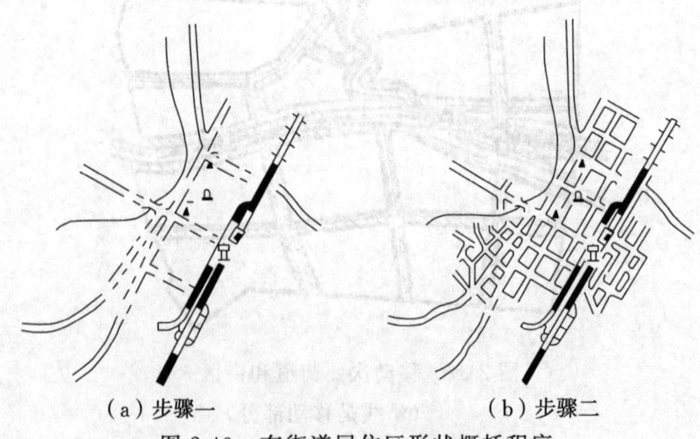

(a) 步骤一　　　　(b) 步骤二

图 2-40　有街道居住区形状概括程序

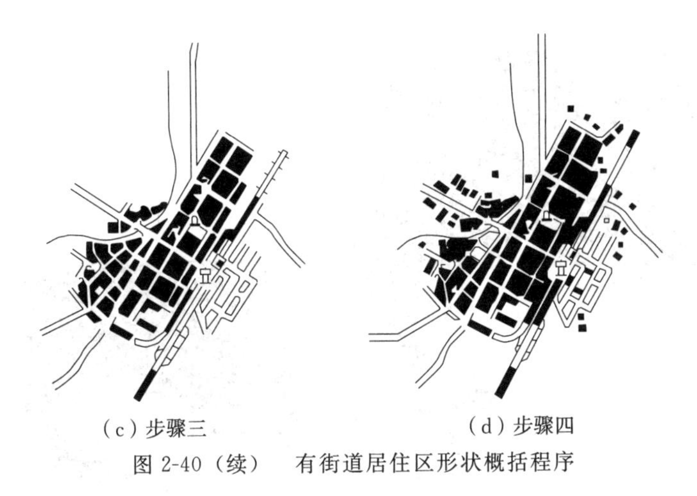

（c）步骤三　（d）步骤四

图 2-40（续）　有街道居住区形状概括程序

为了说明有街道居住区形状的概括，下面列举两例，对照综合前后的图形进行比较（图 2-41，图 2-42）。

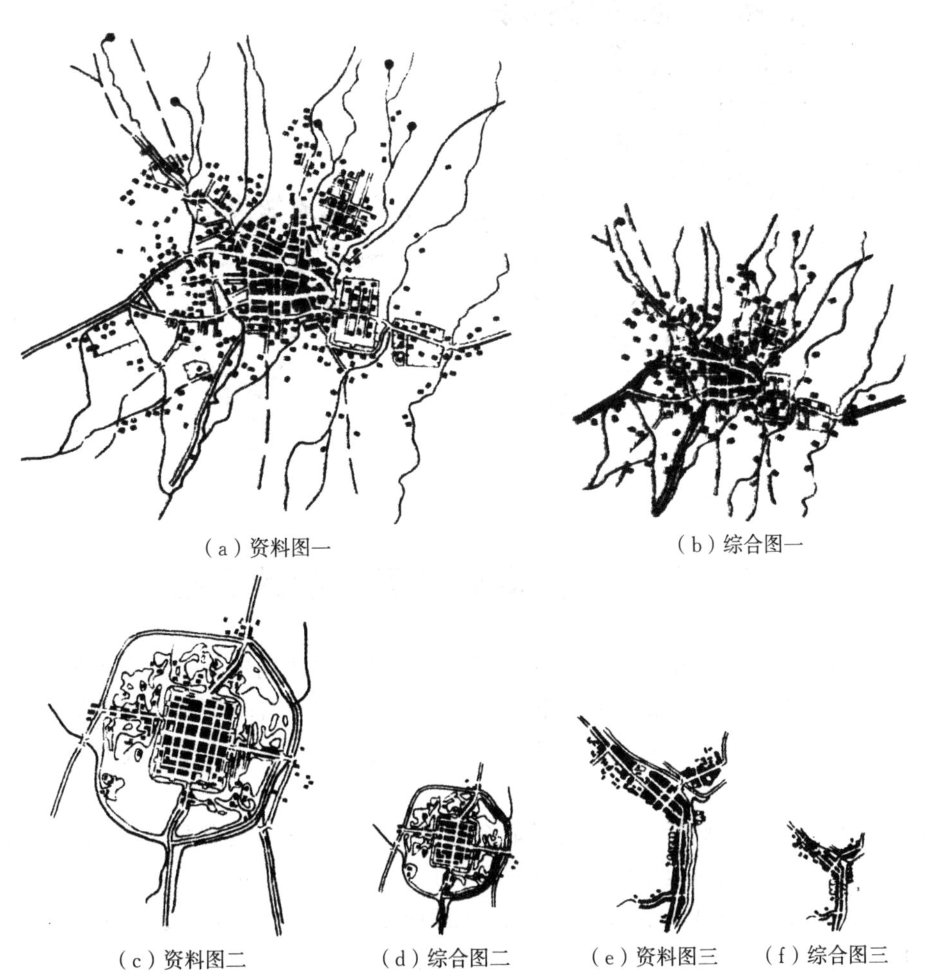

（a）资料图一　（b）综合图一

（c）资料图二　（d）综合图二　（e）资料图三　（f）综合图三

图 2-41　有街道居住区形状概括示例之一

（a）1∶10万原图

（b）1∶20万综合图

（c）1∶50万综合图

（d）1∶20万放大图

（e）1∶50万放大图

图2-42　有街道居住区形状概括示例之二

第八节　无街道居住区形状的概括

无街道居住区又称分散式居住区，在我国农村和城市边缘地带分布十分普遍。这类居住区的基本特点是房屋稀疏，内部空地面积较大，没有街道网，有时仅有一两条道路通过。组成分散式居住区的，主要是独立房屋和小面积街区。完全由分散式房屋组成的居民地，也称为分散式居民地。

分散式居住区形状的概括，主要通过取舍独立房屋来实施。为保持图形的位置和形状，一般应按照先中心后外围的程序取舍独立房屋。具体应注意以下几点：

(1) 形状和方向有明显联系的相邻近的小面积街区可以合并，无联系的小街区不得合并(图2-43)。不依比例的独立房屋（记号房）只能取舍，不能合并。

（2）应保持中心和外围轮廓特征处的独立房屋或街区的位置和方向。中心位置通常指图形的几何中心部分，一般应先选取中心部分的独立房屋，房屋密集时也可取舍。中心部分的小街区应稍夸大表示。外围轮廓特征处的房屋，因其目标、方位意义大，才予以保留。所谓外围轮廓特征处的房屋，即居住区最外围部分房屋连线构成几何形状的特征转折位置上的房屋，如图 2-44 所示。中心部分房屋选取后，应取舍外围房屋，化简外围形状。

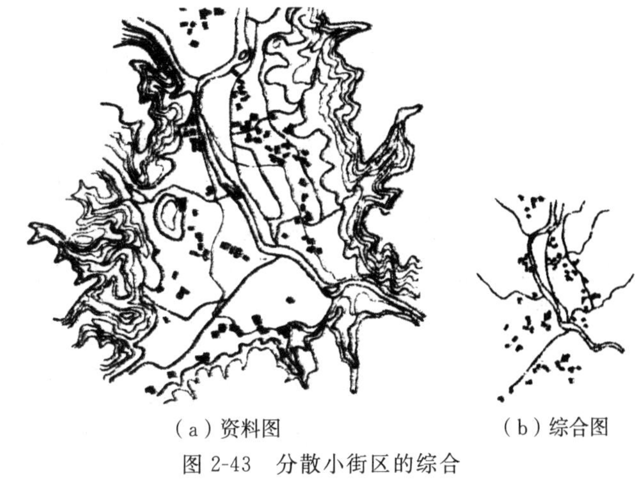

（a）资料图　（b）综合图

图 2-43　分散小街区的综合

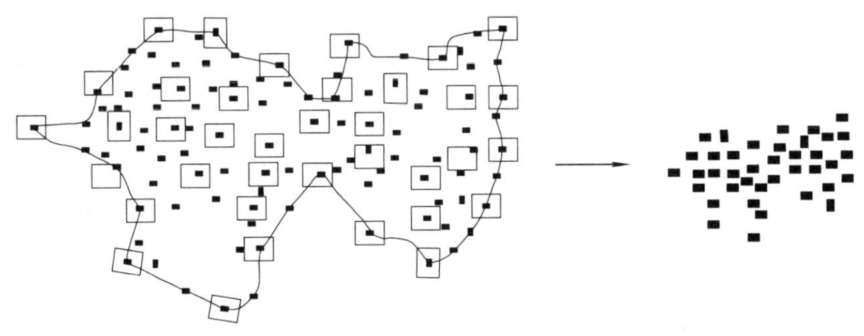

图 2-44　无街道居住区外围轮廓形状示意

（3）保持房屋的分布和数量对比。取舍独立房屋时，还应保持居住区不同地段房屋的方向和排列特点以及数量上的对比。一般在选取中心部分和外围轮廓的房屋之后，再选取其他位置的房屋，并兼顾上述要求。

以上三点也是取舍独立房屋的先后顺序，根据独立房屋所处位置的重要程度而定。中心部分的房屋尽量不移位（处理相互关系的情况例外），外围和其他房屋需视形状特点及与其他要素的关系而移位，移位方向和大小应视不同情况灵活掌握，图 2-45 即是一例。

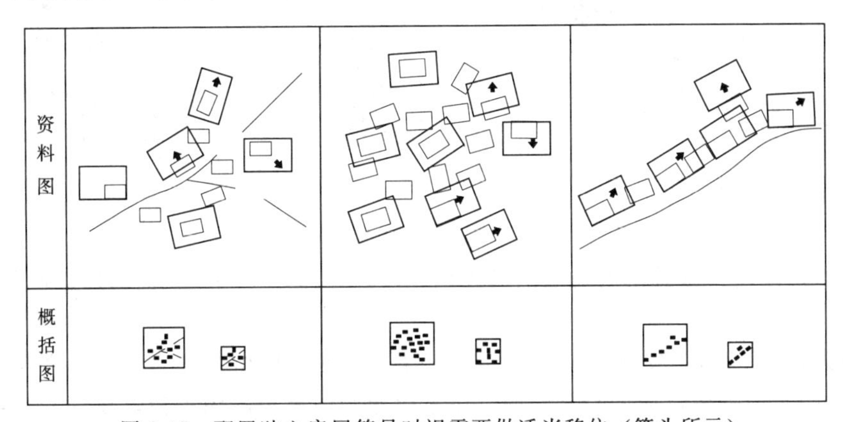

图 2-45　配置独立房屋符号时视需要做适当移位（箭头所示）

第九节 分散式居民地综合中的个别问题

上一节，我们讨论了无街道居住区即分散式居住区形状的概括问题，这是处理单个分散式居民地形状的最基本原则和方法。一般地区运用这些原则实施形状概括就可以了。这里之所以提出个别问题来讨论，主要是考虑到我国还有不少地区分散式居民地的情况较复杂或较特殊，在综合过程中需要灵活地运用原则，从概括、取舍乃至注记各方面互相配合，采取一些技术措施。现在分述如下。

一、密集分布的分散式居民地的综合

前面说过，我国有不少地区，分散式居民地密集分布，居民地密度大，各居民地房屋数量也多。随着地图比例尺的缩小，各居民地间距变小，互相邻近，加之独立房符号占地的不断扩大（一个独立房符号在 1∶5 万地形图上相当于实地 600 m^2，在 1∶10 万地形图上相当于实地 2 400 m^2）和名称注记压盖较大面积［在 1∶5 万图上，名称以 3 个字（3 mm×4 mm）的字大计算，即占 30 000 m^2］等，使得各居民地互相更接近，有的甚至出现平面位置的矛盾，在这种情况下，由 1∶5 万图编绘 1∶10 万地图时，必须进行合理的综合。

根据详细和清晰兼顾的基本要求，为避免出现居民地范围不清、注记张冠李戴一类弊病，除按上述概括分散式居民地的一般原则处理每个居民地的形状外，还应采取必要措施，分清彼此范围。例如：

（1）一般情况下坚持居民地图形和名称同时取舍。

（2）必须保证居民地各自范围清楚、形状基本相似。凡因比例尺缩小、独立房符号扩大，居民地间隔太小（如小于 2 mm），不便分清界线时，应适当缩小范围，可将临界处房屋向两侧移位，无法移位时，也可舍去个别房屋（图 2-46）。图 2-46（b）是已出版的 1∶10 万图，居民地间界线不太清楚。图 2-46（c）临界处房屋向两侧适当移位，个别有取舍。

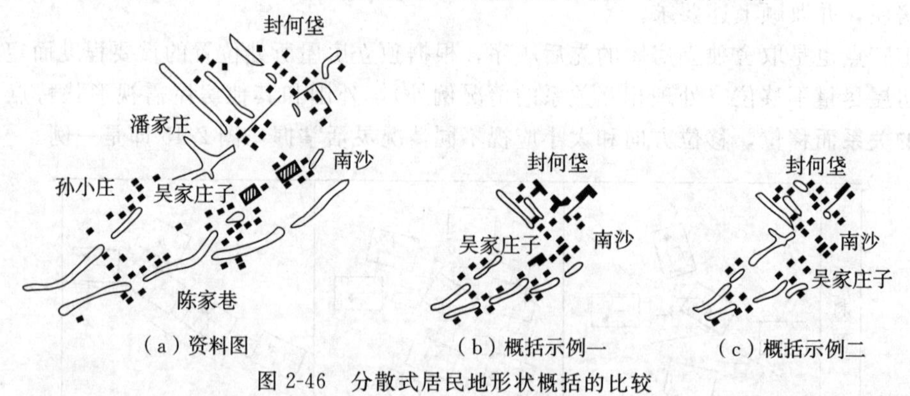

（a）资料图　（b）概括示例一　（c）概括示例二

图 2-46　分散式居民地形状概括的比较

（3）实地房屋毗连成片的有总名的居民地，可以作为一个整体化简图形，取舍分名名称（图 2-47）。

（4）根据需要（如重要性、密度和分布特征），图上保留舍去名称的少数居民地，其图形不属于（3）所列者，应做较大化简，以不引起判读范围的困难为限度。

（5）灵活地配置名称注记，以加强整个地区居民地分布特征的显示。

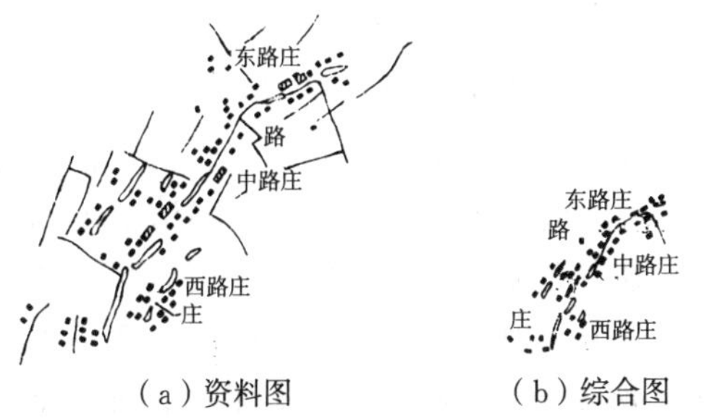

（a）资料图　　　　（b）综合图

图 2-47　有总名的居民地可视为一个整体化简图形

（6）保留名称的居民地的图形，应强调表示其中心或仅有的小街区（图 2-48）。

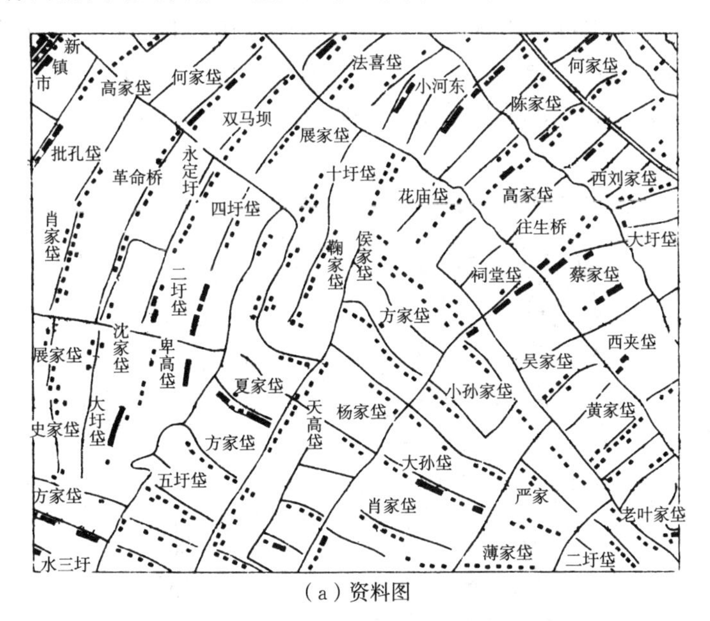

（a）资料图

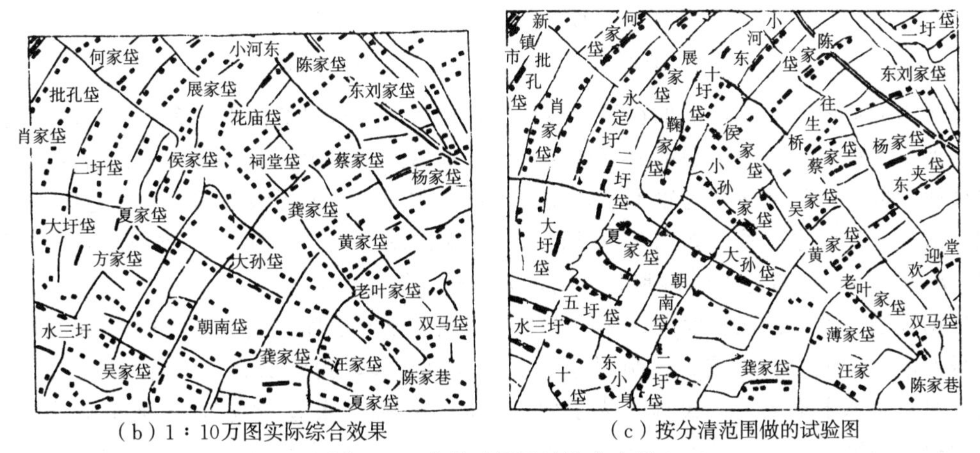

（b）1∶10万图实际综合效果　　　　（c）按分清范围做的试验图

图 2-48　分散式居民地综合实例

二、分散式居民地彼此范围不清的处理

从理论上讲，不存在范围不清的居民地，任何一个居民地都不会大得无边。实际上密集区居民地房屋的行政归属或自然归属都十分明确。尽管由于生产的发展和人口的增长，存在着少数农村或城市郊区有的居民地房屋连接一起而分不清范围的客观情况，但这毕竟是局部的问题，而且也不难处理。地图上出现大面积的分散式居民地彼此范围不清的问题，主要是人为的，即在内外业成图过程中，因作业员对各种问题处理不当造成。

属于外业成图方面的，例如外业调绘中，没有查清每个居民地的范围，以及那些以一户为村或数户为村的分散程度。综合时，在保留名称居民地的周围，又表示了舍去名称的小村的零散房屋，结果，居民地像滚雪球似的逐渐滚大，以致在 1∶5 万地形图上范围就不清了。从图 2-49 中可看出这些村庄的房屋数与图上保留的房屋数量情况不符，进而可以判断 1∶5 万图上已经舍去了一些居民地名称。在 1∶5 万图上，到底是不同地区特点，保留每个独立房，造成范围不清好，还是适当取舍独立房，分清范围好？答案应当是分清范围好。

图 2-49　从房屋数和图上保留房屋数量的不符，可以判断 1∶5 万图上已舍去了一些居民地名称

属于内业成图方面的，例如在编绘过程中，机械地执行保留图形、舍去名称的规定，既没有将保留名称居民地的中心部分（或小街区）加以强调表示，又缺乏对舍去名称的居民地房屋做较大取舍，加之注记配置不当，使得保留名称的居民地界线混淆，同样造成了居民地范围不清，注记张冠李戴。如图 2-50 所示，1∶5 万图上依地形还可大致判断居民地范围，1∶10 万图上不少地名已无法再判断范围，如板桥子等。

根据我国南方居民地密度大、房屋密布、互相邻近等地理特点，以及独立房屋异常夸大的记号性质、注记占面积较大、制图综合的基本原则等，我们认为，不管在哪种比例尺地图上，对于房屋密集区的居民地，为了便于阅读，不致“张冠李戴”，必须实施综合手段。如前面提到的突出表示各居民地中心、夸大表示小街区、舍去部分淘汰名称的房屋、保证注记指示明确、改进表示方法等。事实上，有的地图这样做的效果是很有说服力的。图 2-51 是分散式居民地名称和图形基本同时取舍的示例，在 1∶5 万图上，16 km^2 内约有 81 个居民地，属最密区，1∶10 万图上范围仍清楚。

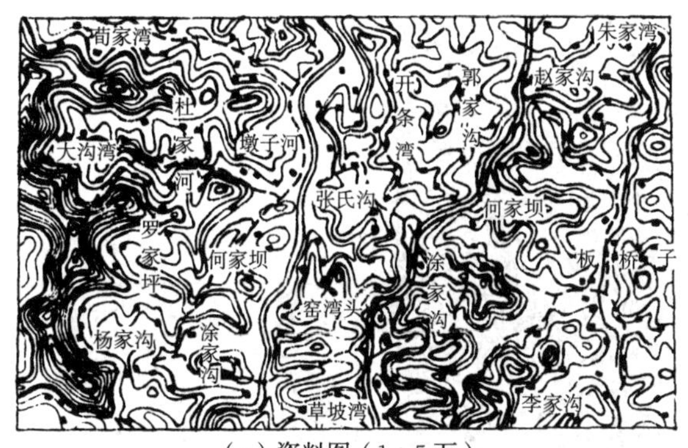

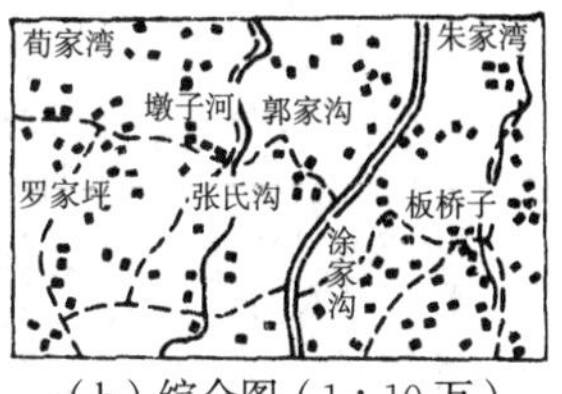

（a）资料图（1∶5万）　　（b）综合图（1∶10万）

图 2-50　内业成图加剧了居民地范围不清

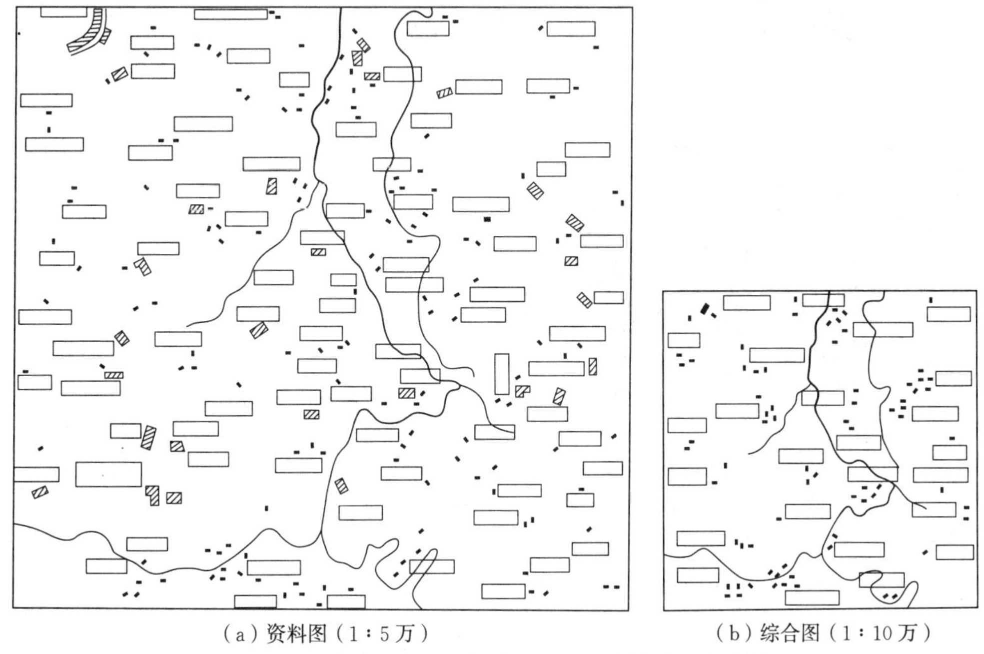

（a）资料图（1∶5万）　　（b）综合图（1∶10万）

图 2-51　分散式居民地名称和图形基本同时取舍示例

在遇到图上既成事实的范围不清情况时，应尽力查明造成居民地范围不清的原因。经调查，一切有确凿资料证明不属范围不清的图形，应加以更正；无法判明的图形则不要人为地将它们分清。

对于范围不清的居民地，从总体上，我们可以勉强将其看作“区域特色”，把它们当作一个大的分散式居民地群来概括。选取并着重表示较大的集镇或乡镇的图形，然后按一定密度取舍名称注记和独立房屋，位于被舍去名称附近的房屋可以做较大取舍（图 2-52）。

沿某一方向成线状分布，彼此范围不清的各个居民地，概括形状时，既不要把大量的独立房屋合并成长条街区，也不要人为地把它们分成一段一段的。正确的做法是，适当地合并小街区图形，考虑到保持独立房屋连续分布的特点，取舍独立房屋，使之形状和分布均反映原来的情况（图 2-53）。

（a）资料图（1：10万）

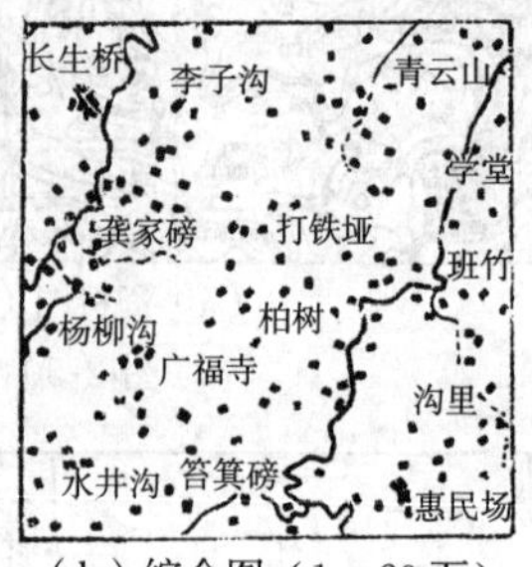

（b）综合图（1：20万）

图 2-52　范围不清的分散式居民地形状概括

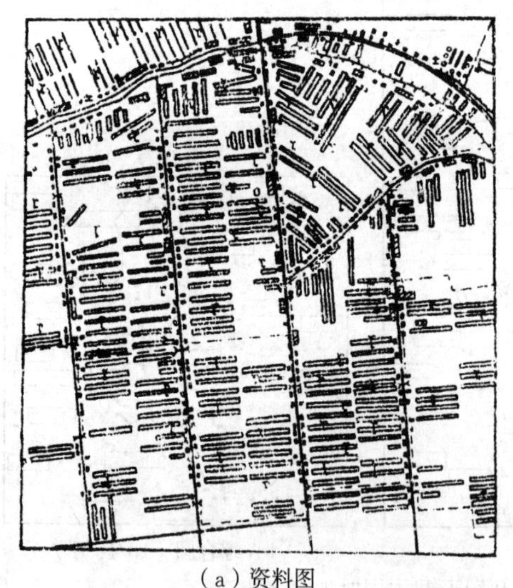

（a）资料图

（b）不正确的综合

（c）正确的综合

图 2-53　线状分布范围不清的居民地形状概括（1：5万—1：10万）

三、黄土区窑洞居民地形状的概括

在概括黄土区窑洞居民地的形状时，针对不同的情况注意以下几点：

（1）沿沟谷自然形状分布的分散式窑洞居民地，取舍窑洞时，除了选取中心和外围轮廓处的窑洞，并注意数量对比，还应尽量保持窑洞取舍与谷地取舍的一致性，不使窑洞朝向山顶或山脊方向。

（2）成排分布的窑洞，应控制两端位置配置窑洞符号，并区分连续和间断分布的两种情况，不得将间断分布的窑洞轻易改为连续分布的窑洞。符号配置不下时，可做移位。

（3）多层分布的窑洞，应首先选取上下两排窑洞，减少内部层数（图 2-54）。

（4）应优先选取位于水源附近和通路出入口处的窑洞。窑洞居民地中的零星独立房屋也应尽量保留。

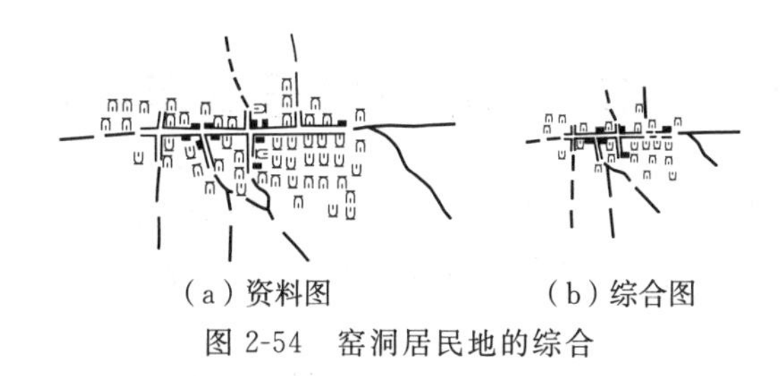

（a）资料图　　（b）综合图

图 2-54　窑洞居民地的综合

第十节　居民地整个轮廓形状的概括

居民地的平面图形，随着比例尺的缩小也越来越小。依规定，从 1∶100 万比例尺开始，绝大部分居民地只需要用它的整个外围轮廓表示。

怎样将一个居民地的复杂图形概括为简明而正确的整个轮廓形状呢？

第一步要解决的是外围轮廓线的确定，即哪些应划在范围之内，哪些不应划在范围之内。首先，应区分出居民地平面图形的主要部分，这里包括街区群和密集的独立建筑群，对建筑稀疏街区，只要有明显的街道规划也应包括在内。其次，对离市区较远的明显的厂矿区和居住区，凡面积大于 2.0 mm×2.0 mm 的，通常应单独表示；对于不够尺寸但有重要的特征意义，能反映出居民地与周围要素相互关系的部分，也应扩大表示。分散房屋中零星的小街区可不计入平面图形之内，当居民地由相隔较远的几部分独立图形组成时，应分别表示各部分的外围轮廓。对于与居民地联系紧密、沿一方向延伸较长的独立房屋群，虽不计入外围轮廓概括之内，但仍用独立房符号表示，并进行取舍。

第二步要解决的是概括问题。概括整个轮廓形状时，应保持外围轮廓的主要特征点和转折点，注意图形的外围是直线状、折线状，还是弧线状，分清情况，正确表示。在概括时，一般图上小于 0.5 mm×0.5 mm 的凸凹部分可舍去，但具有特征意义的应放大表示，例如突出的狭长条状街区，其宽度不够尺寸时，就应放宽表示。在概括时还应注意街区和空白的面积对比。

第三步要解决的是轮廓形状与其他要素的关系处理。例如，被河流、铁路分成两部分以上的居民地平面图形，其处理的一般方法是，双线河所分开的居民地，各部分单独概括，并保持与河岸线间隔 0.2 mm 的距离；被铁路或单线河分割的居民地，河流和铁路可以从整个轮廓图形中通过。通向居民地的公路只接至所绘的外围轮廓图形上。

以上所述如图 2-55 所示。

（a）资料图　　（b）综合图

图 2-55　居民地整个轮廓形状概括示例

第十一节　用圈形符号表示居民地

在 1∶50 万及更小比例尺的地图上，小于一定尺寸的中小型居民地改用圈形符号表示，到此“形状”这一概念完全消失。表示居民地的位置，即表示居民地与周围其他要素的相互位置关系成了主要内容。

使用圈形符号首要的问题是，圈形符号的中心放置于居民地的何部位为恰当。通常，在保持居民地和其他要素相关位置正确的前提下，将圈形符号的中心放置平面图形的中心；在图形延伸较长成分散的情况下，应放置在居民地图形的主要部分（基本部分）的中心。现在分别举例说明如下：

(1) 由几部分建筑组成的居民地，圈形符号应放在面积最大的建筑区，如图 2-56 (a) 所示。

(2) 有街道结构与无街道结构共同组成的居民地，通常圈形符号应放在有街道结构的主要部分，如图 2-56 (b) 所示。

(3) 街区和独立房组成的居民地图形，圈形符号应放在街区部分，如图 2-56 (c) 所示。

(4) 散列分布的居民地，圈形符号应放在房屋较集中部分，如图 2-56 (d) 所示。

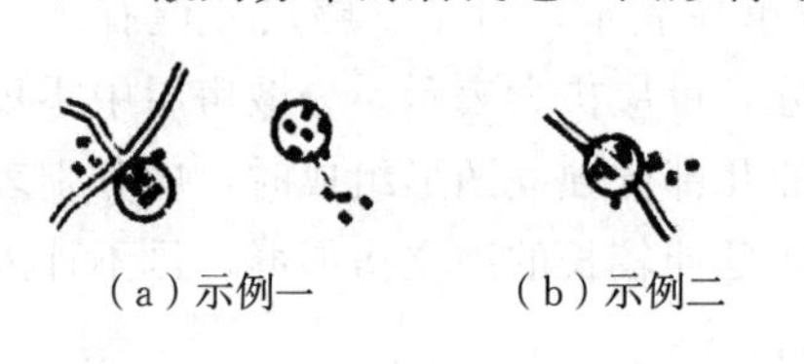

(a) 示例一　(b) 示例二

(c) 示例三　(d) 示例四　(e) 示例五

图 2-56　用圈形符号表示居民地示例

(5) 呈片状或线状均匀分布的居民地，圈形符号的中心应配置在居民地平面图形的几何中心上，如图 2-56 (e) 所示。但若范围大于 4 mm^2，仍用记号房表示。

在判定居民地平面图形主要部分的同时，我们还应注意到居民地与其他要素的相关位置。这一问题将在各要素相互关系处理中详细讨论。

最后还要说明的是，在 1∶50 万或更小比例尺的地图上，并不是只按面积大小机械地将居民地都用圈形符号表示，这要视地图的比例尺、行政等级、居民地所处位置、平面图形的大小而定。

1. 根据比例尺和行政等级

1∶50 万图上县及县以上居民地不使用圈形符号，虽然有些县的平面图形小于 4 mm^2 (1∶50 万规范规定图上 4 mm^2 以下用圈形)，仍应扩大表示其轮廓图形。1∶100 万图上大中城市和大的县城不用圈形表示。

2. 根据位置的重要性而定

位于重要位置的居民地一般可以不用圈形符号表示。例如，1∶50 万图上有火车站的居民地，在两者都表示的情况下，居民地一般不用圈形符号表示。对于要素关系复杂，如用圈形符号表示位移太大或无法绘下时，也可不用圈形符号表示。还有位于边界、林区、山隘口等地具有重要方位目标意义的单幢房屋，可不用圈形符号，仍以独立房符号表示。

第三章　道路的综合

第一节　地形图上综合道路的要求

道路网是交通运输的脉络，是连接居民地的纽带，在国民经济中具有重大的意义。道路网把生产地和原料产地联系起来，把工业和农业、城市和乡村紧密地联系起来。道路网反映了居民地之间的关系和经济繁荣情况。随着我国经济建设的飞速发展，对道路的要求越来越迫切，道路网的建设更显得重要。全国各地铁路、公路建设的快速发展，加强了各地之间、各民族之间的联系和团结，促进了物资交流和工农的发展及社会文明进步，为加快国家建设提供了有利的条件。

道路网在国防上关系重大，对军队的行动和运输有重要的作用。道路网与部队行军作战关系十分密切。在现代战争中，由于出动的军队数量较多，军队拥有的技术装备各式各样，作战的区域极为广大，战争的突然性和破坏力不断增大，战场情况变化多端。战时必须适应这一情况，在战场上迅速调动和集中大量的兵力与武器，在指定的地区集结优势兵力打歼灭战，这时必须具备一定数量和质量的道路，以保障军队机动和军事运输的畅通，为战斗胜利创造有利条件。山区、林区和边防道路对战斗小分队的活动作用很大，便于部队的巡逻、集结和疏散。道路网还是空中飞行或地面行动的良好方位物，可以根据道路的交叉点及直线路段或弯曲路段等形状特征来判定方位。

道路网是地图的重要内容之一，在图上不仅要表示出道路的类型、等级和通行能力，还应该位置准确、取舍恰当、形态逼真，能反映道路的走向、分布特征和密度差别。不同比例尺地图由于用途不同，对图上表示道路网的要求也各不相同。

1∶2.5 万—1∶10 万比例尺地形图，属于大比例尺地形图。在国民经济建设中可作为规划、勘察、设计、选择厂址与施工的交通情况参考。在军事上是战术用图，供部队小分队活动，完成战斗任务。炮兵根据道路的等级、性质判断能否迅速组织行军和转移、变换战斗队形，他们还利用道路交叉点判断方位联测战斗队形。因此，对综合道路的要求是：详细表示各等级的道路，特别是 1∶5 万及以上大比例尺地形图，除极稠密地区，基本上表示全部道路，1∶10 万比例尺地形图仅舍去一些不重要的田间道路；精确表示道路的位置，特别是高级道路的直线路段、特征弯曲、道路交叉口等处应保持位置精确，以利于判定方位；反映通行情况并详细表示道路的附属物。

1∶20 万—1∶50 万比例尺地形图，属于中比例尺地形图。在国民经济建设中可作为总体规划的交通情况参考，在军事上做战役用图。特别是 1∶20 万比例尺地形图，供机械化部队执行战斗任务使用。因此，要求反映出道路网的特征和密度对比，详细表示道路的等级、分布、形状特征，反映道路附属物的质量特征，保持与其他要素关系的正确。

1∶100 万比例尺地形图属于小比例尺地图。在国民经济建设中可作为宏观总体规划的交通情况参考，在军事上作为战略研究用图。因此，要求正确反映高级道路的形状特征及与其他要素的关系，反映道路网大致的分布特征和密度对比。

第二节 道路网的选取

道路的选取，主要随着地图的用途、比例尺的改变而产生，和居民地选取具有一定的从属性。在选取时，要很好地分析了解制图区域内道路的类型情况，各级道路的质量情况及道路网图形的基本特征，确定道路在该地区的作用与意义。根据军事行动对道路的要求，保证重要道路的入选，保持道路与其他要素的联系，并反映出不同地区道路网的分布特征与密度差别。

一、道路网的选取指标—— 规定网眼的大小

道路网眼的大小，指的是由道路围成的封闭图形面积的大小，通常以平方厘米为单位。

在多年的生产实践中，总结出道路网稠密地区道路网眼面积的标准。一般而言，小型居民地密集区 1.0～1.5 cm^2、大型居民地密集区 1.5～2.0 cm^2（注：此处居民地大型、小型指居民地平面图形面积大小）为道路的选取指标，如图 3-1 所示。

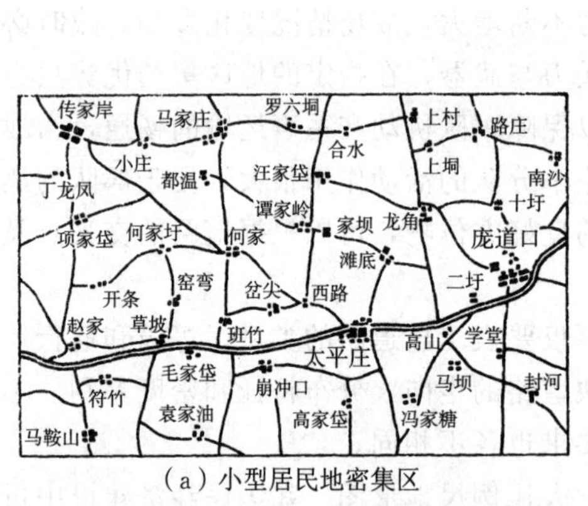

（a）小型居民地密集区　（b）大型居民地密集区

图 3-1　居民地密集区道路网眼的大小

规定道路网眼面积的大小，比较直观，作业中便于掌握。这一指标来源于生产实践，是从地图的清晰性和详细性出发的，居民地（平面图形和注记）由道路连接构成一个整体，考虑了平面图形的大小、注记占的面积，以及居民地之间间隔的大小。从最小网眼构成的图形上来分析就可以看出，若道路网眼为四边形，则每一边长大约为 1 cm，若网眼为三角形，则每一边长大于 1 cm，而居民地注记一般多为 3 个字，从居民地之间的距离和注记占的间隔大小来看还是清晰的。如果小于上述指标，则有不少道路被居民地注记压断，影响了地图的清晰性，不便于地图的阅读和使用；如果大于上述指标，则必定有大量的道路被舍掉，对于道路网稠密地区会缺乏详细性，不能反映通行情况和分布特征，满足不了军事上的要求，也影响了地图的使用。

但这样直接规定指标也有一定的缺点，由于实地上道路网的密度差别很大，上述网眼面积大小是一个固定的指标，只能用于道路网稠密地区，对中等密度区及稀疏区则不能千篇一律地用一个指标，道路网眼面积要适当地加大，否则会出现道路网分布均匀化的趋势。

二、道路选取的一般方法

（一）保证重要道路的入选

这是道路选取的首要任务。道路的选取，一般是从高级到低级逐级进行。但道路的等级也不是选取的唯一根据，还必须考虑道路在不同地区所具有的运输意义和军事意义。如大车路在道路发达的华北平原区，可能有不少被舍去，但在交通不发达的山区，乡村路可能成为主要的道路，需要保留。为此，必须从道路的类型、技术等级和它在各个地区的作用等方面，去分清主次，进行取舍。例如，通常情况下，以下道路都是较重要的：

——标准轨铁路；

——公路；

（上面两种道路在大比例尺地形图上应全部表示。1：20 万及更小比例尺地形图上，对大城市附近或工矿区个别稠密区，才舍去若干支叉路段。）

——交通不发达地区等级最高的道路；

——作为行政境界的道路；

——通向国境或沿国境的等级最高或唯一的道路；

——翻越山地或通向沙漠区水源的唯一道路；

——穿过沼泽区、湖群区的唯一道路；

——便于部队隐蔽、集结和机动的道路，如森林铁路、林间小路、穿越国境通行困难地区的道路等；

——通向车站、机场、港口、码头、渡口、矿山、山隘的道路；

——通向重要地物、制高点、边防哨卡及其他军事目标的道路等。

在实际作业中，高级道路的入选不成问题，真正值得推敲的，还是那些大量的中级和低级道路的取舍问题。根据地区情况，经过分析比较，确定取舍从哪一级道路开始，再从这一级和以下各级道路中找出较重要的一部分，绘在图上。例如在山区，多为低级道路，交通不发达，乡村路全部选入，取舍是从小路开始的；如果到了平原交通发达区，简易公路也可能舍去一些。

（二）保持道路与居民地的联系

选取道路应与居民地相适应，正确反映居民地间的联系。

——一般来说，每个居民地或重要地物都应有道路连接，并反映贯通情况；

——当有两条以上的道路通向居民地而又必须取舍时，应保留等级较高的道路；

——当同级道路通向居民地而又必须取舍时，应保留居民地间距离最短的道路；

——选取两居民地间障碍物较少，便于通行的平直道路；

——由小居民地通向大居民地、高级道路或火车站的唯一道路，应与小居民地的取舍一致；

——选取道路时，还必须反映居民地在行政上的隶属关系，即通向行政中心方向的道路应优先保留，如图 3-2 所示，对通向经济活动中心方向的道路亦应优先选取。

（三）保持道路网平面图形的特征

取舍道路时，还应注意反映道路网平面图形的特征。道路网是由许多条不同等级和形状的道路组成的，整个道路网像脉络联系构成一个整体。其结构形状受很多因素的影响，取决于居民地、地貌、水系、土质、植被的分布和特征。由这些要素所决定的道路网形状，在图上要真实地反映其图形结构特征，不得歪曲。化简时，把各级道路看作一个整体全盘考虑，高级道路是构网的基础，因此应以高级道路为骨干，低级道路只是补充，根据道路网图形特征逐级选取。如平原区道路网多呈比较平直规则的格状，网眼多为三角形和四边形，如图 3-3 所示；行政或经济中心附近的道路多为放射状，其网眼多为扇形；丘陵地区多呈比较弯曲不太规则的网格状，如图 3-4 所示。这些道路网的形状经过化简以后，只是舍去一些由低级道路构成的网眼，总的图形特征在大、中比例尺图上并没有改变，仍应保持原来的道路网图形结构特征。但是随着比例尺的缩小，由于低级道路的大量舍掉，道路网的图形结构特征就不能保持了。

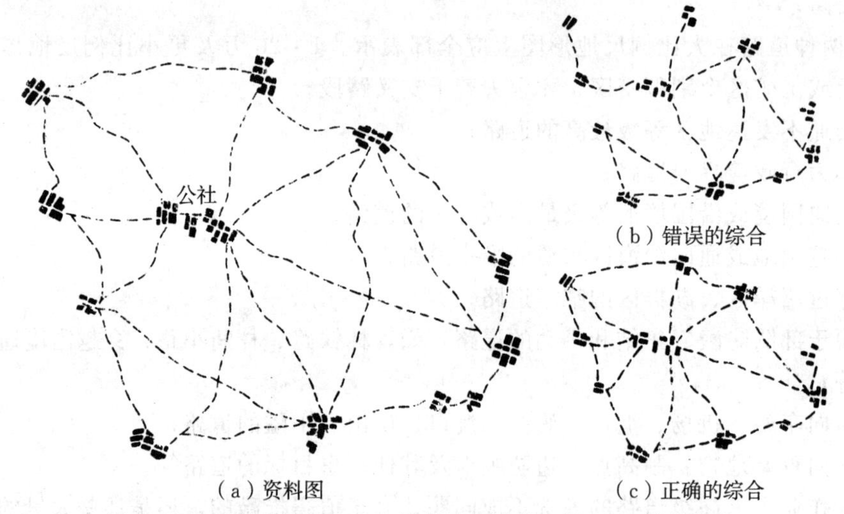

图 3-2 应重视选取通向中心居民地的道路，图（b）是错误的

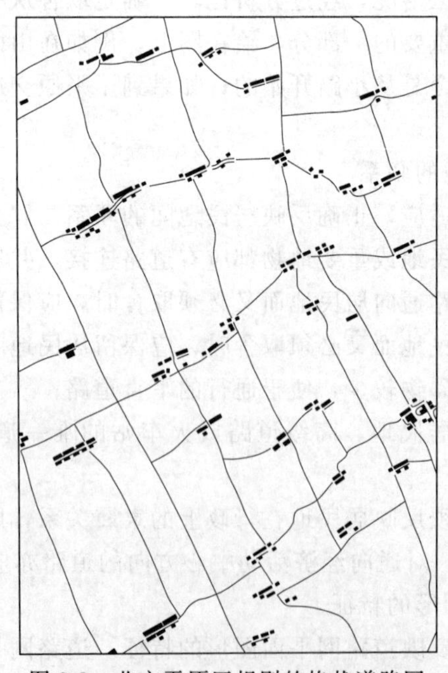
图 3-3 北方平原区规则的格状道路网

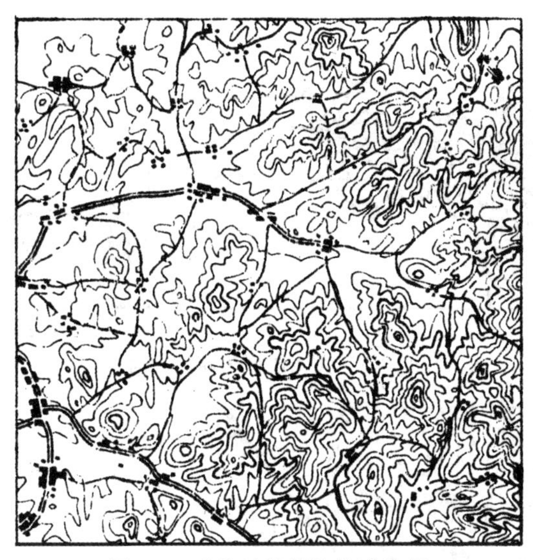

图 3-4 丘陵区的网格状道路网

（四）保持不同地区道路网的密度对比

实地上道路分布的密度，与人口的分布和自然条件关系很大，各地很不平衡。平原地区，城市郊区道路网很稠密，丘陵区道路网较密，山区道路稀疏，沙漠或高原地区道路极少。

道路的取舍，受居民地的影响很大，同居民地的取舍相类似。在取舍过程中，道路网稠密地区，低级道路舍得多；道路网稀疏地区，低级道路舍得少，甚至全部保留。随着比例尺的缩小，不同地区道路网的密度差别越来越小，但是也不能没有差别，选取时应反映出道路网密度的大致对比。

三、几个地区道路的选取

（一）城市郊区及工矿区道路的选取

城市郊区、工矿区的道路网稠密、纵横交错、交叉很多、长短不一、多高级道路，主要为铁路和公路。

选取时应注意：

——城市四周道路网的密度对比。一个城市，工业集中区道路稠密，交叉多；文化区道路相应稀少。经取舍后仍应反映其密度对比。

——道路网的分布范围。对于大的工矿区，道路有很多条，注意先取外围的和中间的，如图 3-5 所示。

——大的铁路枢纽站应分清主次、会让关系。选取时，首先取主干线，然后取连接主干线的外围岔道线，中间的支叉则根据支叉的密度取舍。

——若干条支叉路段需要取舍时，应优先选取延伸长的、有车站的、重要的支叉，如通向重要工矿区的交叉，如图 3-6 所示。

——通向工厂和其他地物的短小支叉，应与其通向的工厂和地物的符号的取舍一致。

——通向大工厂唯一的道路应保留。

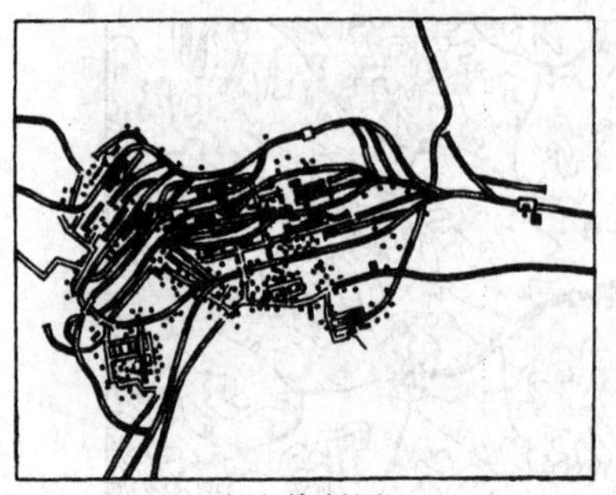

（a）资料图

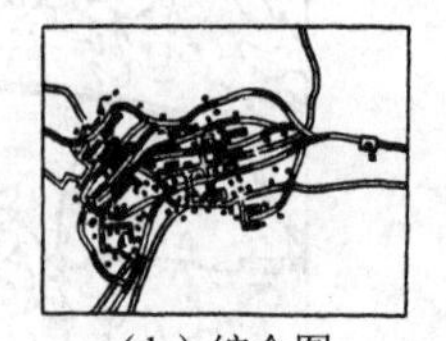

（b）综合图

图 3-5 大工矿区道路的取舍

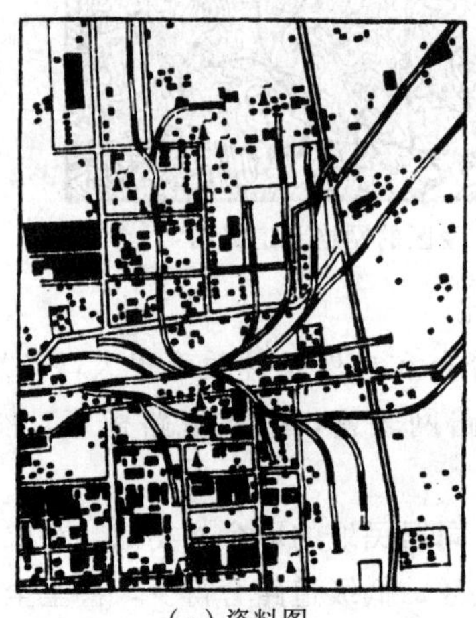

（a）资料图

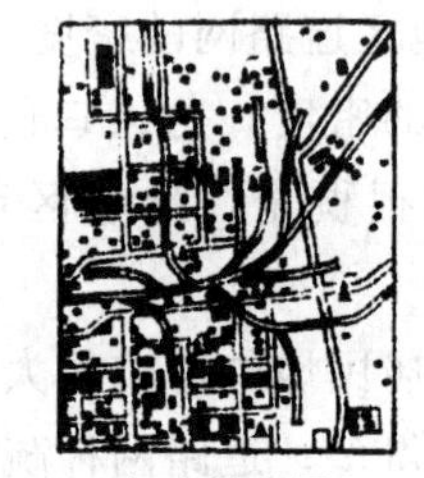

（b）综合图

图 3-6 铁路支叉路段的取舍

（二）平原区道路的选取

平原地区，居民地稠密，人口众多，道路网稠密，地势平坦，道路平直，高级道路较多。但同是平原，由于地理景观不同，北方的平原和南方的平原道路密度、等级也不相同。

北方的平原，如华北平原、东北平原，地势很平坦，河流和湖泊稀少，道路等级较高，除少量田间小路，多为大车路以上的道路，村庄之间有公路相通，道路网多为格状和放射状，构成道路网的每一个网眼近似四边形或三角形，网眼每一边近似直线。格状道路网注意反映其原来呈格状的特征，兼顾纵横方向上道路的选取。放射状道路网的保持，应兼顾居民地向四周放射的几个方向上道路的选取。北方平原区道路的取舍一般在大车路这一级进行，个别道路稠密区简易公路可舍去一些。

南方的平原，如长江中下游平原和其他三角洲平原，除下游地区较平坦，其他地区略有起伏，河流、湖泊较多，农业上以水田为主，影响道路形状，居民地小而稠密。因此，道路等级较低，以乡村路小路最多，高级道路较少，道路多弯曲。道路多呈网状，取舍多在小路或乡村路中进行。随着我国农业机械化的发展，水田逐步实现机耕，行驶拖拉机的路逐渐增多。南方平原水网区河渠纵横，有的比较规则，一般路堤合一，靠近河渠，此类道路应与河渠的取舍一致。

（三）山区道路的选取

山区由于居民地稀少，地势起伏大，因此道路稀疏，且多为低级道路，只有少量高级道路穿过。从道路的形状看，多弯曲且多急转弯，路面起伏大。道路大部分沿谷地分布，谷地的道路一般等级较高，翻越山地的道路多为从鞍部通过的低级道路。构成道路的网眼随地貌也有不同的形状和大小。一般网眼的大小与山体的大小有关，特别是石灰岩地区，网眼大小与峰体的基底面积大小有关；网眼的形状与山体的形状和走向有关，如四川东部平行岭谷地区的道路网眼多为规则的长方形格状，如图 3-7 所示。山区道路选取时，首先取高级道路，其次取沿谷地延伸的贯穿较长的道路，最后取隔山穿过鞍部的路。在山区，通信线的铺设一般是沿主要道路的，因此在选取道路时，可参考通信线路。

图 3-7　平行岭谷地区道路网的图形

（四）特殊地区道路的选取

国营农场及沿湖、沿海大面积的围垦造田地区，一般都是统一规划，道路网整齐，多为正方形和长方形格状，网眼较大，道路等级较高，适合机械的行动，选取时注意保持其整齐的格状特征，首先选取骨干道路，然后选取其他道路构成相应形状的网眼。

黄土地区除少数高级道路分布在有河流的开阔谷地，大部分道路分布在墚或塬上，地势平坦便于通行，从墚上向下通向居民地或穿过谷地多为乡村路或小路，如图 3-8 所示。道路网眼的大小与两墚之间的间隔大小有关。选取时，首先选取高级道路，然后选取位于墚上的道路，最后选取连接两墚的道路，构成适宜的网眼。

另外，应该指出的是，为了使道路的选取更合理，最好在蓝图上标出所有应当选取的道路，经检查对比和修正后，作为选取方案，用来指导作业。

道路选取的顺序是：首先选取道路的重要附属物体，如铁路的车站、桥梁、隧道和山隘等，然后根据选取指标和取舍条件，按由铁路到公路，由高级到低级，由重要到一般的程序逐级选取道路。

图 3-8 黄土地区道路的特征

第三节 道路形状的概括

道路的形状，要在图上详细精确地反映出来，只有大比例尺地形图才能办到。1∶10 万及更大比例尺地形图是战术用图，要求详细精确地表示道路的形状特征，一般在图上也能够达到，因此，道路形状的概括不大，只对一些次要小弯曲做适当删除。1∶20 万及更小比例尺地形图是战役用图，是供指挥机关和机械化部队使用的，要求在图上反映出道路的基本特征和突出特点，不必要详细表示每一个细小的弯曲。同时，随着比例尺的缩小，道路的符号并没有按比例缩小，在图上压盖的面积越来越大，有些小弯曲在图上也难以保留，只能保持道路的基本特征，尽可能保持道路的正确位置及与其他要素关系的正确。

一、道路形状的特点

道路网是由铁路、公路、简易公路、大车路、人行小路等不同类型的道路组成的，类型不同，图形特点也有很大的差别。首先，道路的形状受道路的质量和运输工具的影响。铁路由坚实的路基和笔直的钢轨构成，形状多很平直；火车的运载量大，车身长，对铁路的弯曲有一定的限制，弯曲部分曲率半径大，一般在 800 m 以上，呈圆弧形弯曲，没有急弯或直弯。公路以及其他道路，由于运输工具简单、机动灵活，对道路的形状弯曲要求不大。

其次，道路的形状受地面自然条件的影响。平原地区的道路虽然有时也有急弯或直弯，但总的来说比较平直，多呈直线或折线状。随着我国农业的飞速发展，农业逐步实现机械化、水利化，同时由于土地的合理规划和利用，道路的等级也越来越高，除去一些不必要的低级道路，道路的形状逐渐趋直。山区道路的形状受地形的控制比较大，为了达到筑路的技术要求，有的绕行于谷地之中，有的呈螺旋形在山坡盘旋，有的呈“之”字形在山坡迂回，道路的形状具有多弯曲的特点，如图 3-9 所示。沿海、沿湖的道路形状，受地貌与岸线的影响，当地貌等高线与岸线的弯曲一致时，道路的形状多与岸线弯曲一致，特别是岩岸地区这一特点比较明显，如图 3-10 所示。概括时必须正确表示这些特征。

图 3-9　山区公路具有多弯曲的特点

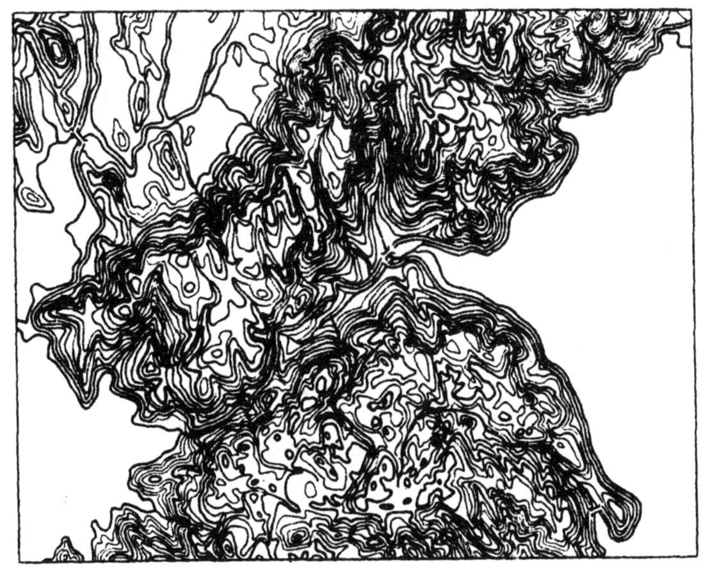

图 3-10　沿海岸（岩岸）道路弯曲的特点

平原地区的道路一般都很平直，主要是取舍问题，没有多少形状的概括。形状概括主要是对山区的道路，因为山区道路弯曲较多。

二、概括道路形状的方法

（一）保持道路的特征点、线的位置和形状

道路的笔直线段、交叉点、特征拐弯处的保持，能生动地反映道路的基本特征，同时也是军事上的要求，因为这些特征点、线在军事上具有一定的方位意义和战术意义，特别是高级道路，应保持其位置和形状的特征。

（二）反映道路的弯曲程度对比

道路在不同地段弯曲程度并不相同。道路在山区穿越谷地、山脊、鞍部等地形时呈现不同的弯曲。道路在平原区通过平地，跨过河流，绕过湖沼，各地段的弯曲程度不同，尤其是道路由平原进入山区时，不同地段的道路弯曲差别更大，如图 3-11 所示。随着比例尺的缩小，小弯曲逐渐删除，其弯曲程度对比逐渐变小，但在图上还应反映出其弯曲差别，不得千篇一律。

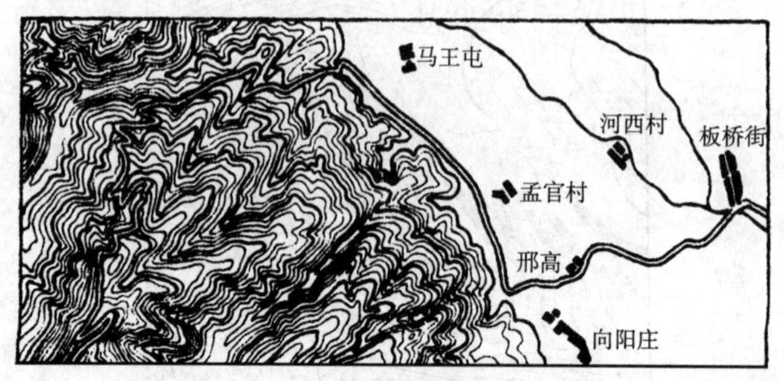

图 3-11　不同地段道路弯曲特征

（三）删除小弯曲

随着比例尺的缩小，图上道路符号的宽度没有按比例缩小，道路压盖的面积越来越大。当小弯曲较多时，在图上难于全部保留，且这些小弯曲既无方位意义又无特征属性，可删除一部分，如图 3-12 所示。通常在其空白小于 0.5 mm×0.5 mm 的小弯曲可以适当舍去，但有特征意义的小弯曲可夸大表示。

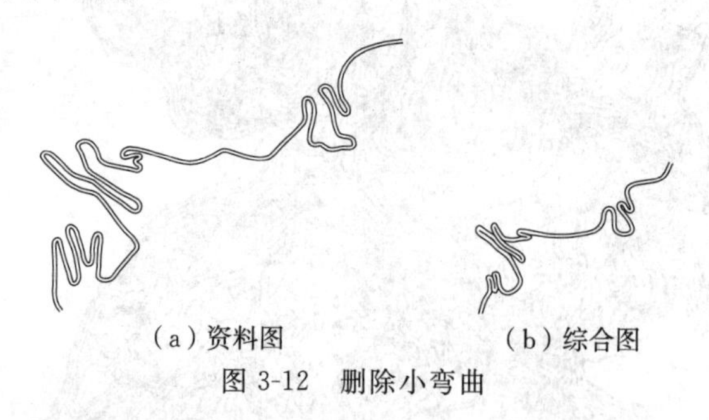

（a）资料图　　（b）综合图

图 3-12　删除小弯曲

（四）夸大具有特征性的小弯曲

对于能反映道路形状特征和方位意义的小弯曲，尽量保留，如处在平缓地区的道路一般平直，在路中间突然出现了弯曲，如图 3-13（a）所示，这样的弯曲应尽量保持，在图上不能显示时可夸大表示。夸大的方法为：保持形状特征，向外扩张图形，如图 3-13（b）所示。当不能向外扩张图形时，可采用公用边的方法表示。公用同一等级道路的公用边，如铁路或公路本身以公用边表示，如图 3-14 所示；也有两个不同等级道路的公用边，如铁路和公路公用边，公路和简易公路公用边，这时就要以高等级道路为主进行概括和描绘。若采用公用边仍不能表示所有弯曲时，则可保持一组弯曲的两头两个弯曲和其中较大弯曲的位置和形状不变，对其中的较小弯曲进行概括。

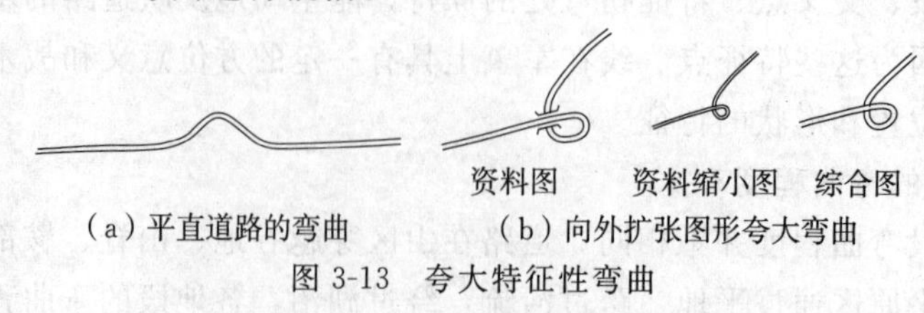

资料图　资料缩小图　综合图

（a）平直道路的弯曲　　（b）向外扩张图形夸大弯曲

图 3-13　夸大特征性弯曲

图 3-14　用公用边线的方法保持弯曲特征

（五）道路形状的概括，应保持与其他要素协调一致

化简道路的弯曲，要考虑道路与其他要素的联系。如沿山腰的小路，当地貌简化后，小路弯曲也应随之简化，如图 3-15 所示。沿河流两侧迂回的道路，应在保持与桥梁、居民地相对关系正确的情况下，化简无意义的弯曲，如图 3-16 所示。铁路小弯曲的化简，应保留有车站的小弯曲，化简其他小弯曲。

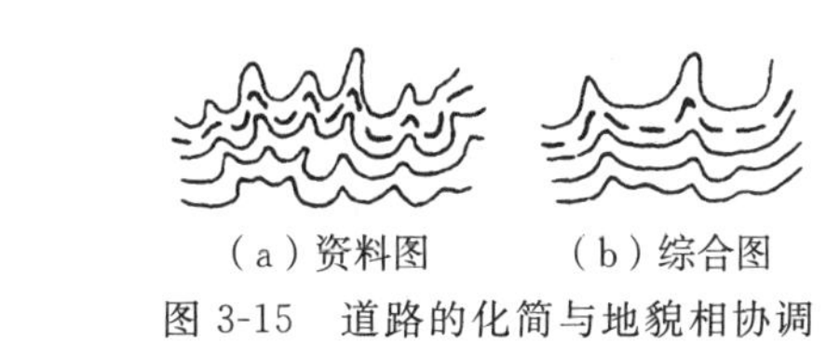

（a）资料图　（b）综合图

图 3-15　道路的化简与地貌相协调

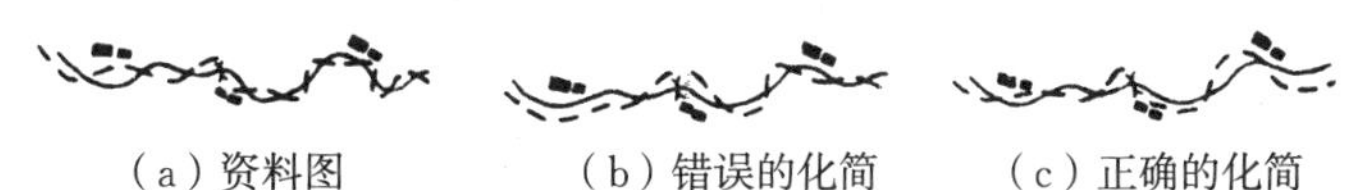

（a）资料图　（b）错误的化简　（c）正确的化简

图 3-16　道路的化简应保持与居民地的联系相协调

第四节　道路网综合中个别问题的处理

一、用现势资料补充和修正道路

为了加强地形图的现势性，在地形图的编绘中，需要根据最新的道路资料对新增加的道路进行补充，对等级改变的、位置变动的道路进行修正。当然这项工作一般在大车路以上的道路中进行。低等级道路中道路的变化（包括增减、等级变更、位置变动），因为数量太大，只照基本资料绘出。

对大车路以上的道路提高等级的，可在原道路的位置上绘出所提高等级的道路，如原资料为简易公路，现为公路，可在简易公路的位置上绘出公路符号。

对新增加的道路，若只知起止点而没有明显路基或以乡村路、小路为路基的，可根据地形情况选两点间最短道路或距离做路基。但位置不准确，需用草绘符号表示或以文字注明。

对局部位置变动的道路，有的是随着等级提高而局部位置变动的，也有的是等级没变而局部位置变动的，如原来可能是绕过一个山脊、谷地、湖泊或通过村庄等，在道路建设中，为提高道路通行能力，将某些道路弯曲废弃，而改筑成直路段。对这些局部位置变动的道路，无修测资料时，原则上应以草绘符号绘出，为了照顾道路的协调性，个别短小路段可以不用草绘表示。

对废弃的道路，如原资料上有但现已废弃的公路、简易公路，某些已拆除铁轨的铁路，在新编图上不表示。但这些道路往往与许多低等级道路相连，为了保持道路的连贯性，对于连接低等级道路的废弃路段以相应低级道路表示。

二、道路的等级变换

地形图上的道路等级，是按实地情况表示的，为了照顾道路的协调性，对于两个相衔接的不同等级道路，在中、小比例尺图上对短小路段可进行降低或提高等级处理。

高级道路与较长低等级道路相连接时，降级表示。如两居民地间，同一道路中道路等级不同，一段为公路，一段为简易公路，且简易公路大大长于公路，即以简易公路为主时，公路降为简易公路，如图 3-17 所示。同样公路或简易公路与大车路相连接，大车路为主时，将公路或简易公路降为大车路表示，如图 3-18 所示。

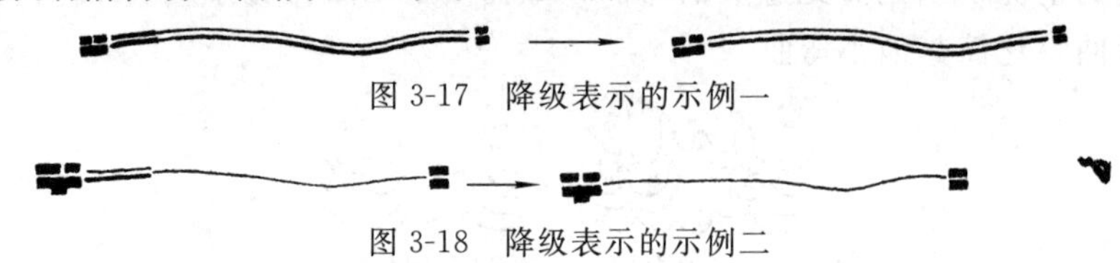

图 3-17　降级表示的示例一

图 3-18　降级表示的示例二

低等级道路与较长高等级道路相连接时，则可提高等级表示。如一段简易公路与较长的公路相连接，当简易公路长度大大小于公路，以公路为主时，在中、小比例尺图上则可提为公路表示，如图 3-19 所示。

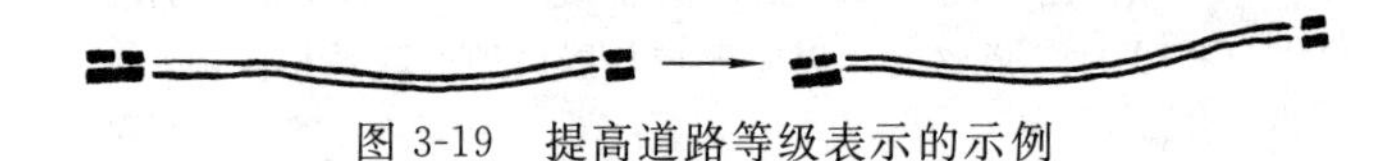

图 3-19　提高道路等级表示的示例

道路的等级变换，多在相邻等级的道路中进行，原则上只降低等级，个别情况下可提高等级。但也不是任意变换的，当两段不同等级的道路在交叉口、桥梁、地物等处相接时，其长度虽短等级也不能变换，仍然照原资料绘出，如图 3-20 所示。

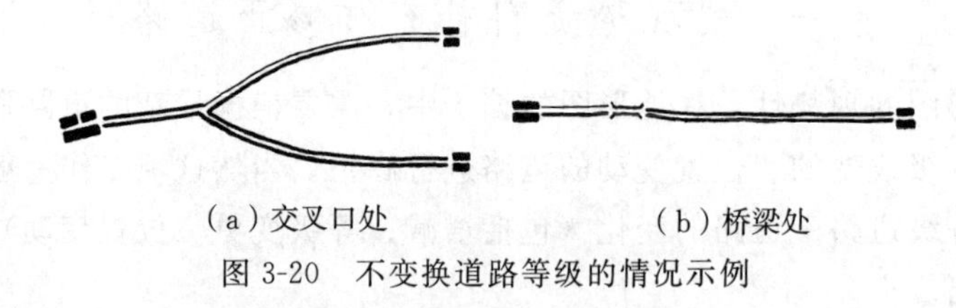

(a) 交叉口处　　(b) 桥梁处

图 3-20　不变换道路等级的情况示例

三、道路附属物选取中应注意的问题

道路附属物在军事上意义重大，在作战时多是敌我双方争夺的重点，也是破坏和保护的重点，因为这些位置破坏后修复困难，给整个运输带来极大的影响，因此在地形图上要正确合理地表示。

道路附属物的表示及其在不同比例尺图上选取的数量指标，在各比例尺地形图的图式规范中均已有具体的规定，这里不再赘述，仅将道路附属物选取中应注意的问题提出来讨论。

(一) 火车站符号的转换

火车站包括站内铁路、房屋建筑及附属建筑物（信号灯、柱、天桥等），在大比例尺地形图上大的火车站一般用平面图形表示，当比例尺缩小到不能用平面图形表示时，要改用车站符号表示。这时要确定火车站符号绘在什么位置上。一般而言，火车站符号应绘在主要站台的位置上，符号中的黑块绘在站房一边。当不能辨别哪个是主要站台时，车站符号应绘在站内线路的主要站线上。如何区别主要站线呢？有的图上站内线路有单线和双线两种表示方法，这时双线即为主要站线，如图 3-21 所示。有的图上站内线路均用双线表示，则铁路符号黑白连续的那条即为主要站线，其他接在主要站线上的为站内岔线，如图 3-22 所示。

图 3-21　以单线和双线表示

图 3-22　均用双线表示

（二）车站的选取

随着比例尺的缩小，车站要进行取舍，有些次要的小车站在居民地的取舍中随居民地一起舍掉。大城市有几个车站的，只能表示主要车站，舍去次要车站。如何判定哪个是主要车站呢？要根据车站所处的位置和与周围的联系来分析，主要是根据建筑物、主要街道、车站广场等来判定，一般有车站广场、有主要街道连通时多为主要车站。也可参考铁路部门的专用图和文字资料以及游览知识来判定，如参考列车时刻表可判定快车站一般为主要车站，停车时间较长者为等级较高的车站等。

（三）桥梁的选取

桥梁与道路、河流是紧密联系的，桥梁的选取要做到与道路保持一致，即有桥梁就要有道路相连，双线路应以双线桥连接。

桥梁的选取依桥梁的多少和等级而定，一般双线河上的桥梁均应表示，但在桥梁稠密地区，当河流由双线改绘成单线时，道路可直接越过河流，省绘桥梁符号。

交通不发达地区，主要道路上跨越较大障碍的桥梁必须予以表示。

桥梁过密时，注记可适当取舍。从军事通行和重要性来看，应保留吨位大的和吨位小的注记，舍掉其他注记。

（四）隧道的选取

隧道在军事上意义重大，平原区隧道很少，应全部表示。在山区，隧道密集时，只取舍不合并，应选取长的隧道；对于隧道集中的地区，要注意先选两端的隧道。在我国西南部的成昆、湘黔铁路穿过的地区，很多地段是铁路跨过桥梁即进入隧道，桥梁、隧道相间出现；这时要注意反映隧道、桥梁、铁路之间的比例关系。

（五）路堤、路堑的选取

路堤、路堑在平原地区意义很大。按图式规范规定够选取标准的，在平原区均应表示；有明显方位作用的，若小于选取标准，可适当放大。在 1∶20 万以下比例尺地形图上，山区可不表示路堤、路堑。

路堤、路堑应只取舍不合并。在路堤、路堑密集地段，应注意反映路堤、路堑与平坦路段的长度比例关系。

第四章 水系的综合

第一节 地形图上综合水系的要求

水系是海洋、湖泊、水库、池塘、河流、沟渠、井、泉等物体的总称。它同自然界和人类社会有着密切的联系，是影响部队行动的重要因素之一。水系是部队行军、航空飞行的良好方位物，战时可以起到防御或障碍作用。水系在国民经济建设中的作用是多方面的，它是农业、水利、电力的重要资源，对工农业生产和人民生活有着巨大影响，江河湖海则是发展水上交通的重要条件。此外，水系还影响着地貌和社会经济要素的分布。所以，在制图作业中，水系常被看成是地图的"骨架"，作为编绘其他要素的控制基础。

在地形图上综合水系时，应达到以下要求：

（1）保持水系的位置准确，并且形状与实地相似；

（2）正确反映水系的类型及其形态特征；

（3）正确反映水系的分布特点及其密度对比；

（4）正确反映水系各物体之间的内在联系及与其他要素的关系。

第二节 水系图形的概括方法

根据水系图形的共同特点，构成水系图形基本的和主要的形式是"线"（水涯线、单线河），"线"是表示各种水系图形的基础。在讨论水系图形的概括时，我们先讨论概括"线"的基本方法，然后再分别讨论河系、湖泊及海岸的综合。

综合作业中，为了达到保持水系图形的基本特征和主要特点，无论哪种水系图形，化简时都应采用以下基本方法。

一、按弯曲程度目测分级

为了达到保持水系形状的基本特征和主要特点，从整体上、全局上讲，首先就是要能够保持各级弯曲程度的对比。因为实地上任何一种水系，它的弯曲程度在不同地段是不相同的，这是由多种因素造成的。在地图上正确地反映出各段弯曲程度及其对比，有助于判断水系的类型。

通常用目测法将弯曲程度进行分级。作业实践经验告诉我们，若弯曲大小一致，则弯曲程度的大小与弯曲的数目多少有关，弯曲数目越多，弯曲程度越大，反之越小。目测分级的目的，在于做到胸中有数。因此，分级不需要十分精确，主要以视觉观察能将弯曲程度不同的地段分辨开就可以了。目测分级的级数一般在3～4级。如图4-1所示。

其次，应控制作业中综合程度的稳定性，不能做忽大忽小的概括，特别在小弯曲多、弯曲程度大的地段，不能随便删去大量的小弯曲。

图 4-1　弯曲程度目测分级

二、保留各段弯曲的特征转弯点

在水系图形按弯曲程度划分几级之后，还需要找出弯曲的特征转折点，以便在作业中保持这些点的位置和形状特征，各部分组合起来，构成图形骨架，也就能保证总轮廓与实地形状的相似。应从以下几方面选择特征点：突出的岬角或深入的港湾端点、岸线或河流的大拐弯点、构成轮廓形状的基本点（图 4-2、图 4-3）。

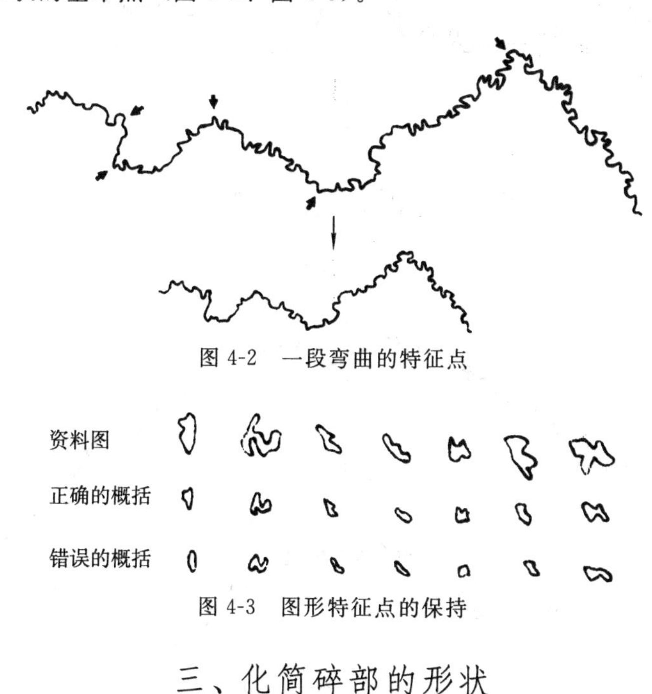

图 4-2　一段弯曲的特征点

图 4-3　图形特征点的保持

三、化简碎部的形状

在进行以上两项工作之后，着手化简碎部形状。为便于实施碎部综合，规定了综合的最小尺寸（图 4-4）。

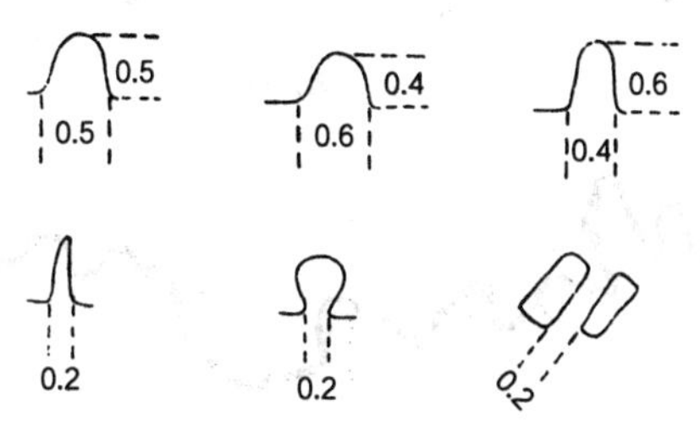

图 4-4　图形概括的最小尺寸和最小间隔（单位：mm）

化简碎部时，除了保持特征点的位置和形状特征外，其他小弯曲视图形的繁简、形状，以及与地貌的联系等灵活处置。例如：两个大弯曲间的反向小弯曲可以直接删除；处于大弯曲旁的小弯曲可以并入大弯曲中；相互邻近的几个小弯曲，应兼顾两侧弯曲对比（岸线则为水陆面积对比），分别向两侧合并；处于总形状成一个大弯曲之中的几个小弯曲，以保持大弯曲形状为主，逐渐将小弯曲并入大弯曲中。化简示例见图 4-5～图 4-7。图 4-7（b）中的箭头所指处为删除与夸大（位移）的情况。关于化简形状与地貌的联系将在下面几节讨论。

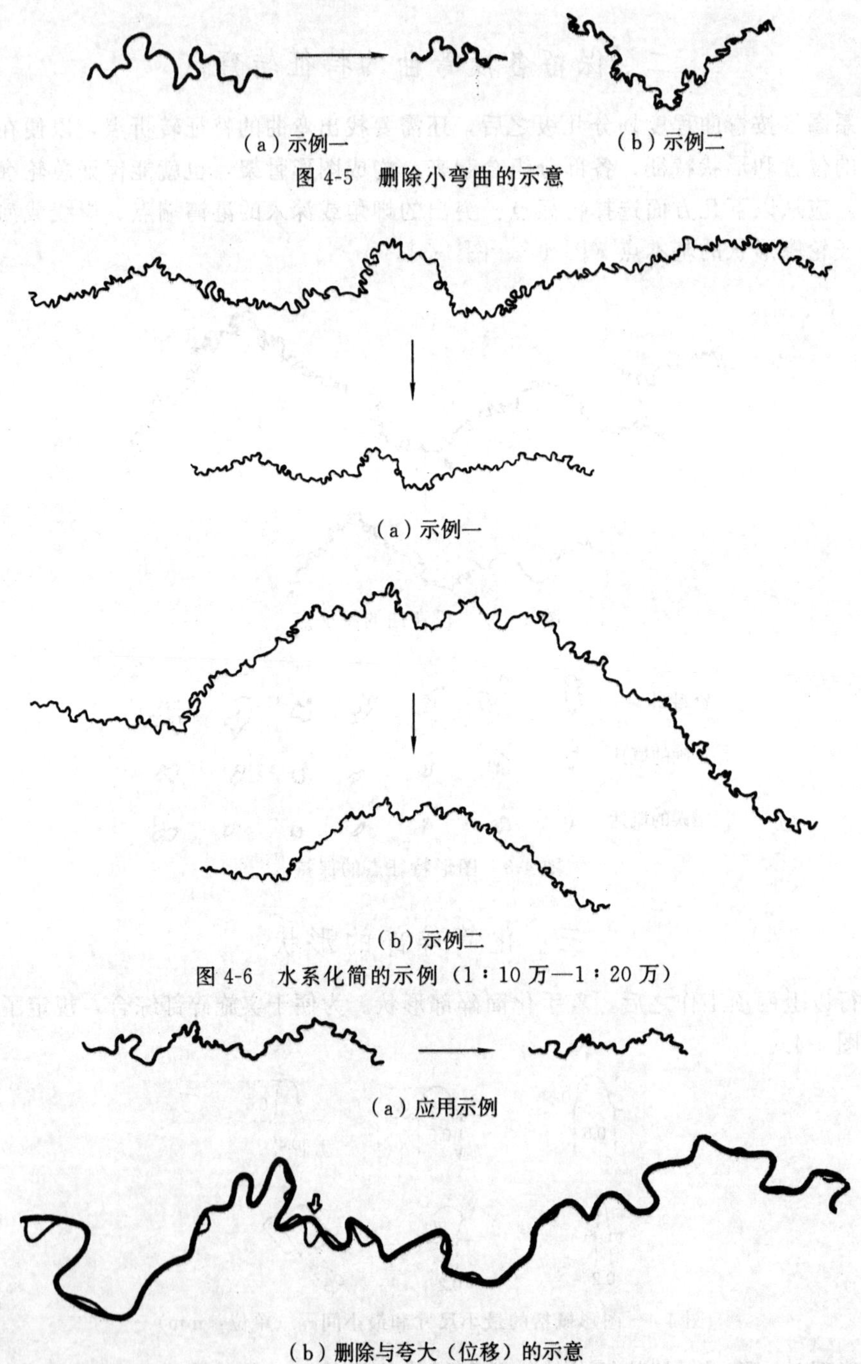

（a）示例一　（b）示例二

图 4-5　删除小弯曲的示意

（a）示例一

（b）示例二

图 4-6　水系化简的示例（1：10 万—1：20 万）

（a）应用示例

（b）删除与夸大（位移）的示意

图 4-7　概括方法应用示例

第三节　河流（沟渠）的综合

上一节讨论了水系图形概括的基本方法，即概括水系图形的一些共性问题。本节着重讨论概括河流图形的某些特点、河流（沟渠）的取舍和复杂水网综合中的几个问题等。

一、河流图形概括的特点

河流图形依其实地宽度和地图比例尺，有双线表示和单线表示两种（见各种比例尺地图的编绘规范）。随着地图比例尺的缩小，有的在编图资料上用双线表示的河流（或河段）到了新编地图上要改用单线表示。通常，当有河宽注记时，应以河宽注记为依据；当无河宽注记时，则可按编绘底图上（蓝图）河流图形的宽度而定（宽大于 0.4 mm 的用双线表示，小于 0.4 mm 的用单线表示）。对于河宽在单、双线之间来回变动的河流，为了避免一条河流在表示方法上出现零乱现象，可按双线河段（或单线河段）的长度决定是否将双线河段改为单线表示（或将单线河段改为双线表示），一般以 1 cm 为限。

概括河流图形，除按第二节所述基本方法外，还应注意以下几点。

（一）反映河流拐弯较圆滑的特点

根据流水侵蚀作用的规律，河流弯曲一般是比较自然、圆滑的。即使是地貌构造控制的呈直角拐弯的河流，在拐弯处也不会出现折角现象。因此，概括河流图形，特别是多小弯曲的河流图形时，应保持圆滑拐弯的特点，避免出现尖锐的折角图形（图 4-8）。

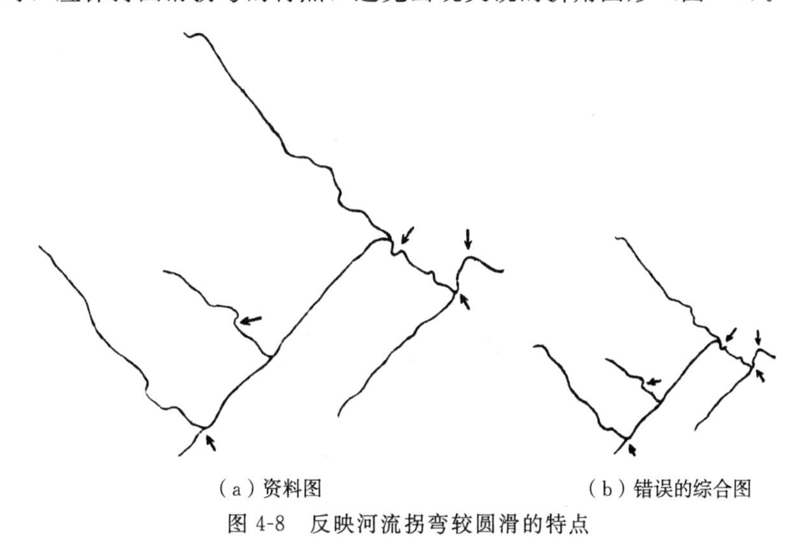

（a）资料图　（b）错误的综合图

图 4-8　反映河流拐弯较圆滑的特点

（二）反映河流不同类型和发育阶段的图形特点

河流的类型及其发育阶段影响着河流弯曲的特点。在山区，以下蚀作用为主的深切曲流，其特点是河床弯曲与河谷弯曲一致。综合时，应保持河流弯曲图形与等高线图形互相协调。

在山地向平原或山间盆地过渡的地段，由于旁蚀作用形成河漫滩河流，其特点是河床弯曲与河谷弯曲不大一致。综合时，应保留一些小的河床弯曲，不应人为地使河流图形与等高线图形一致。如图 4-9 所示，东段河床弯曲与河谷弯曲一致，西段河床弯曲与河谷弯曲不一致。

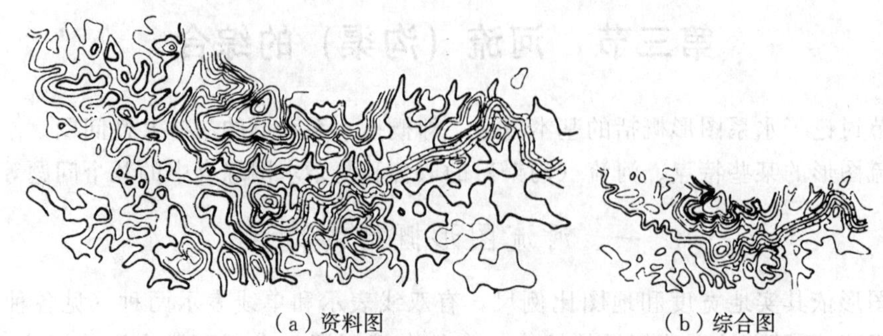

（a）资料图　　（b）综合图

图 4-9　反映河流不同类型及发育阶段的图形特点

当河流进入广阔的平原以后，会出现复杂的河漫滩河流。其特点是复杂的蛇曲，众多的河中沙洲，两岸曲折多样的河汊，河漫滩上各种形状的湖泊（条形、牛轭形、椭圆形），以及有规律的排列与相互联系（如有些湖泊由水道相连成串湖，彼此排列成扫帚状，汇入大河汊与河流相通）等。

综合这类河流时应注意：

（1）对于河中沙洲，当几个沙洲相毗邻，彼此有明显联系，且图上间隔小于 0.4 mm 时，可在保持其形状和延伸特点的条件下进行合并，并将双线河道改成单线河道绘出。若相邻河道的间隔小于 2 mm，可予以取舍。此时应保留主河道和外围河道，反映河道密度对比及总的流向和彼此联系，舍去次要河道。对于那些零散分布或方向和形状无明显联系的相邻小沙洲，一般不予合并，而进行取舍（图 4-10）。

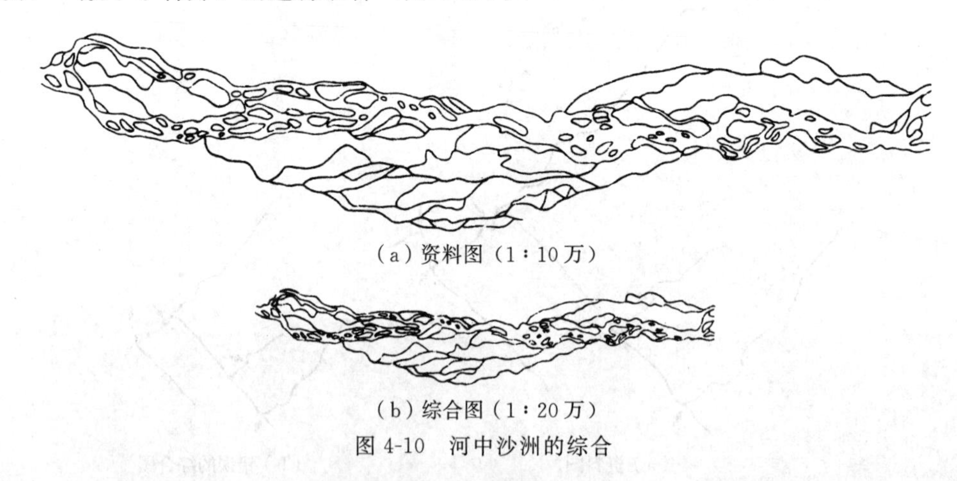

（a）资料图（1∶10万）

（b）综合图（1∶20万）

图 4-10　河中沙洲的综合

（2）对于两岸的河汊，应考虑其大小及与湖泊等的联系，当其弯曲空白小于 0.5 mm×0.6 mm 时，一般可舍去。当狭长河汊在图上大于 0.4 mm 时，可将主要的夸大为双线表示，次要的改为单线表示（图 4-11）。

（3）对于河漫滩上的湖泊，应反映其分布、排列与相互连接的特点。图上面积小于 1 mm^2 的湖泊一般可以舍去，密集分布时则可夸大表示其中的一部分。相互间有水道相通的，应选取水道，以保持串湖特征。当长条形湖泊和牛轭湖不能以双线表示时，可用真形（保持形状和延伸方向）单线表示（图 4-11）。

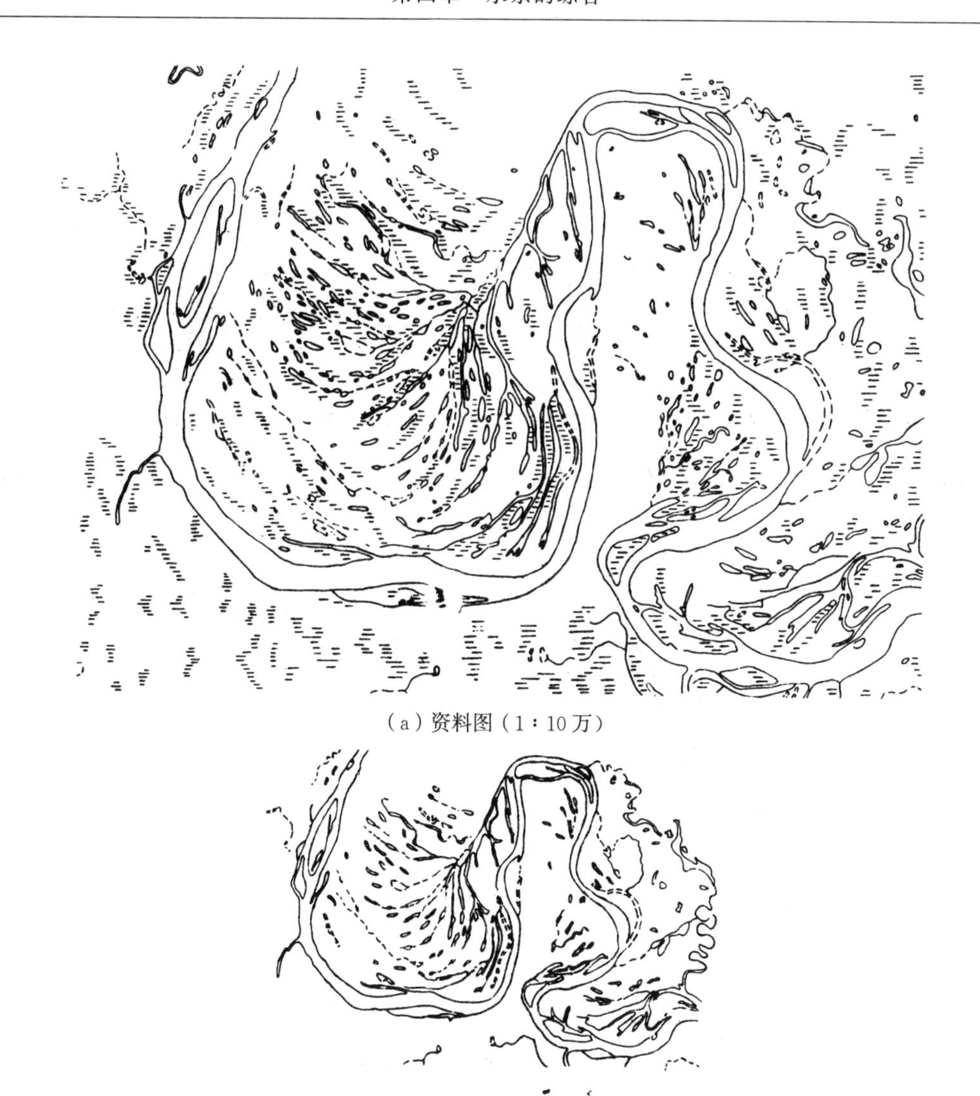

（a）资料图（1：10万）

（b）综合图（1：20万）

图 4-11　复杂河漫滩河汊及湖泊的综合

（三）反映河流注入海（湖）的河口特征

当河流注入海（湖）时，由于河口处泥沙堆积能力和波浪、潮水作用的差别，形成不同特征的河口形态。在较大比例尺地图上，河口特征能予以详细的表示。在中、小比例尺地图上，则只能概略地表示。此时有两种河口形状应予以注意：一是小三角洲，二是小三角港。前者向水的方向凸出，后者向陆地方向凹入，形状相反。不论河流是双线表示还是单线表示，都应注意河口处海（湖）岸线的微小弯曲，不应随意拉直，出现“丁”字形相交（图 4-12）。

（四）反映河流的主、支流关系，强调支流注入主流处的图形特点

为反映河流的主次关系，通常采用的方法是：依河流长度或流域面积，将区域内所有河流分级排队，分为一级、二级、三级……，然后分别规定描绘线粗（由河源至河口）。同一流域内，一般情况下支流应比主流细，主河源粗一些（主河源不清楚时，可通过河流长短、谷地等高线关系、名称注记等加以判别），只有在支流比主流长的个别情况下，才允许支流与主流同粗（此时应加注记或符号等突出主流）。

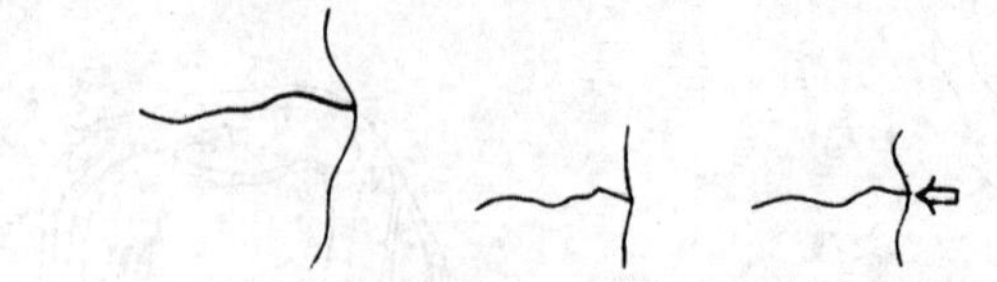

（a）河口三角洲的概括（中图为错误的，右图为正确的）

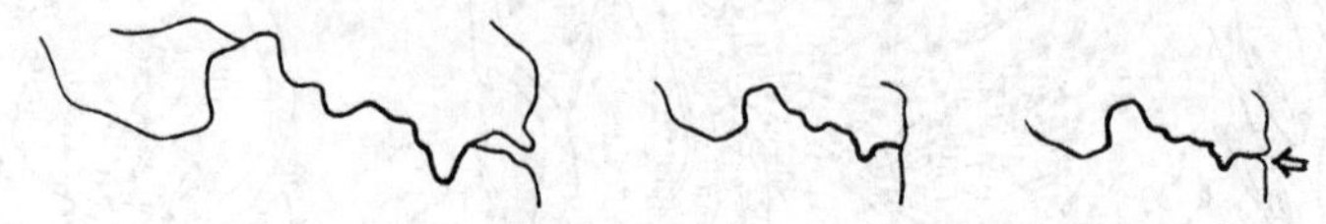

（b）河口三角港的概括（中图为错误的，右图为正确的）

图 4-12　反映河流注入海（湖）的河口特征

根据流水作用规律，支流注入主流时，不管其交角大小，在交汇处一律朝主流的流向成锐角相交（图 4-13）。

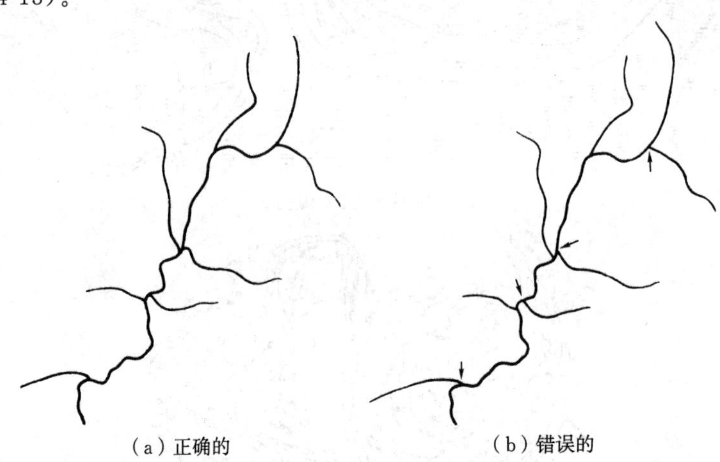

（a）正确的　　（b）错误的

图 4-13　显示支流注入主流处的图形特征

二、河流（沟渠）的取舍

随着地图比例尺的缩小，地图上的河流（沟渠）要舍去一部分。

究竟选取哪些、舍去哪些呢？根据长期生产实践经验，一般以河长 1 cm、沟渠 5 mm、间隔（平等河流或沟渠）2～3 mm 作为取舍的指标。但是，河流（沟渠）的取舍是一个比较复杂的问题，在实际作业中运用这一指标时还必须顾及以下几点。

（一）应满足地图用途的要求

不同地区的河流（沟渠）具有不同的军事价值、政治经济及地理意义。为了使河流（沟渠）的选取能满足地图用途的要求，通常要选取一些长度小于 1 cm 的河流，如：①荒漠缺水区的小河；②作为国界的界河；③与大、中居民地有联系的小河；④石灰岩地区的断头河与断尾河；⑤湖泊的泄水道或连接各湖泊的水道；⑥连接水库的主要渠道；⑦独流入海的小河等。

（二）应反映河系（河网）的平面图形特点（河系类型）

河系指大小不同的河流从各方汇合形成的河流系统。由于自然条件和人工改造程度的不同，各河系的平面图形特点各不相同。在综合一个大的河系时，应正确运用选取指标，以反映各河系平面图形特点。下面着重讨论几种常见的河系。

1. 树枝状河系

这种河系的平面图形像丛生的树枝，多见于山地和丘陵或岩性比较一致地区，如黑龙江河系，四川盆地、黄土高原上的河系等。

为了反映河系的树枝状特征，应选取某些长度小于 1 cm 的支流，尤其对主流两侧支流的长短和数量均不平衡的树枝状河系，更应如此。如图 4-14 所示，为反映树枝状河系的特点，在 1∶10 万地图上选取 22 条长度小于指标的小河流，在 1∶20 万地图上选取了 8 条长度小于指标的小河流。

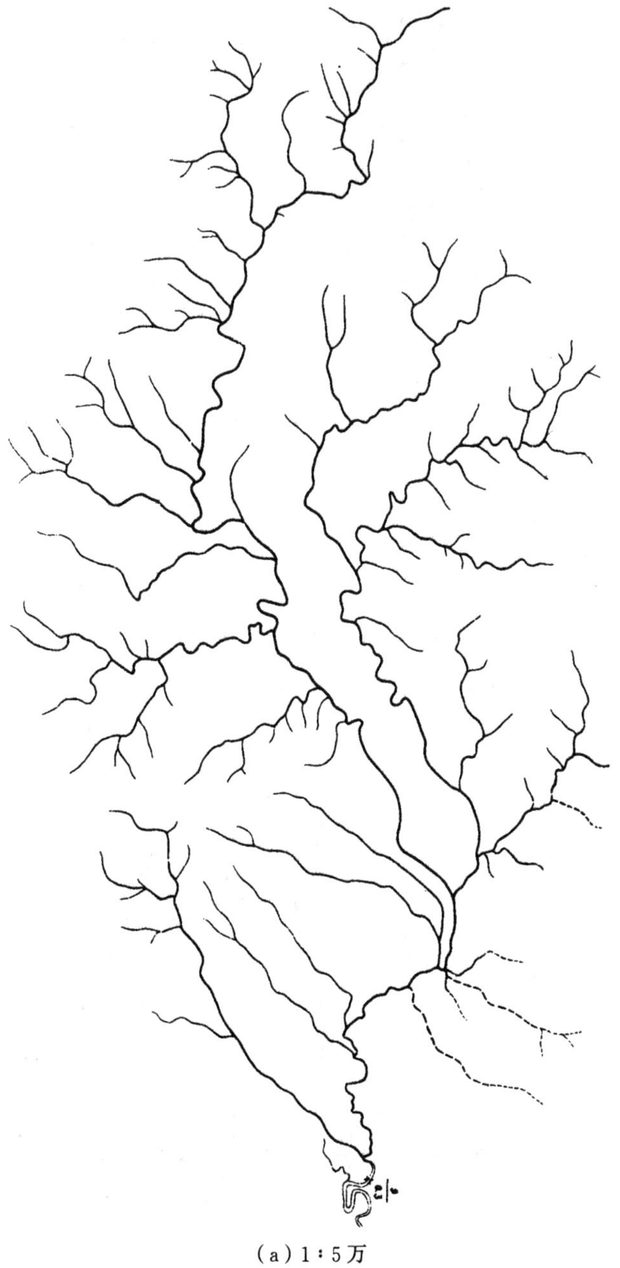

(a) 1∶5万

图 4-14　树枝状河系的综合

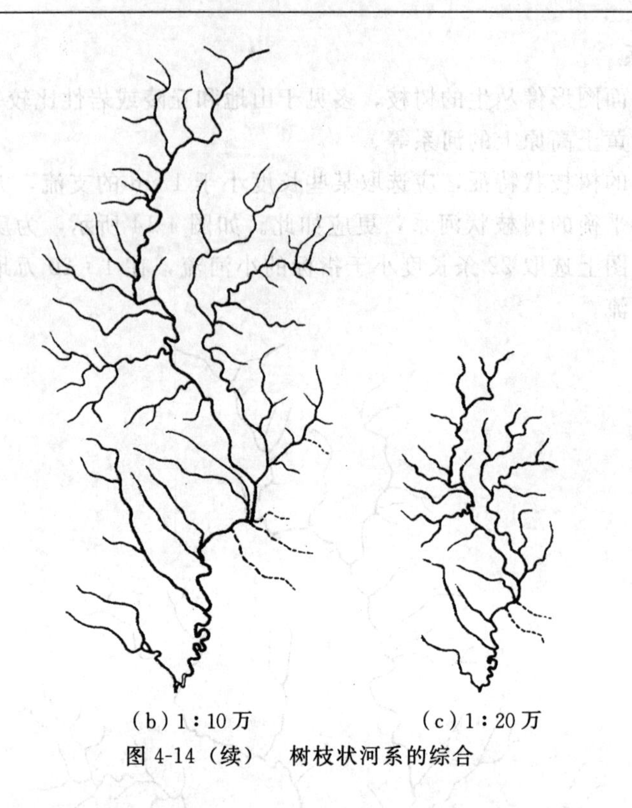

（b）1∶10万　　　　　　（c）1∶20万

图 4-14（续）　树枝状河系的综合

2. 羽毛状河系

其特点是主干粗壮，两侧支流短而平行，与主流交汇角度较大，如云南横断山区、秦岭北坡的河系等。

综合时，应反映主流两侧支流的数量对比和同一侧支流的疏密对比，尤其多为短小支流时，要选取一些长度小于选取指标的小河。如图 4-15 所示，为了显示羽毛状河系的特点，在 1∶20 万地图上选取了 10 条长度小于选取指标的小河。

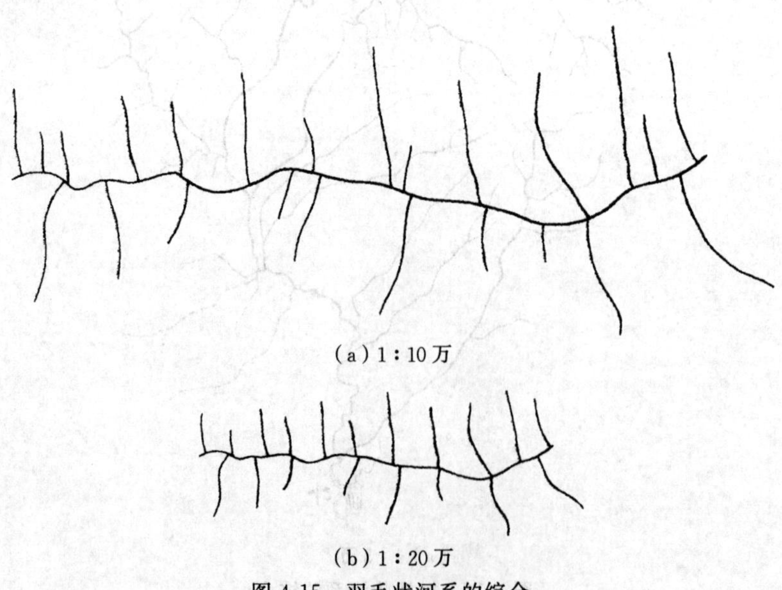

（a）1∶10万

（b）1∶20万

图 4-15　羽毛状河系的综合

3. 格状河系

这种河系的支流与主流近似互相垂直，构成格状平面图形。在褶皱构造为基础的山区（如四川东部平行褶皱山岭、天山、闽浙丘陵等地区），格状河系发育较为典型。

在取舍河流时，应按一定间隔选取与主流近似垂直的长度小于 1 cm 的小河。如图 4-16 所示，为显示格状河系特点，综合图上选取了 12 条小于标准的小河。

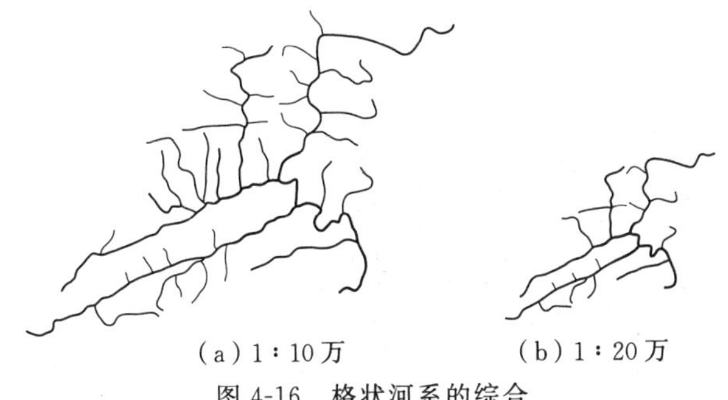

图 4-16　格状河系的综合

4. 平行状河系

这类河系多发育在倾斜平缓的冲积平原上，其特点是支流较长且互相平行，淮河流域河系属此类型。

综合时，应着重选取互相平行的河流，当两平行支流间隔小于 3 mm 时，可适当舍去一些长度大于 1 cm 的河流及短小岔流。如图 4-17 所示，为了保持支流互相平行的特点及相邻支流间隔不小于 3 mm，1∶20 万图上舍去了 6 条长度大于标准的河流。

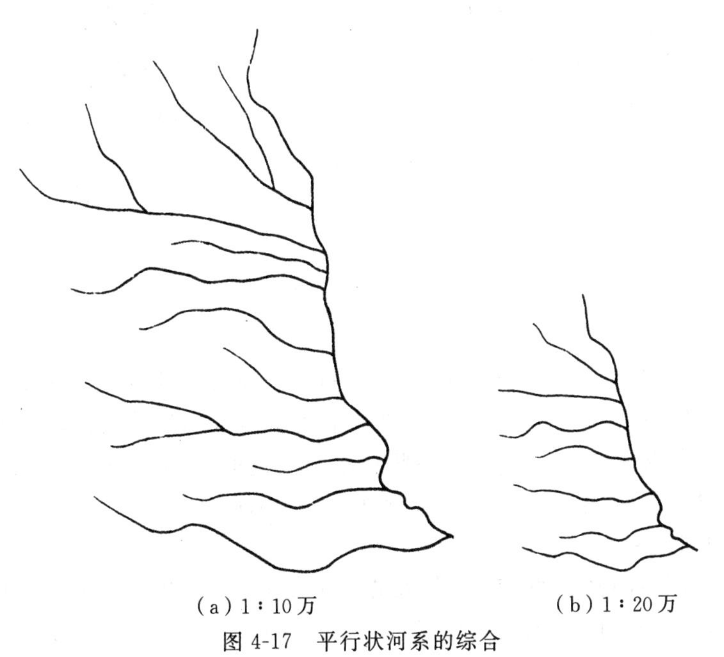

图 4-17　平行状河系的综合

5. 扇状河系

这类河系多发育在山麓地带的冲积平原上（如昆仑山麓、祁连山麓、太行山麓等）。其特点是由主流分出一束支流或散开的一束支流汇于一处呈扇状。

综合时，应首先选取主要河道和外围河道，对于其他河道，应视相互间隔大小予以取舍，当间隔小于3 mm时，可舍去某些长度大于选取指标的河道。如图4-18所示，为了保持相邻河道间隔不小于3 mm，在保留主要河道的前提下，舍去了7条长度大于标准的河道。

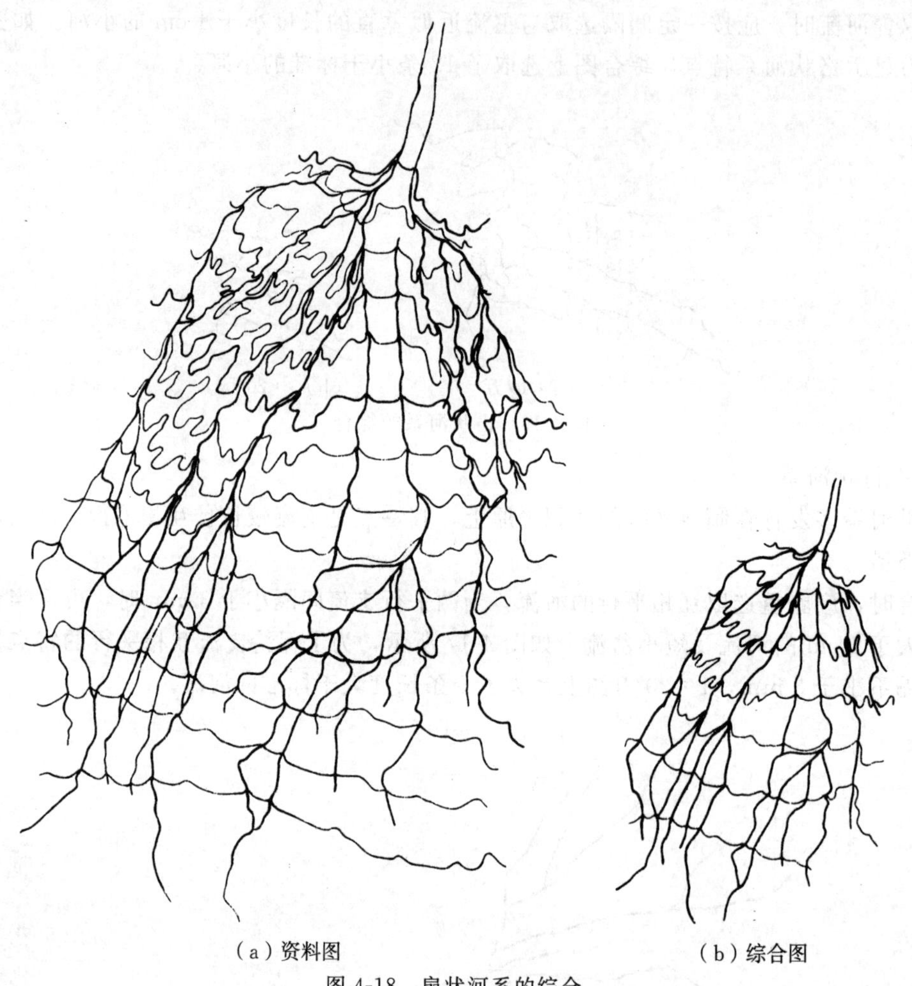

（a）资料图　　　　　　　　　　　　（b）综合图

图4-18　扇状河系的综合

6．辐射状河系

辐射状河系有两种情况：一种是向心辐射，无主干河流，常交汇于湖泊，以青藏高原为典型；一种是向外辐射，以长白山、雷州半岛、台北大屯火山群等火山区最为典型。

综合时，为显示辐射特点，应选取一些长度小于选取指标的小河。如图4-19所示，为显示辐射状河系特点，选取了15条长度小于1 cm的小河。

（三）应反映河网密度对比

实地上不同地区河网密度的差别是很大的。在我国，大兴安岭、阴山、祁连山和唐古拉山东段一线以东，河网密度较大，其中又以长江三角洲、苏北、杭州湾沿岸、东北辽河平原、广东珠江和韩江三角洲、江西赣江三角洲、四川成都冲积扇、黄河河套平原等地区为河网最稠密区，其次如东南沿海丘陵、淮河流域、华中及华南丘陵等地区，河网密度也较大；该线以西，河网密度一般较小，特别是内蒙古、新疆沙漠地区、青海南部、藏南山地等，河网最稀，但西北地区的一些山麓冲积扇或沙漠中的绿洲地带，河网密度也较大。

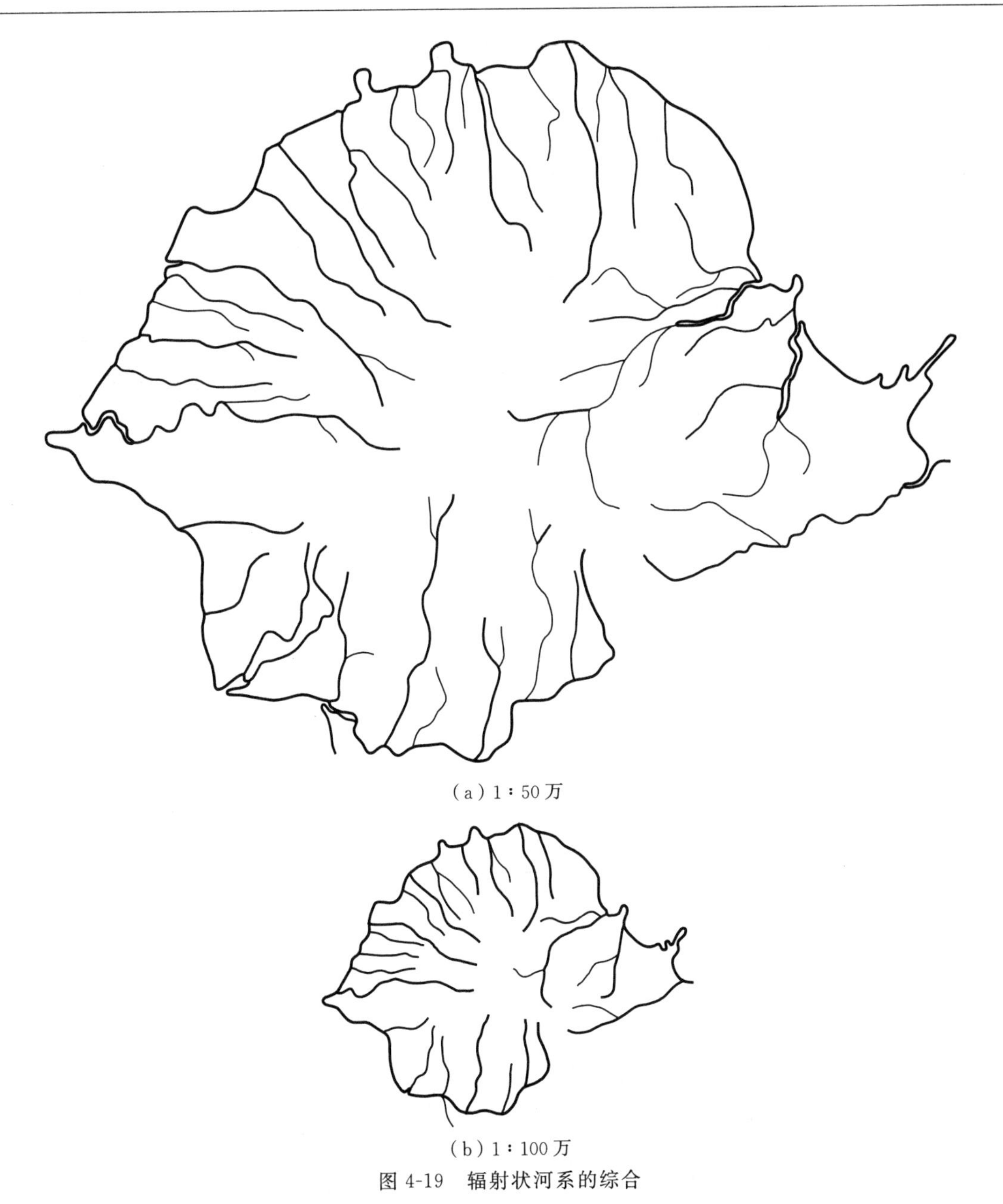

(a) 1∶50万

(b) 1∶100万

图 4-19　辐射状河系的综合

在大比例尺地图上，由于河流取舍较少，不同地区河网密度的差别很容易得到保持；在中、小比例尺地图上，要对河流进行大量取舍，如果机械地运用一个固定不变的指标于不同地区，就可能反映不出实地河网密度的差别，甚至歪曲了这种差别（即实地河网密度大的地区，图上密度反而小了；实地河网密度小的地区，图上密度反而大了）。因此，为了反映实地不同地区河网密度的差别，必须对不同密度地区规定不同的选取指标，河网密度越大，选取指标越低（河网最稠密地区为 0.5～0.8 cm，中等密度地区为 0.8～1.0 cm，稀疏地区为 1.0～1.2 cm）。因为河网密度大的地区，短小河流占了很大比例。例如，1963 年版 1∶20 万比例尺地形图编绘规范中规定：在密集河网区的长江三角洲等地，实地河长短于 1.5 km 的小河的总长占全部河流总长的 70%～90%，需要适当表示图上长 0.5 cm（实地长 1 km）的小河，但各河流间的图上间隔不得小于 3 mm；而在稀疏河网区的内蒙古等地，就只需要表示出图上长 0.8 cm 或 1.0 cm 以上的河流。

图 4-20 是灵活运用河流（沟渠）的选取指标，综合长江三角洲密集河网的例子。为了反映河网稠密的特点，选取长 2～5 mm 以上的沟渠，相互间隔不小于 2 mm。

(a) 1∶5万

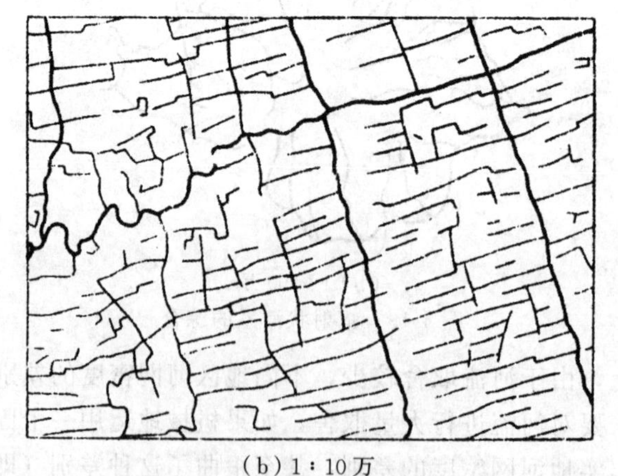

(b) 1∶10万

图 4-20　长江三角洲密集河网的综合

应该指出，反映河网密度差别只是相对的。随着地图比例尺的缩小，图上反映不同地区河网密度差别的可能性亦越来越小。所以，总的趋势是：图上要反映河网密度的差别，但差别越来越小。

以上我们从地图用途的要求、河系类型及河网密度对比等三个方面，分别讨论了现行规范中规定的河流（沟渠）选取指标的应用问题。但是，实际作业中运用这个指标时，必须综合考虑几个方面的因素。一般情况下，可以按这样的步骤进行：①在整个制图区域按河网密度目估分区，并拟定相应的选取指标；②实际选取时，依河流（沟渠）的长短，先选取最大的河流（沟渠），然后逐次加密，对处于选取指标附近的河流（沟渠），在保证相邻间隔不小于3 mm的条件下，选取那些能满足地图用途要求，能显示河系类型和反映河网密度差别的小河。

三、几种复杂河网图形的综合

有些地区的河网，由于人工改造的结果，不仅密度大，而且结构复杂，给综合带来一定困难。这里就几种情况加以讨论。

（一）复杂人工沟渠网的综合

图4-21是杭州湾沿岸复杂人工沟渠网图形，沟渠网极稠密（西部最密，东部次之），大型沟渠多为东南向或东北—西南向，与上述方向相垂直的，除少数大型沟渠外，均为短小沟渠。在1∶5万及1∶10万比例尺地图上，沟渠选取指标长度分别为3 mm和5 mm，间隔分别不小于2 mm和3 mm。取舍中，首先选取最长的，然后按长度标准和最小间隔依次选取，同时保持图形的结构特征。

（二）复杂辫状河网的综合

图4-22是一个复杂辫状河网图形，河道很多，且有沙洲。在1∶10万及1∶20万比例尺地图上，沙洲的合并与河道的取舍要结合起来进行。基本的方法是：保留主要河道和外围河道，反映相应疏密对比，显示总的流向，取舍内部次要河道。当沙洲间的河道不能用双线表示时，将间隔小于0.4 mm的邻近沙洲合并，并将双线河道改为单线河道绘出。不能合并的面积小于1 mm^2 的沙洲可以舍去，相邻河道间隔不小于2 mm。

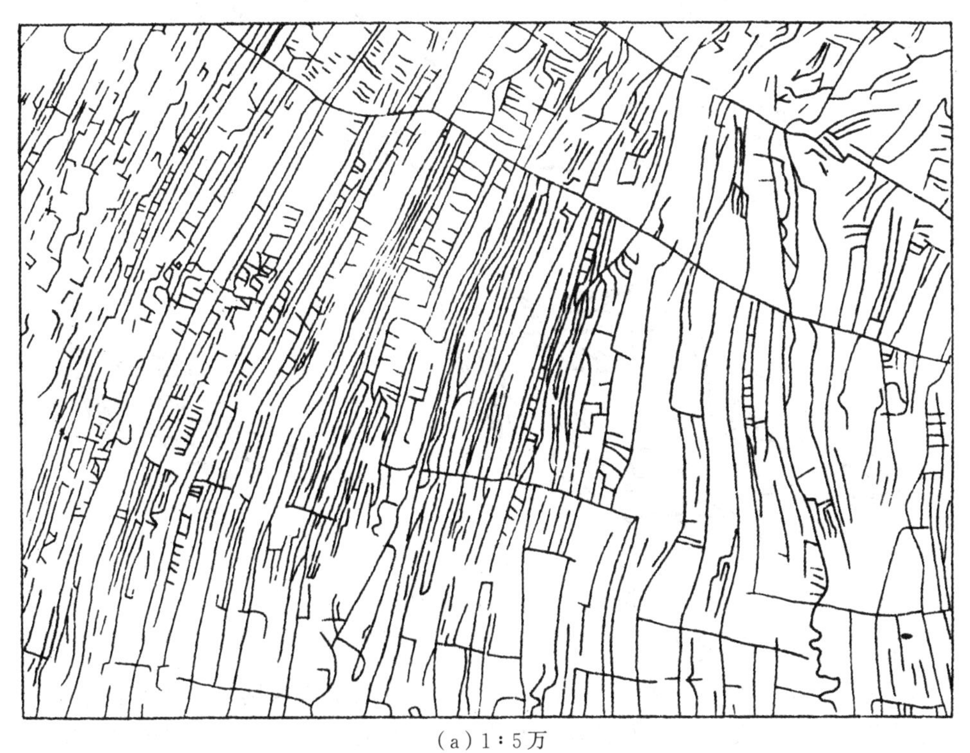

(a) 1∶5万

图4-21　杭州湾沿岸复杂人工沟渠网的综合

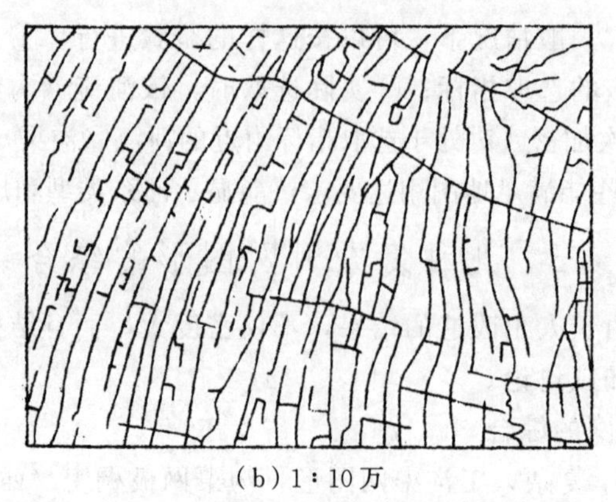

（b）1∶10万

图 4-21（续）　杭州湾沿岸复杂人工沟渠网的综合

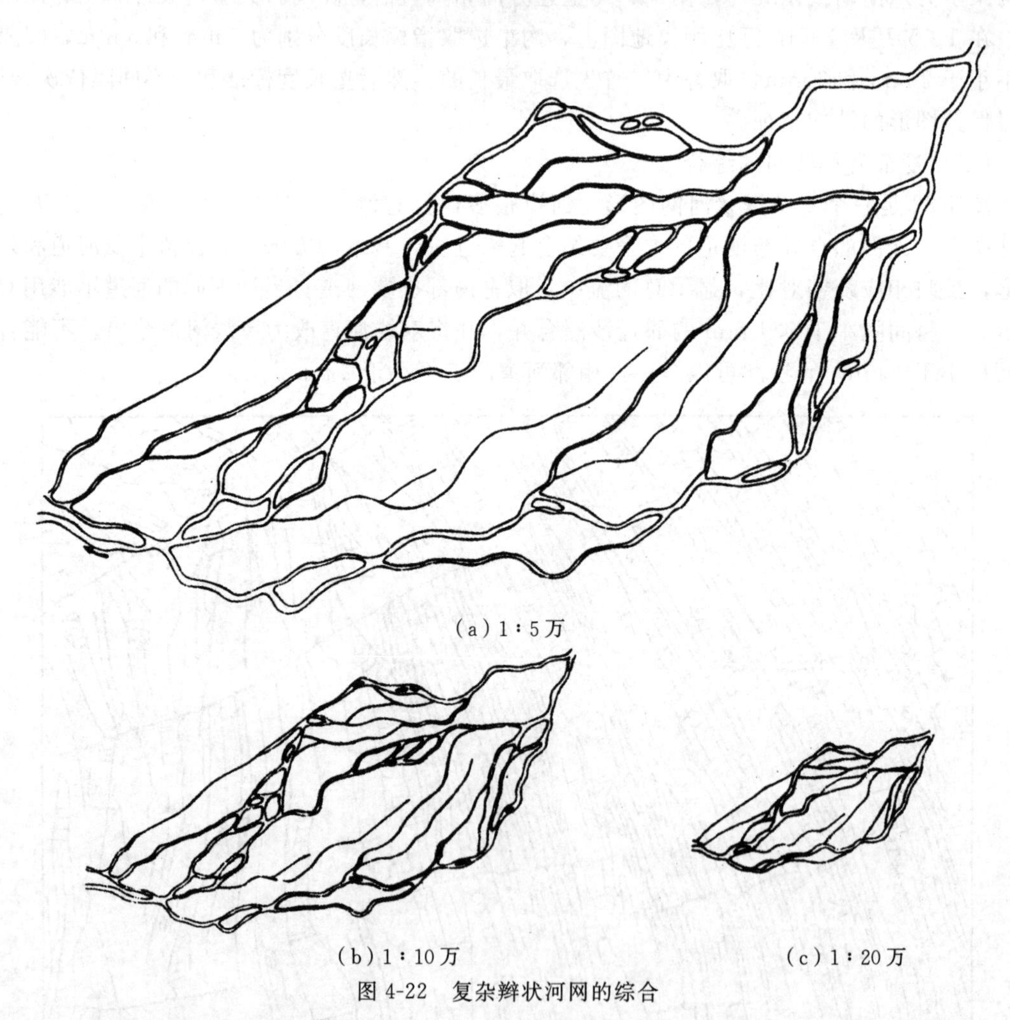

（a）1∶5万

（b）1∶10万　　（c）1∶20万

图 4-22　复杂辫状河网的综合

（三）复杂密集河网的综合

图 4-23 显示的是韩江三角洲河网的一部分。除河流密集成网外，还有许多人工沟渠，并有大量湖泊分布，形成了复杂的密集河网图形。综合时，首先要分析河流（沟渠）与湖泊的关系，然后按由主要到次要的顺序选取河流、沟渠与湖泊。选取河流（沟渠）时，主要考

虑相互间隔，一般不得小于 3 mm，个别可到 2 mm，长度小于 3～5 mm 的沟渠可以舍去一些，个别与湖泊相连的短小沟渠亦应选取。湖泊一般选取大于 1 mm² 的，但为了反映其分布特征，可适当夸大表示一部分。

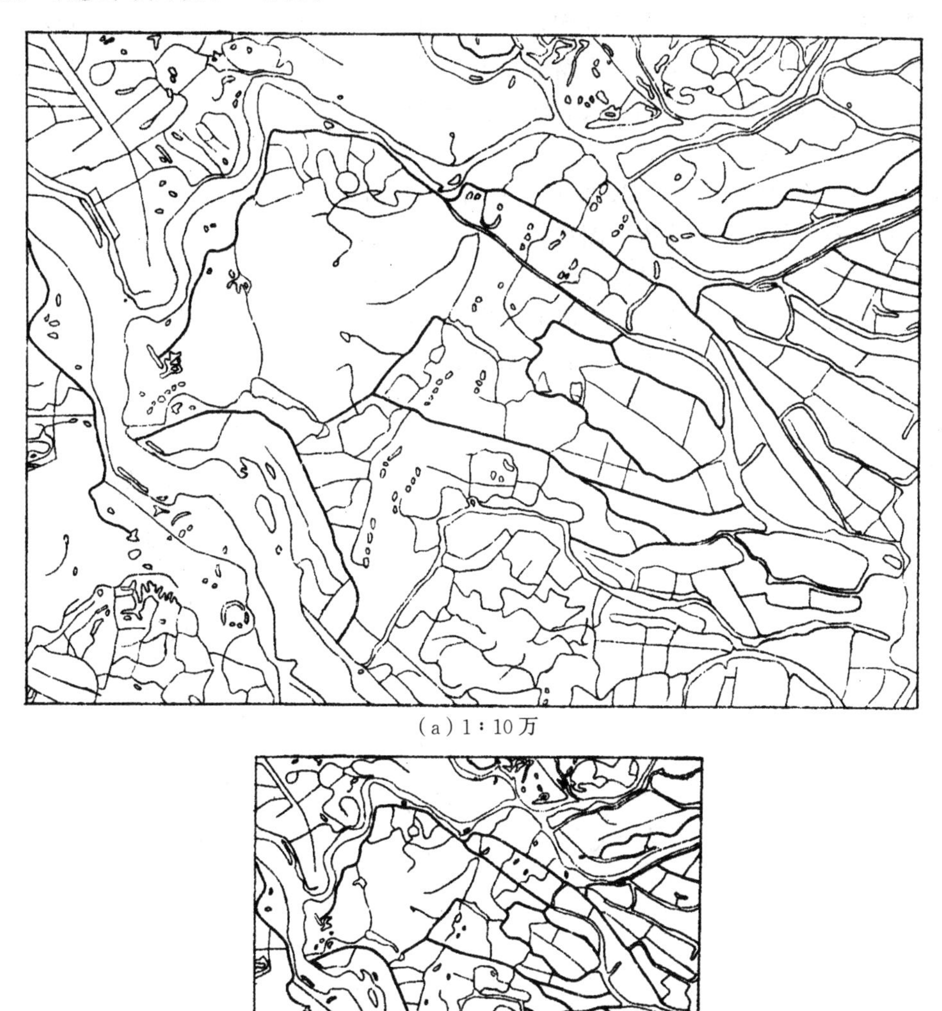

(a) 1∶10万

(b) 1∶20万

图 4-23　复杂密集河网的综合

第四节　湖泊（水库）的综合

我国辽阔的土地上，数量众多的天然湖泊、大大小小的人工湖泊——水库和池塘，星罗棋布。正确地表示湖泊的性质、形状、分布及类型，在军事上和经济上都有很大意义。

一、湖泊的类型

为了更好地表示湖泊，可以按多种标志研究湖泊的类型及其特征。

（一）按湖水的性质划分

按湖水的性质，湖泊可分为淡水湖和咸水湖，前者主要分布于我国东部广大地区，后者主要分布于青藏高原、内蒙古及西北干旱区。这些地区因气候干燥，稀疏的河流注入湖泊，积水停滞，蒸发强烈，结果盐类不断积蓄，这是形成咸水湖的基本原因。西北地区以充足的高山雪水为水源的湖泊和地下水源丰富的湖泊，则为淡水湖。在地图上，咸水湖必须和淡水湖区别表示，或者加注水质说明，或者印以特殊颜色。

（二）按湖泊与河流的关系

按湖泊与河流的关系，湖泊又可分为以下四类（图 4-24）：

（1）死水湖，即无河流注入的湖泊；

（2）水源湖，即河流发源处的湖泊；

（3）进水湖，即有河流注入，无河流流出的湖泊；

（4）活水湖，即有河流注入，又有河流流出的湖泊。

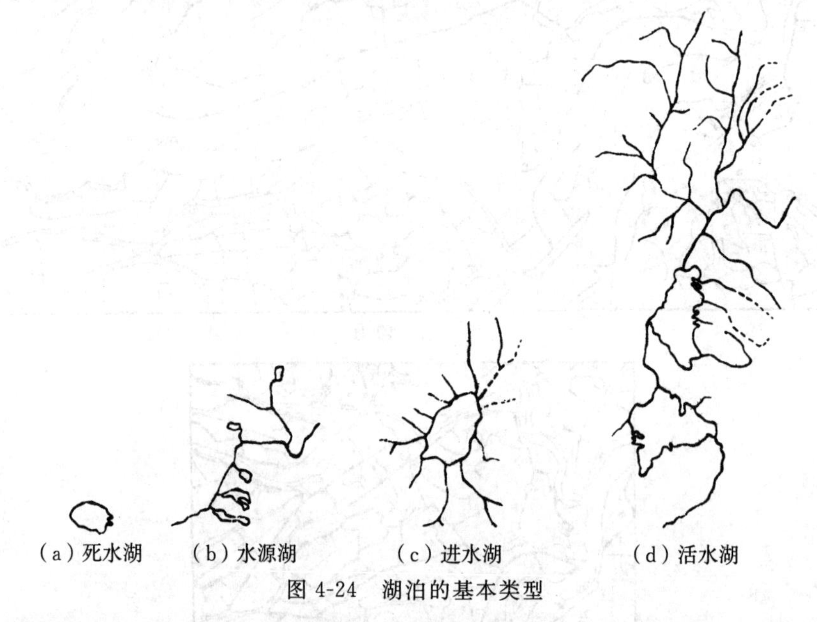

图 4-24 湖泊的基本类型

以上四类湖泊中，第一和第三类主要分布于西部地区，且多为咸水湖，第二、第四两类主要分布于东部地区。我国最大的咸水湖——青海湖，就是一个典型的进水湖。死水湖和进水湖，以青藏高原分布最为密集，组成很大范围的湖泊群，其中纳木错最大。青藏高原上的许多湖是向心状水系的港湾中心，形状和排列大都呈东西向延伸，反映湖与山地走向方面的一致性，说明湖泊是沿东西走向的谷地分布的。活水湖以长江中下游分布最密集。鄱阳湖、洞庭湖、洪泽湖、巢湖、太湖等，都是我国著名的淡水湖。

（三）按湖泊水面变化划分

按水面变化，湖泊可分为常有水的湖泊和季节性有水的湖泊，即常年湖和时令湖。我国绝大多数湖泊是常年湖，仅在干旱区有少量时令湖，如新疆的罗布泊、阿拉善沙漠中的居延海等。干旱区因风沙堆积变迁，河床淤高，河流常改道，湖泊位置也常改变，时令湖在地图上是用虚线表示岸线位置的。

以上，我们从湖水的性质、湖泊与河流的关系等方面，讨论了湖泊的某些特点，这些特点是容易在地图上表示出来的。真正比较复杂的，还在于湖泊形态特征的显示。为此，还需从成因类型方面加以研究。

（四）按湖泊的成因划分

湖泊按成因可分为天然湖和人工湖两大类。

1. 天然湖

主要介绍以下几种。

（1）构造湖：由复杂的地质构造作用形成。这种湖泊的形状和方向常与山岳、谷地、盆地的形状和方向联系比较密切。如青海湖就是在构造盆地内形成的，其总的形状和盆地很相近（图 4-25）。构造湖在新疆、云南等地都有分布。

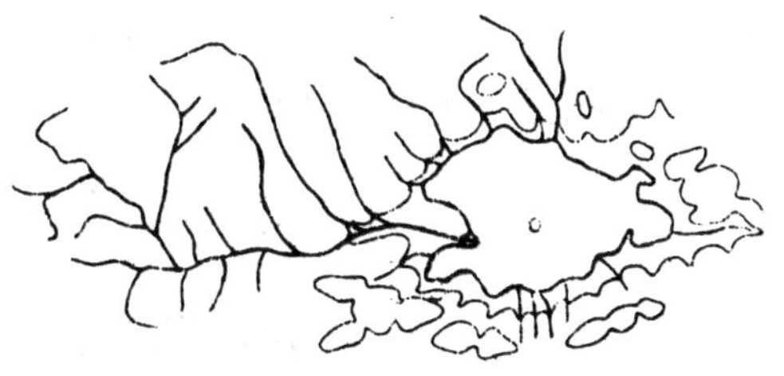

图 4-25　构造作用形成的青海湖

（2）火山湖：由火山作用形成的湖泊，又分火口湖和熔岩堵塞湖。火口湖发育于火山喷出口处，多呈圆形。熔岩堵塞湖系熔岩堵塞河道而形成，外形具有河谷形状的特点，犹如筑坝而成的水库，如牡丹江中游的镜泊湖，黑龙江的五大连池（图 4-26）。

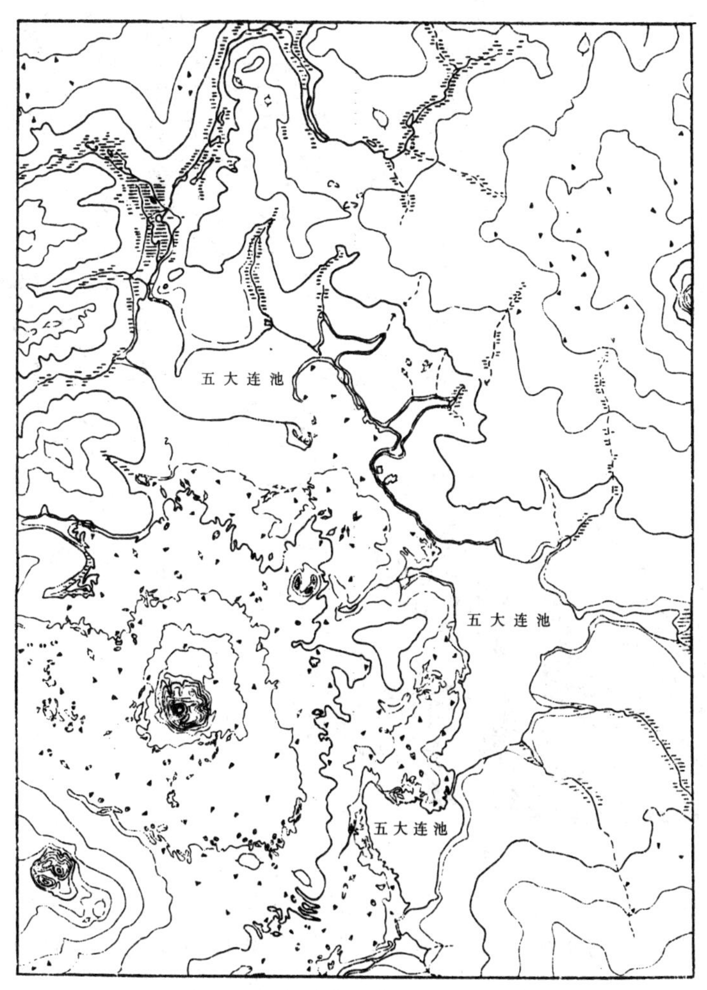

图 4-26　熔岩堵塞湖——五大连池

(3) 河成湖：由流水作用形成的湖泊。如河流改道形成的牛轭湖。

(4) 海成湖：分布于冲积平原的滨海地区。如潟湖，为冲积平原与海滨沙堤所围成，台湾西南、山东、河北东部沿海均有分布。如图 4-27 所示，图上注意了湖岸曲折、海岸平直及湖泊沿海岸方向延伸的特点。

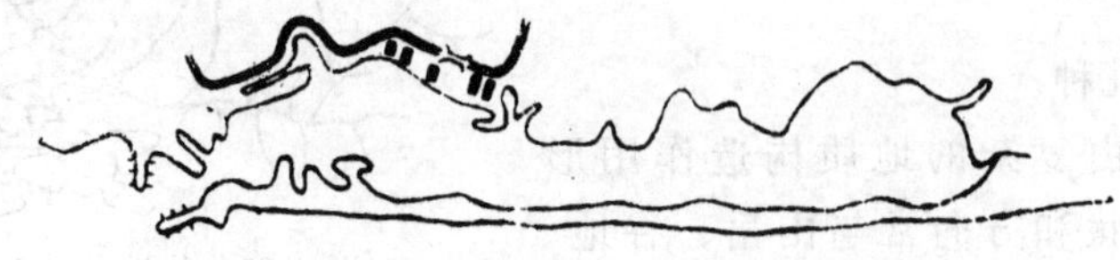

图 4-27 台湾高雄港——一个典型的潟湖

2. 人工湖

有代表性的人工湖是山谷水库，由人工筑坝而成。坝多位于谷地较窄处，水库岸线的形状与等高线的形状一致，如吉林松花湖、北京密云水库、湖北丹江口水库、浙江新安江水库、甘肃刘家峡水库等。其形状特点如图 4-28 和图 4-29 所示。

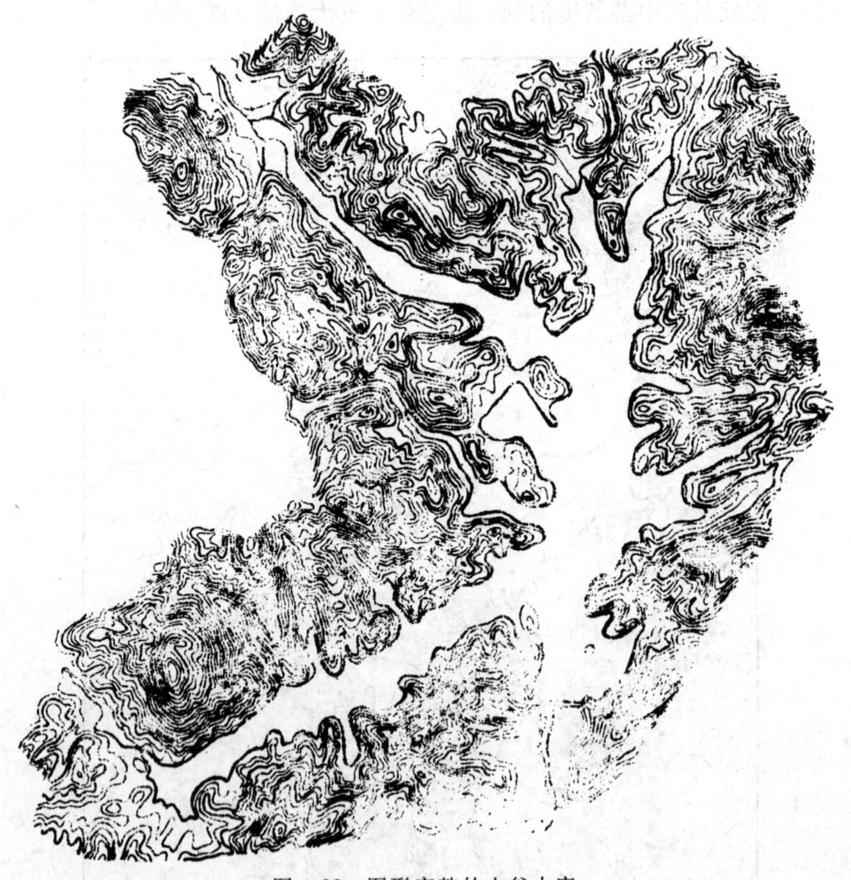

图 4-28 图形完整的山谷水库

另外，在我国南方还广泛分布着人工开挖的小水池，它们面积小而数量多，有的散布于农田耕作区内，有的集中于平坦地方，形状多呈圆形或条形，有的规划明显，排列整齐。

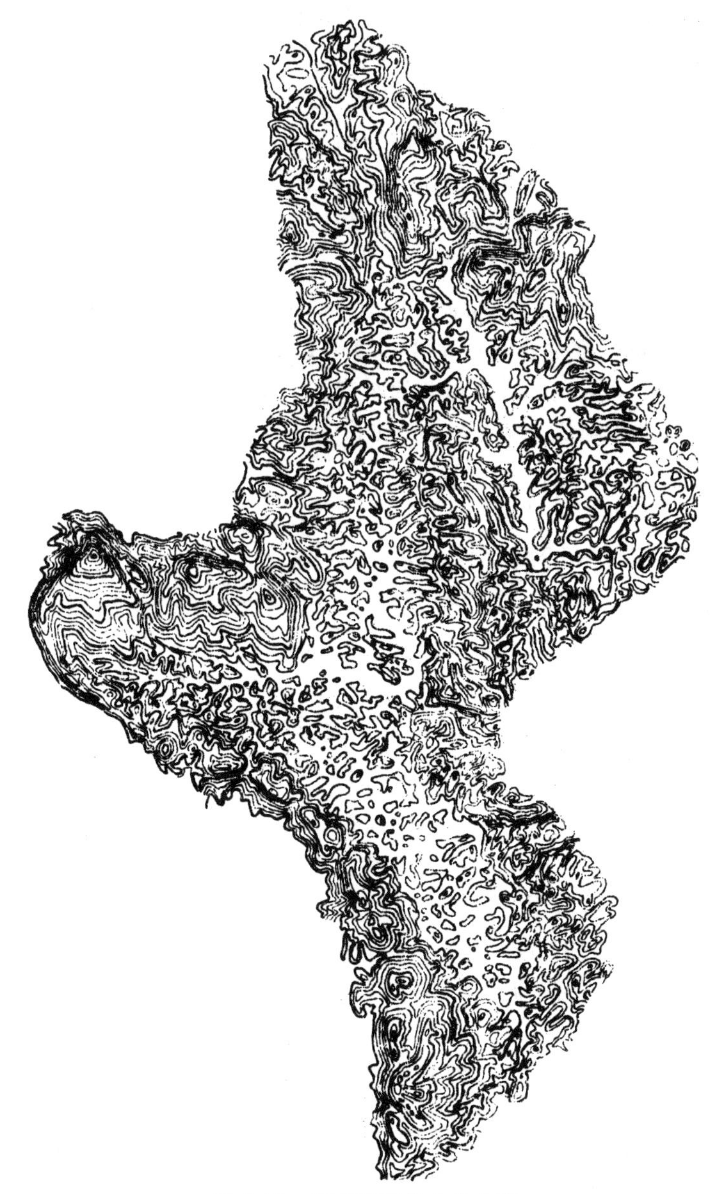

图 4-29 图形破碎的山谷水库

二、湖泊的综合

关于湖泊的综合，主要讨论湖岸地带的综合、按重要性选取小湖泊及湖泊群的综合三个问题。

（一）湖岸地带的综合

综合湖岸时，除了按第二节所讲方法概括岸线图形，还应特别注意反映湖泊与地貌、河流的联系及湖岸地带的性质。由上述湖泊类型可以看出，湖泊的形状与其成因和所处环境关系十分密切。对于火口湖、水库等，概括时注意岸线及后滨等高线的图形应取得一致。构造湖的形状及延伸方向应与谷地或盆地的延伸方向相适应。潟湖的延伸方向应与海岸相适应，并适当保留岸线的一些小弯曲。与河流有联系的湖泊，应注意进水与出水的河口地带的不同特征，一般进水方向的河流在河口处多有冲积三角洲，如注入青海湖的布喀河、注入洞庭湖的湘江、注入鄱阳湖的赣江等，在入口处均有较大的三角洲，有的三角洲上河流分支呈扇状，沿岸沼泽广布，湖中冲积岛很多，湖泊逐渐缩小，甚至全部淤浅沼化。进水与出水河流在用单线表示时，要保持由细变粗的连贯性。对于咸水湖及岸线不固定的时令湖，应注意表示周围的沼泽和沙地分布情况，以显示其环境特征。

（二）按重要性选取小湖泊

综合小面积湖泊时，原则上只取舍，不合并。取舍小湖泊时，首先应选取够选取标准（1 mm^2）的小湖，不够标准的小湖按重要程度予以取舍。通常应着重选取以下重要的小湖泊：具有重要经济价值的小湖、作为河源的小湖、缺水区的淡水湖，以及群湖区有利于反映分布特征和密度对比的小湖等（图 4-30）。以上小湖泊，必要时允许稍加放大表示。

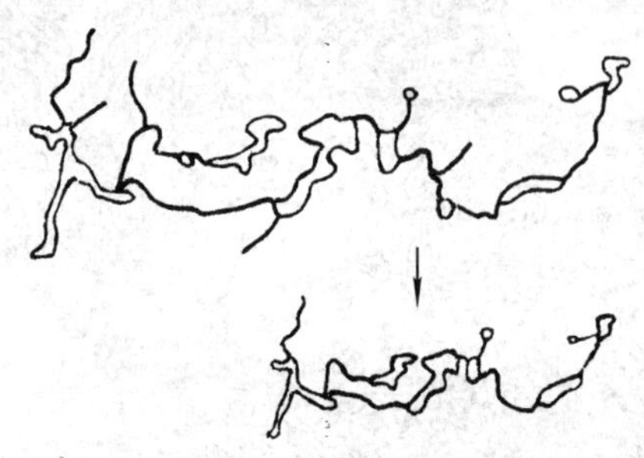

图 4-30 小湖泊的取舍

另外，在有的湖泊较密集区，虽然湖泊面积普遍大于选取标准，为了清晰起见，当湖泊之间间隔小于 0.3 mm 时，也应适当舍去一些大于 1 mm^2 的湖泊。形状特殊的湖泊，如牛轭湖、整齐的池塘区，也可改用单线表示，以减小其所占面积。

对于构成区域特色的湖泊群的综合，除了按上述一般选取条件进行取舍，尚需根据具体的图形特点，采取具体的综合措施。因此，有必要进一步研究湖泊群的综合问题。

（三）湖泊群的综合

根据我国水网区湖泊群的特点，列举几种情况加以讨论。

1. 不规则的密集池塘群的综合

不规则的密集池塘群在我国南方分布十分普遍，各地称呼不一，有的地方称堰塘，有的地方称池塘，有的地方称溜池，它们多供灌溉和养鱼之用。这种池塘群又可分两种情况：第一种情况为小面积池塘群，数量多，彼此间隔不一，形状多不规则；第二种情况为排列较整齐，具有一定的方向性。

化简这种不规则的密集池塘群，只能取舍，不能合并（图 4-31）。在 1∶10 万地形图上，应降低选取标准（如 0.5 mm^2，甚至更小），尽量多取小池塘；宽度窄于 0.6 mm 的条形池塘，应放宽表示；保持只有一定排列特点的池塘群分布范围，只减少其中的个数或排列的条数；对于散布的池塘群，以保持较大池塘的位置为准，取舍外围的池塘，并反映各片池塘的数量对比及分布特征（左上方最密，下中次之，两侧较稀）。到 1∶20 万地形图上，绝大部分池塘已无法表示。这时，为了显示区域景观特点，除了选取接近 1 mm^2 的池塘，还应使用记号性池塘符号（0.5 mm×0.5 mm 左右），再表示一部分小池塘，以便反映数量对比及分布特征。

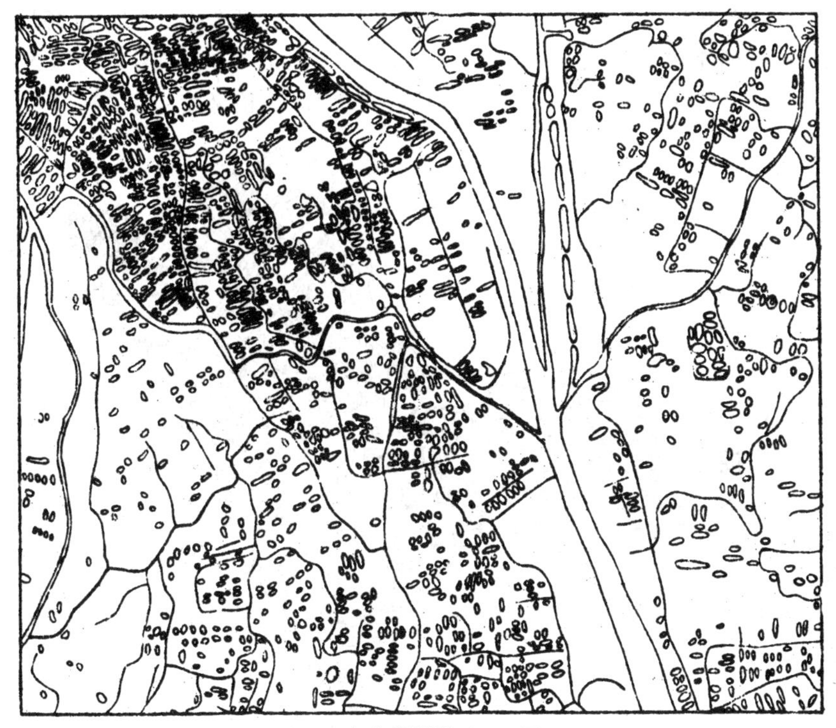

（a）资料图（1∶5万）

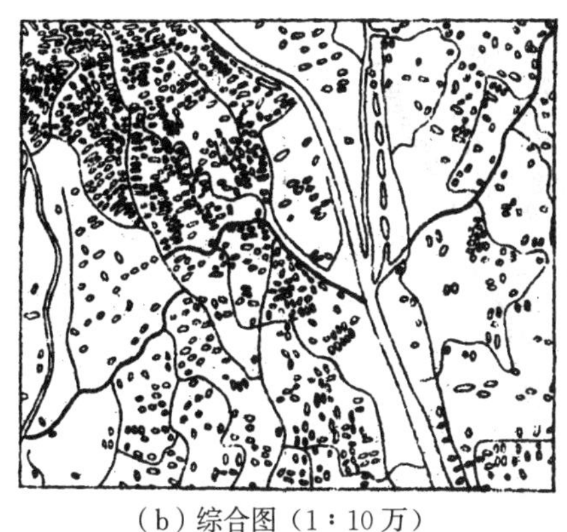

（b）综合图（1∶10万）　　（c）综合图（1∶20万）

图 4-31　不规则的密集池塘群的综合

另外，还有一种水部面积较大、分布集中的池塘群，它们形状多不太规则，但联系紧密，彼此仅一埂之隔。化简时，不宜做单个取舍，应分片综合，最好采取类似概括街网图形的办法，即合并池塘，取舍塘埂，并且可以用单线表示塘埂。

2. 规则池塘群的综合

在海湖之滨或少数平原地区，还有专供养鱼用的大面积规则池塘群，如图 4-32 所示。从图上可以看出，鱼塘是利用湖滨淤浅的芦苇滩修建的，内部的人工河道纵横交织，河道之间开出鱼塘，鱼塘的形状多为正方形、长方形或三角形。鱼塘外围是莲藕等水生植物养殖区，其间及外围则是岸线不规则的芦苇地。规则池塘群的综合应抓住整体规则、内部结构和池塘形状等特点。首先，正确地化简河道，不能用双线表示的，可改为 0.3 mm 的单线表示，并做适当取舍；其次，形状相同的邻近鱼塘可以合并，也可用单线表示，小于 1 mm^2

的小鱼塘除了保留有利于反映鱼塘规则及排列特点的，一般可舍去。删除鱼塘及岸线中小于 0.5 mm×0.5 mm 的小碎部，水区中小于 0.5 mm^2 的小岛，与周围要素间隔太小的可以舍去。为了保持河流与鱼塘的最小间隔，个别地方的鱼塘面积稍做缩小。

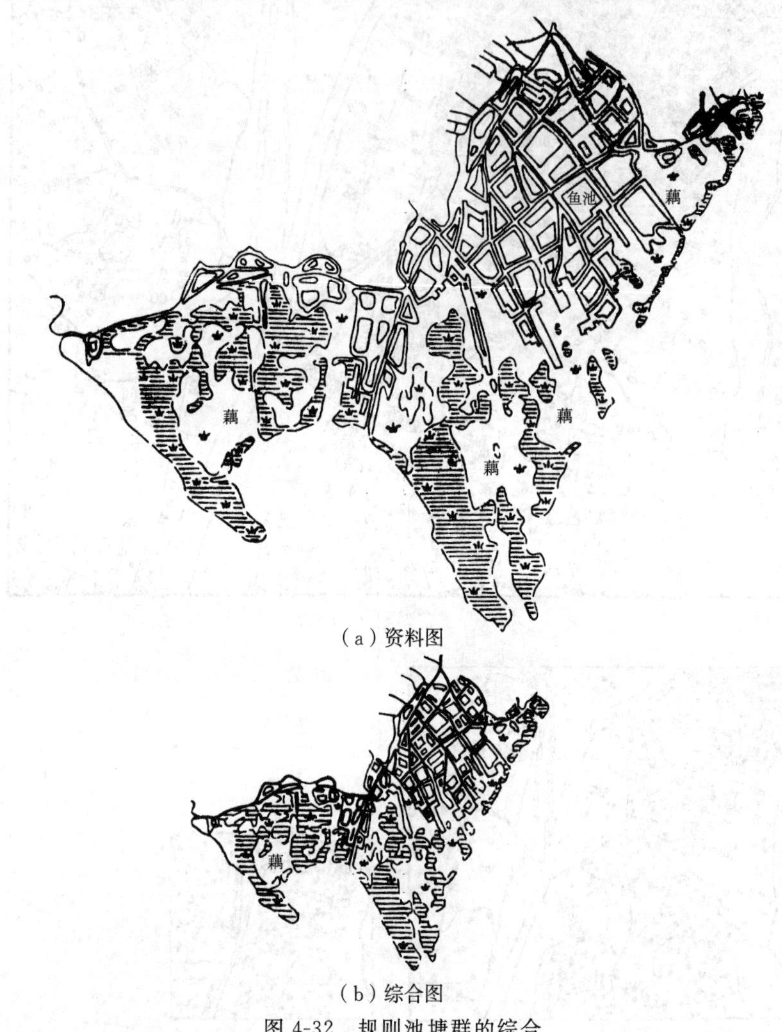

（a）资料图

（b）综合图

图 4-32 规则池塘群的综合

3. 岛陆湖荡区的综合

在我国苏州至杭州湾之间的平原水网地带，湖泊星罗棋布（大的称湖，小的称荡），河流、渠道纵横交错，与湖荡贯通串联一起，将陆地分割得支离破碎，形成岛状陆地。有的地方陆地面积大于水域面积，有的地方水域面积大于陆地面积，我们把它们称作岛陆湖荡区（图 4-33）。

在综合图形之前，应首先分清湖荡与河流渠道的区别。大致说来，两侧陆地形状基本一致的细长水道，或一片连续分布块状陆地之间的短窄水道，均可看作河流与渠道。而两侧陆地形状不一致、水面开阔、形状呈圆形或其他复杂形状的，或水部面积大于陆部面积的，均作为湖泊看待。

岛陆湖荡区的综合，应坚持湖中小岛小于 0.5 mm^2 的，只取舍、不合并，湖泊不得并入陆地的一般原则。化简水网图形时，要保持水陆面积总的对比及水网密度的对比。不能用双线表示的河渠，除了贯通的较长河渠用双线表示，均改为 0.3 mm（少数为 0.1 mm）的单线表示。舍去部分短小水道，合并两侧块状陆地，陆地面积一般不小于 2 mm^2。可以大量舍去灌溉用的短小支渠。

(a) 资料图

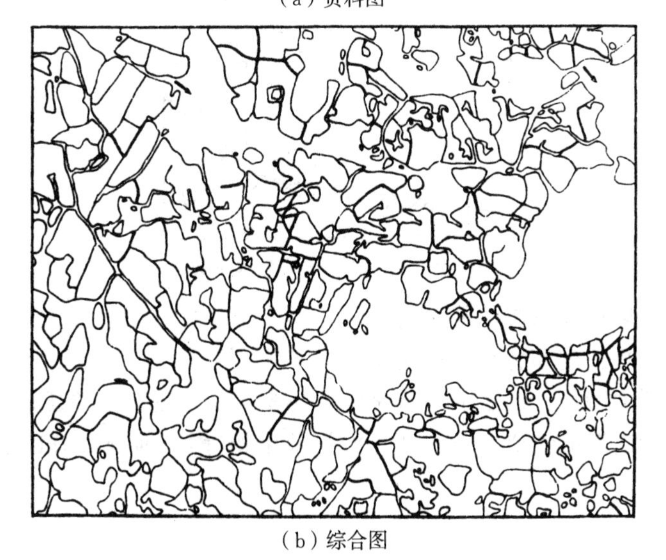

(b) 综合图

图 4-33　岛陆湖荡区的综合（1∶10 万—1∶20 万）

三、其他小面积水系物体的选取

在讨论了湖泊的综合之后，我们还要附带研究其他小面积水系物体的选取问题。其他小面积水系物体主要包括：水井、泉、贮水池、坎儿井等。它们在地图上均用相应符号表示。

小面积水系物体的取舍，应根据它们所处环境及本身价值来确定。一般来说，这些物体处于干旱区才予以着重表示，在水网较密集的地区则大量舍去。应优先选取干旱区的淡水井，有经济价值的矿泉、温泉，以及作为河源的泉。坎儿井过于密集时，应按一定间隔（如 3 mm）选取较长且与其他地物有联系的。已选取的井、泉，还应注明其水质、出水量等。

第五节 海岸（岛屿）的综合

我国绵长的大陆海岸线长达 18 400.5 km，岛屿（面积在 500 m^2 以上）达 6 536 个[❶]，这辽阔的海疆是国防、航运、渔业、科研的重要场所之一。因此，在地形图上正确地反映海岸的特征十分重要。

一、海岸及其类型

我们知道，海岸线是海水与陆地互相接触的一条界线。由于这条线经常变动，长期以来造成了一个海水与陆地相互作用的海岸地带，简称海岸带或海岸。这个地带包括：被海水作用过的沿岸陆地部分（后滨地区），海水涨潮淹没的部分（干出滩地区），近海岸线部分（前滨地区）。这三部分构成了海岸地带的完整内容（图 4-34）。它们在地形图上所表示的基本形态见图 4-35。

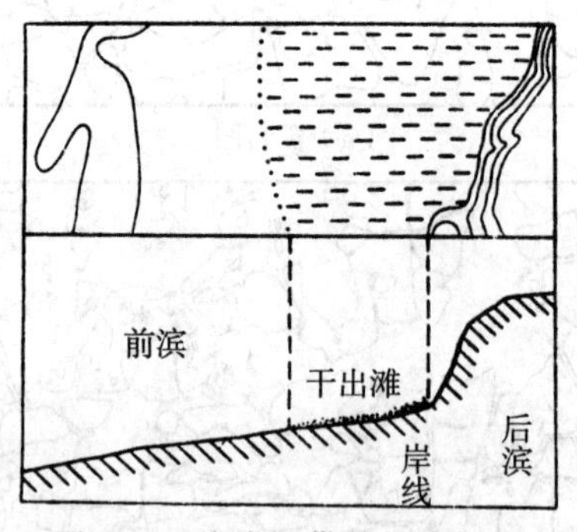

图 4-34 海岸地带的组成部分

这些基本形态可以反映海岸的如下特征：

(1) 海岸线的曲折程度和特点（曲折生硬或平缓圆滑）。

(2) 海岸的横断面特征，即后滨地带是陡岸还是缓岸，是石质的还是泥沙质的，有滩无滩，有无干出滩及干出滩的性质（石、沙、淤泥及生物等），前滨浅海区有无岛屿、礁石或水下沙滩等。

---

❶ 我国近年来经调查统计，大陆海岸线约 1.8 万 km，海岛 1.1 万多个，其中 500 m^2 以上的岛屿有 7 000 多个。——出版注

(3) 海岸的成因和发育特点。上述海岸形态许多是在海水作用下形成的。

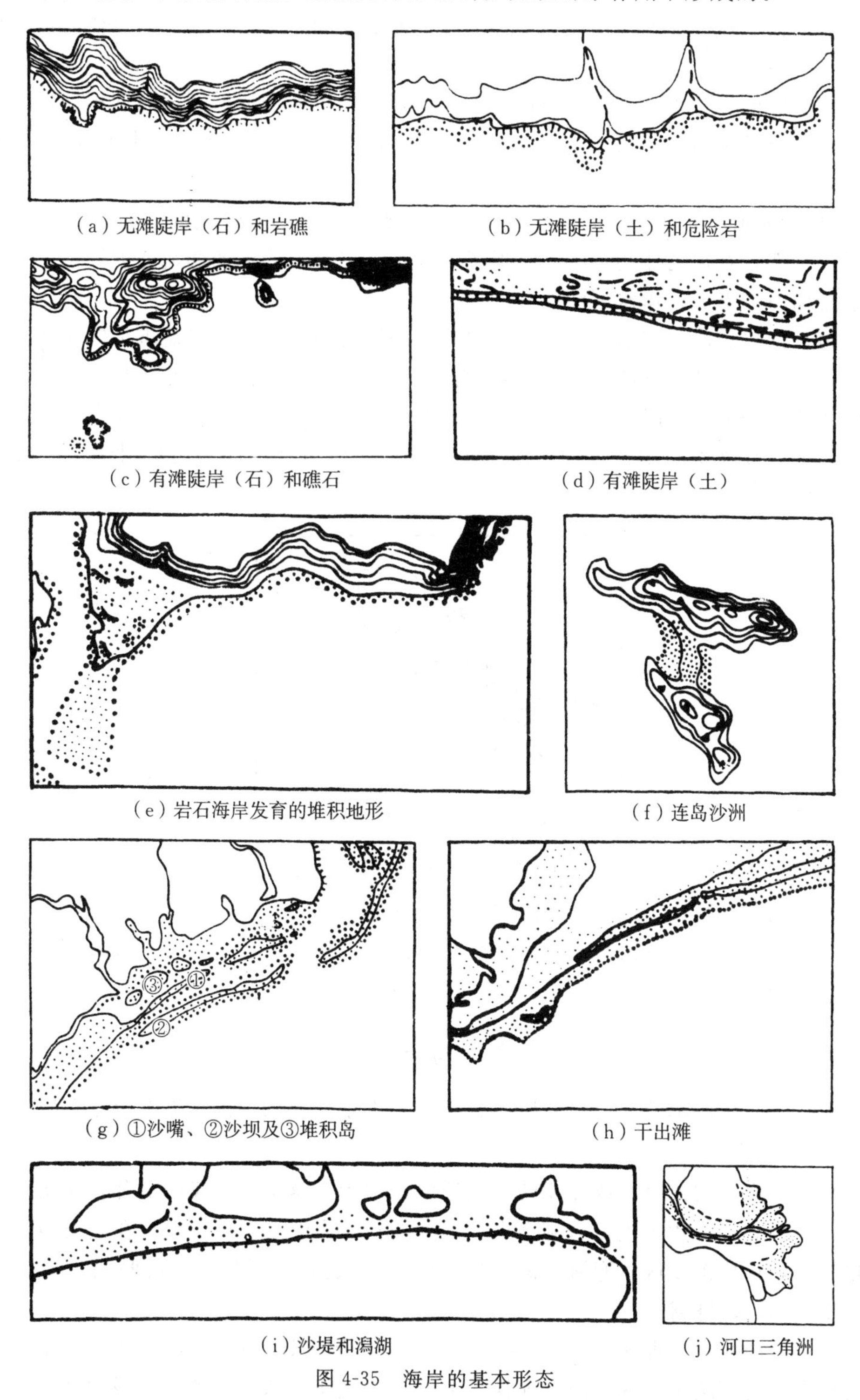

(a) 无滩陡岸（石）和岩礁　(b) 无滩陡岸（土）和危险岩

(c) 有滩陡岸（石）和礁石　(d) 有滩陡岸（土）

(e) 岩石海岸发育的堆积地形　(f) 连岛沙洲

(g) ①沙嘴、②沙坝及③堆积岛　(h) 干出滩

(i) 沙堤和潟湖　(j) 河口三角洲

图 4-35　海岸的基本形态

海水的运动形式很多，但对海岸影响较大的，主要是由风力引起的波浪。当波浪奔向海岸时，因下部水质点与海底摩擦减速，波浪运动出现上快下慢，上部水质点向前倾覆，波浪

外形破裂，变成浪花猛扑海岸，或成激流冲击海岸，这种波浪称为击岸浪。击岸浪冲击海岸后，一部分沿海岸流动，称沿岸流。另一部分沿海底返回海洋，称回流。回流的速度比击岸浪小，搬运力也小。

在岸坡陡峻的岩岸地段，击岸浪以很大力量猛烈冲击海岸下部，岩石崩塌，形成陡峭的海崖。坚硬岩石破坏得慢，形成岩岬。软岩石破坏得快，形成海湾。这样的海岸即为石质陡岸。

在岸坡平缓的海岸地段，以较大速度向岸奔驰的击岸浪能将泥沙、卵石、砾石抛向海岸，形成干出滩，在风力作用下在后滨形成海滨丘。击岸浪产生的回流速度较小，只能将泥沙沿海底带向海，形成近岸水下沙滩。

在湾口、河口或海岸突出处，如果击岸浪与海岸夹角较小，沿岸流携带的泥沙在拐弯处容易堆积下来，形成沙嘴（图 4-36）、沙块等。这是因为沿岸流随着在浅水区流动路径的加长，与底部摩擦增大，同时湾内产生的反方向涡流进一步使沿岸流减速，或者河流的顶托使沿岸流减速等。沙嘴不断增长，若无河流注入海湾，最后沙嘴能将湾口封闭，形成沙堤与潟湖。

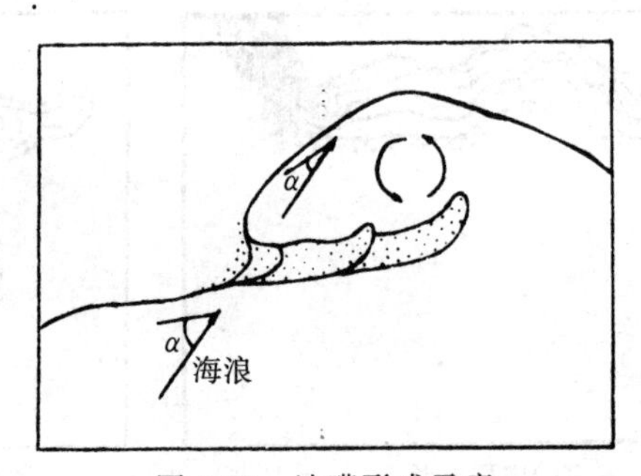

图 4-36 沙嘴形成示意

向海岸冲击的海浪，如遇岛屿的阻碍，在岛后形成波荫带，波浪作用减弱，产生堆积，最后形成将岛屿与岛屿或岛屿与陆地连接起来的连岛沙洲。

从大、中比例尺地形图海岸的制图综合特点出发，将海岸归纳为岩石海岸和泥沙质海岸两种，分别讨论综合问题。

二、岩石海岸的综合

岩石海岸在我国的福建、广东、广西、辽宁、山东、浙江、台湾等省份分布较广。

（一）基本特点

岩石海岸具有高起的有滩或无滩的岩质后滨，由于在海角地区波浪汇合，能量集中作用于崖壁，以侵蚀破坏作用为主，岩岬突出，岸线曲折，多港汊、岛、礁。在海湾地区波浪分散，能量扩散，形成沉积区。迎海洋面的岩石海岸，风浪大，侵蚀较剧烈；背海洋面部分，风浪小，堆积活动较旺盛。

岩石海岸的岸线具有曲折生硬的特点。但在大比例尺地形图上需要做具体分析。一般说，在岩岬尖窄的情况下，图形的生硬性很显著，而图形较大时，有的呈多折角形或圆形。在发育了堆积地形的部分，陡岸已被缓岸取代，岸线呈平缓圆滑的特点。岩石海岸的另一特点是，岸线与后滨等高线图形多协调一致。

以上特点由图 4-37 便可以看出。

图 4-37　岩石海岸的一般特征

在有的地区，前滨地带大量的岛屿与陆地上山地构造的联系十分明显。这反映了地壳运动（沉降作用）对海岸的影响，如图 4-38 所示，应注意保持岛屿延伸方向与山地总体走向及等高线图形的一致性。

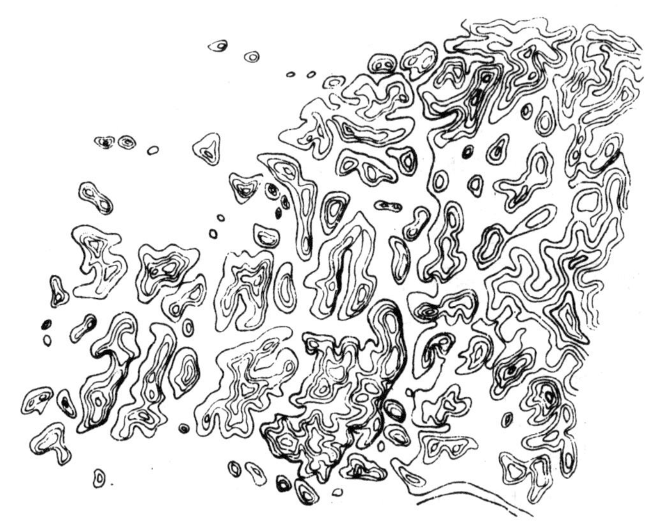

图 4-38　岛屿与山地构造的联系

（二）综合要点

1. 反映生硬岸线地段的图形特点

可用带棱角转折的手法反映生硬岸线地段的图形特点，如图 4-39 所示。

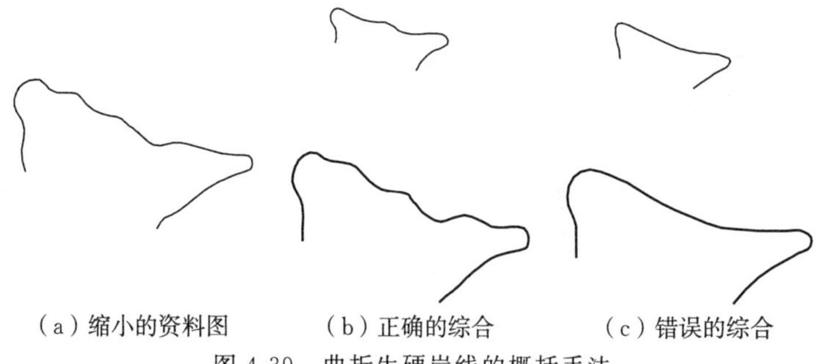

（a）缩小的资料图　（b）正确的综合　（c）错误的综合

图 4-39　曲折生硬岸线的概括手法

对于尖窄的岩岬应保持尖角形状，不要轻易合并或削圆，必要时可稍夸大（图 4-40）。

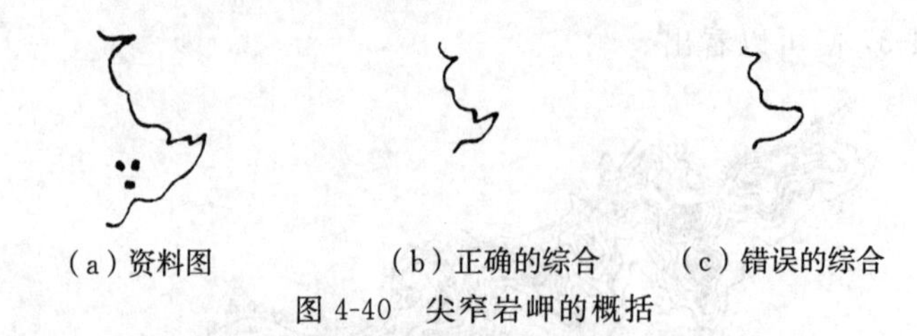

（a）资料图　　（b）正确的综合　　（c）错误的综合

图 4-40　尖窄岩岬的概括

2. 反映岬湾交替出现，侵蚀与堆积地形互相联系的特点

岩石海岸岬湾交替出现的现象非常普遍，岬角突向海中，侵蚀破坏强烈，海湾凹入陆地，风浪小，堆积活动易于进行。但有的岸坡陡，风浪大，海湾浅的地段也不一定有堆积活动。

在综合海岸时，以保持岬湾的形状（如弧形、套形、三角形、菌形、复合形等）为主来删除碎部，并区别岬角较生硬、海湾较圆滑的特点。对于陡崖和干出滩符号，应着眼其联系和位置的重要性（如港口附近）予以取舍（指小于取舍指标的），必要时放宽范围配置符号。

3. 尽量保留岩滩和岛、礁

岩滩和礁石对航行障碍较大，应详细表示。岩滩按范围描绘符号。礁石依比例表示的，缩小后可转为不依比例表示。太密时，在保持分布范围和特征的情况下，舍去内部的礁石。岛屿只能取舍，不能合并。海洋中的岛屿目标意义大，即使小于 0.5 mm^2，也不能轻易舍去，只是在岛屿间隔太小，有碍清晰性时，才允许舍去个别小岛屿。取舍岛屿群中的小岛时，凡有利于反映群岛范围、分布特征和不同部分数量对比的小岛，不论大小，均应保留，必要时稍加放大，或用一个点子表示，外围边缘的小岛还需注记其名称（图 4-41）。

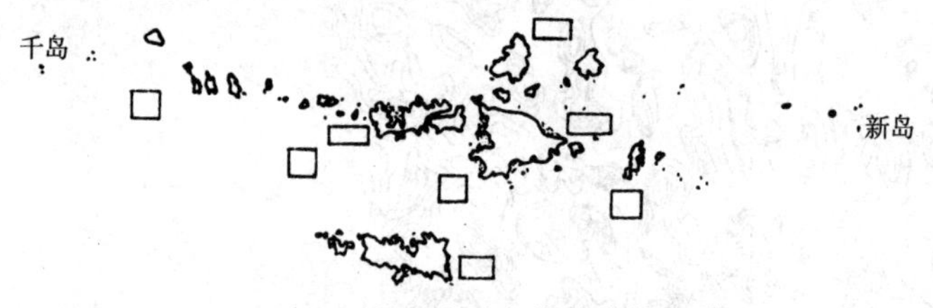

图 4-41　用点子表示岛屿并注记名称

4. 保持岸线与等高线图形的协调性

为了保持岸线与等高线图形的协调性，尽量使两者在删除碎部的方向和综合程度上取得一致。但有堆积地形的部分应不一致（图 4-42）。

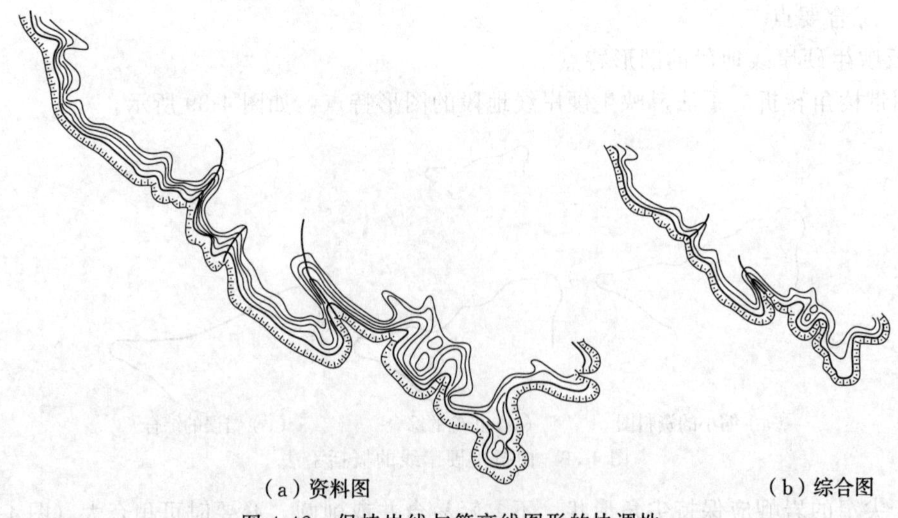

（a）资料图　　（b）综合图

图 4-42　保持岸线与等高线图形的协调性

三、泥沙质海岸的综合

泥沙质海岸在我国的河北、江苏全部及辽宁、浙江、台湾部分地区分布较多。

（一）基本特点

泥沙质海岸具有低平的后滨，除少数地段有土质陡岸外，多为平缓的岸坡，以堆积作用为主，后滨地带常有沙丘、沼泽、盐碱地或岸垄分布，并有宽度不一的干出滩，岸线平直圆滑，少港湾。在湾口与河口处，通常还分布有沙嘴、沙坝，有的还有沙堤和潟湖，堆积条件较好的河口（含沙量较大，海浪与潮汐小），常形成向海突出的三角洲。

（二）综合要点

1. 用拐弯柔和的手法反映平缓圆滑的图形特点（图 4-43）

图 4-43　平缓圆滑岸线的概括手法

2. 保持沙嘴、沙坝的形状和方向

沙嘴、沙坝具有迎海面平滑、背海面较曲折（或为潟湖岸）的一般特点。前者因受海浪和沿岸流作用，不断削平岸线，后者则自然堆积而成。在概括岸线时，不要轻易拉平内侧的小弯曲，沙嘴、沙坝头的形状和伸展方向应很好地描绘，过窄的可稍放宽（图 4-44）。

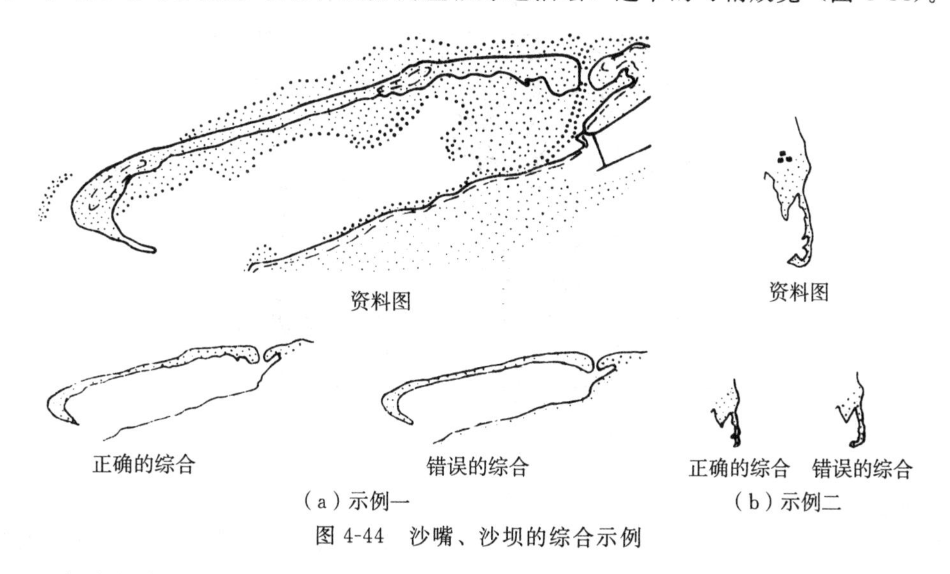

图 4-44　沙嘴、沙坝的综合示例

3. 反映干出滩的性质、内部结构和分布范围

泥沙质海岸的干出滩范围较宽，有的内部结构较复杂，岛屿、河道、潮水沟分布密集。在表示干出滩时，除了正确反映其性质和分布范围（对于狭窄干出滩不要随意放得太宽，可以用一排点子表示狭窄干出滩），对老图式表示的河道应加以分析，凡无河流注入的，可改为潮水沟，双线的可转为单线表示，在保持主河道、潮水沟及其范围情况下，分支的小河道和潮水沟可做较大删除。取舍小于选取标准（0.5 mm^2）的小岛时，应保留孤立的、群岛外围的和反映分布特征的，舍去内部密集处的，但不宜舍得过多。尽量保留通向岛屿的无定路（图 4-45）。

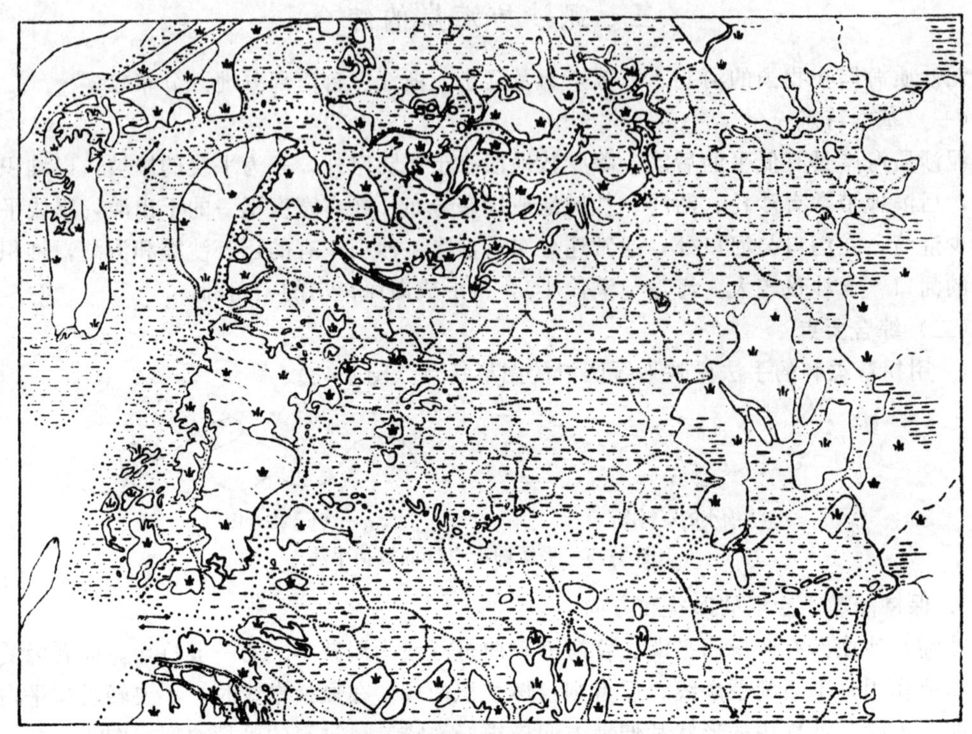

（a）1∶10万

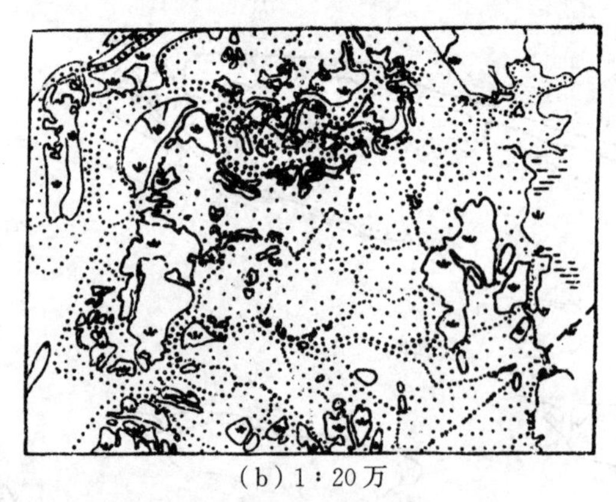

（b）1∶20万

图4-45 干出滩内部的化简

4. 注意表示各种堆积地形的土质状况和范围

对于沙嘴、沙坝、沙堤、连岛沙洲、后滨沙丘与沼泽等，都应配置相应的土质符号，以便判断成因和性质。两岸线间隔小于0.6 mm时，可省去沙点。

5. 正确保持三角洲海岸的特点

三角洲海岸形状较特殊，结构较复杂，如图4-46所示。对于这种海岸，应特别注意以下几点：①突向海的三角洲总形状；②岸线外围轮廓与干出滩、沙坝所围形状的一致性；③河流、港汊、潮水沟的扇状特点，以及大河高水界与港汊的明显联系；④三角洲上遗迹湖及土质分布特点（近岸多沼化或盐碱地，往里多沙地）。

除了上面已经提到的表示沙嘴、沙坝、潮水沟等问题外，对于河口及河中的沙洲可以合并；在保持港汊扇状特点的前提下，可减少支汊，间隔小于1 mm的港汊，予以删除，不够绘双线的改为单线表示；对于一些港汊顶端的尖锐性，也要如实反映，不得人为地削圆它们。

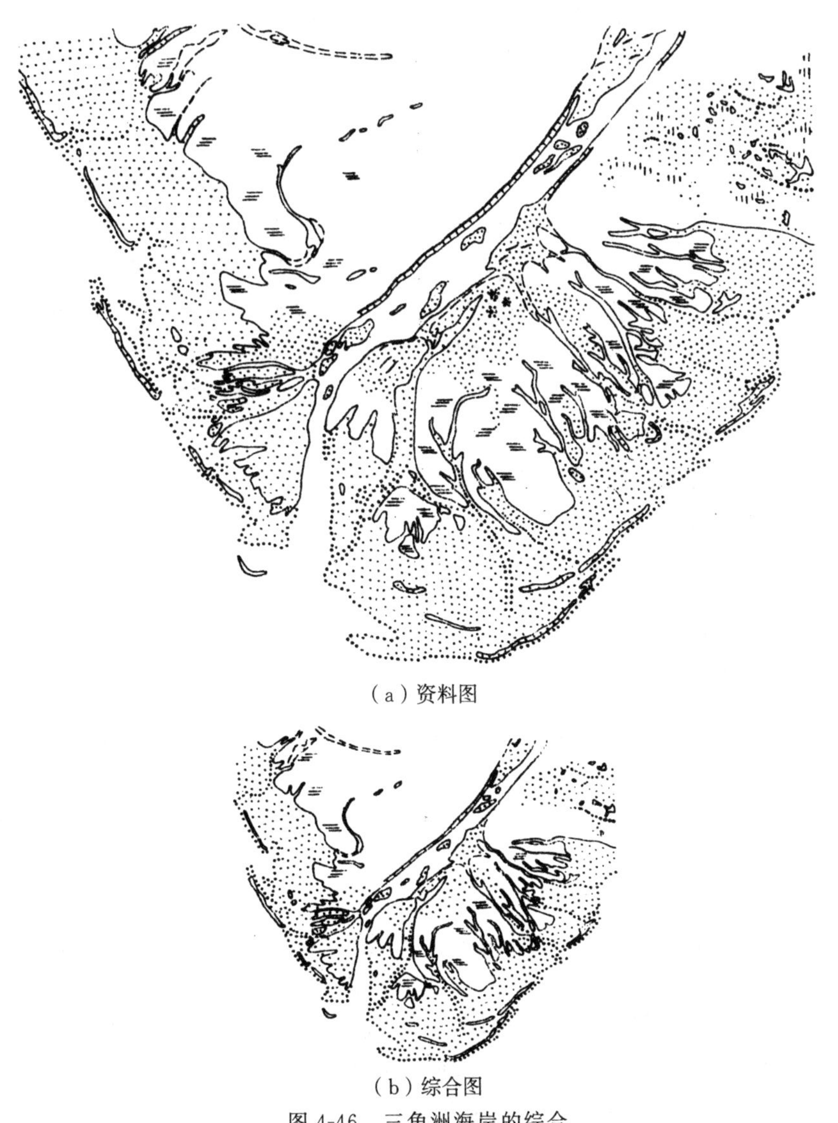

（a）资料图

（b）综合图

图4-46　三角洲海岸的综合

第六节　水系物体名称注记的取舍

水系物体一般有专门名称注记，有些还有说明注记，如井、泉水性质和湖水性质等。专门名称通常由两部分组成，前面部分是专有名称，后面部分是通用名称。例如，江、河、湖、海、岛、礁等是通用名称，即水系物体共有的名称，通用名称前面的部分，是专门属于某具体水系物体的名称。这些物体的名称注记是地图上不可缺少的重要内容，名称注记与其被说明的物体构成一个整体，二者的关系十分密切。名称注记是识别这些物体的依据之一，它不仅表达这些水系物体的名称，还反映其性质、大小、范围。没有名称的水系物体无法指明目标，直接影响地图的使用价值。

随着地图比例尺的缩小，名称注记要进行取舍。取少了，水系物体名称注记不足，不便于区别；取多了，注记过密，压盖其他要素，或者是注记混乱，指示不明，影响地图的清晰性和易读性，降低地图的使用价值。因此，正确取舍和配置水系物体的名称注记乃是地形图编绘中一项重要的工作。

一、水系物体名称的特点

水系物体名称的特点包括很多方面，主要有：①称呼受语言分布、民族、地区的影响，各地不一致。如西藏大部分大河称“藏布”，小河称“楚”，支流称“曲”，湖泊称“错”。内蒙古、青海地区河流常称“郭勒”。②名称多少不一。有的河流、湖泊、岛屿等有一个名称；有的河流、湖泊不同地段有不同名称；成群分布的岛屿，除本身的名称，还有一定范围群体的名称，如小洋山（岛），大范围是崎岖列岛，再大范围是舟山群岛，这些都是通过不同的字大和注记间隔反映出来的。

河流、湖泊等的名称在编图时应按最新资料标注，与名称的取舍关系不是很大。这里着重讨论的是几个名称的取舍问题。

二、水系物体名称的取舍

（一）河流名称的取舍

应根据规范或作业细则所规定的界线选取。

（1）独流入海、入湖的重要河流，一般应注出其名称。浙闽地区多此类小河。

（2）有的河流不同地段有不同名称，不仅主流如此，支流上也如此。随着比例尺的缩小，各段河流名称不能一一注出而逐渐舍去一部分。其方法是，优先选取下游名称，其次是上、中游名称，中游多名称时，可根据河流的长短，舍去较短或不著名的名称。河流上游应以主流河源的名称注记为重。如何判断哪一条是主流？应根据河流的长短，一般长者为主流，也可根据水源判断，如河流上游连接泉、湖泊者为源头河流。若比例尺再缩小，一条河只能注出一个河名时，则保留下游的名称或其中著名的名称，舍去其他名称。

（3）密集河网地区河名的取舍。在河网密集地区，河流纵横交错。随着比例尺的缩小，名称需进行取舍时，应优先选取主流或主河道的名称，然后再根据支流或岔流的大小选取其他名称，如图4-47所示。如何判断主流或主河道？一般来说，宽者为主流或主河道，但也不完全，有些河流虽宽，但河床很浅，不是水流或航行的主要通道；也可根据河流的河宽、河深注记、通航设施、流向符号等判定主流或主航道。在作业中要按照基本资料认真分析选取注记。

（4）重要的河流应注出河口名称。

（二）湖泊名称的取舍

（1）具有一个名称的湖泊注记，可根据其大小、重要性进行名称注记的取舍。例如，1∶20万图上，一般面积大于16 mm^2 的湖泊、水库，均应注出名称。缺水地区和山区的小湖，以及作为水源的小湖应尽量注出名称，并不得压断湖岸线。湖泊密集地区的小湖泊注记则根据分布特征和大小选取。

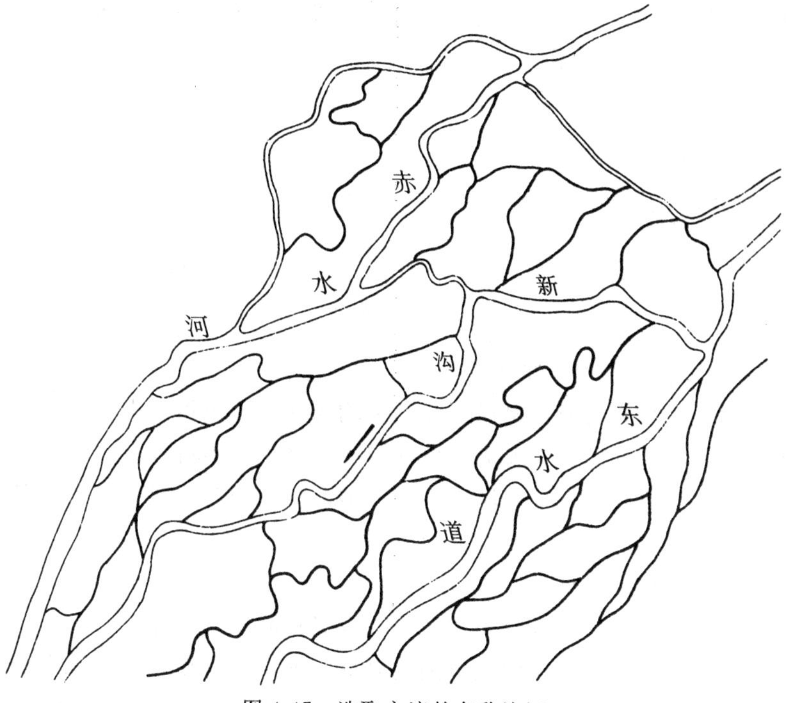

图 4-47　选取主流的名称注记

(2) 同一湖泊不同地段不同名称的，随着比例尺的缩小，名称不能全取时，对能从注记的字大或湖泊的面积大小区别出主次的湖泊，先选主要部分的著名的名称注出，如图 4-48 所示。

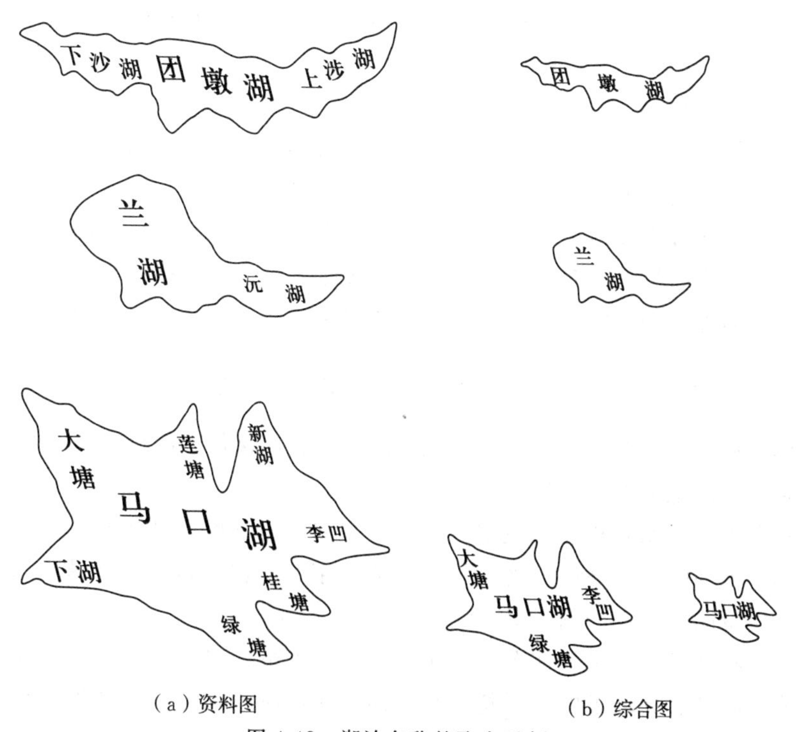

(a) 资料图　(b) 综合图

图 4-48　湖泊名称的取舍示例

对于不能从注记和图形面积大小上来区别主次部分的湖泊，应先选取中间和两端，舍掉其他名称的注记，如图 4-49 所示。

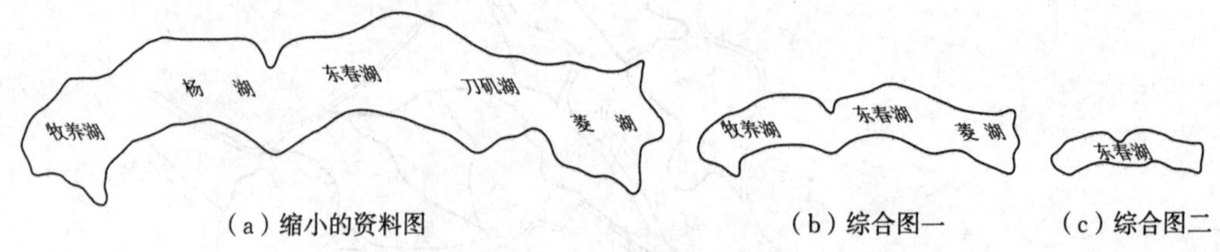

（a）缩小的资料图　（b）综合图一　（c）综合图二

图 4-49　湖泊名称注记的取舍

（三）海洋、海峡、海湾名称的取舍

（1）海洋、海峡名称在任何比例尺地形图上均应注出，不得舍去。

（2）大型海湾，如北部湾、渤海湾等也均应注出名称，不得舍去；小型海湾，凡其湾内能容纳下名称注记的也应注出，当其湾内不能容纳名称注记时一般可舍去，但重要海湾、狭长深入的海湾也应注出。

（四）岛屿名称的取舍

（1）岛屿稀少区，独立的单个分布的岛屿，有名称时应尽量保留。

（2）群岛名称的取舍，应先选取大范围的名称，如舟山群岛，后选取小范围的名称，如嵊泗列岛，最后选取各岛名称。对于岛屿名称的选取，应优先选岛屿大的、著名的、外围的、延伸方向上的、孤立突出的、有航行设施的等，可舍去一些其他小岛的注记。

（3）江、河中岛屿和沙洲名称的选取。位于双线河中的岛屿、沙洲，能注出名称的应该注出，特别是作为国界的河流中的岛屿、沙洲要尽量详细表示，同时归属要标注明确。必要时除岛屿、沙洲名称外，并附归属说明注记，归属说明注记注在岛屿名称的下方，如以国名的简称注出。

（五）礁石、干出滩名称的取舍

（1）礁石对海上航行威胁很大。对于面积大的、航道附近的、海角拐弯处的、有灯塔的、岸线附近不便于登陆的礁石，应注出其名称。

（2）干出滩大多分布在沙质海岸和河口附近，有的与海岸相连，有的分布在近海中。连接岸线的干出滩没有名称，分布在海中的干出滩多有名称。在名称取舍时，面积大的干出滩名称应注出，群体外围的、中间面积小的干出滩名称可舍去一些。

三、水系名称注记的配置

水系物体名称注记选取确定以后，注记的配置位置应该便于阅读，否则会给地图的使用带来很多困难。对注记的要求应达到：

（1）指示明确。水系名称注记说明的是哪一条河流（或哪一段河流）、哪一个湖泊、哪一个海湾、哪一个岛屿（列岛或群岛）等，应能从字大、注记范围看出来，必须一目了然，没有任何值得怀疑的地方，如图 4-50 所示。

（2）水系名称注记与水系物体图形要协调一致。水系名称注记的配置要考虑到河流的弯曲形状，湖泊、海湾、岛屿等的图形特征和延伸方向，注记应与图形协调一致，延伸方向很长的注记应放大字间间隔。

(3) 水系名称注记不得压盖重要元素和方位物。河流和道路的重要交叉口、汇合处，以及河流、道路、湖（海）岸线的重要弯曲等处均应避开。

还应指出的是，水系物体名称的使用必须准确，特别是在边界地区，水系物体的名称必须严格按照我国的名称注出，不允许有任何含糊不清或错误。

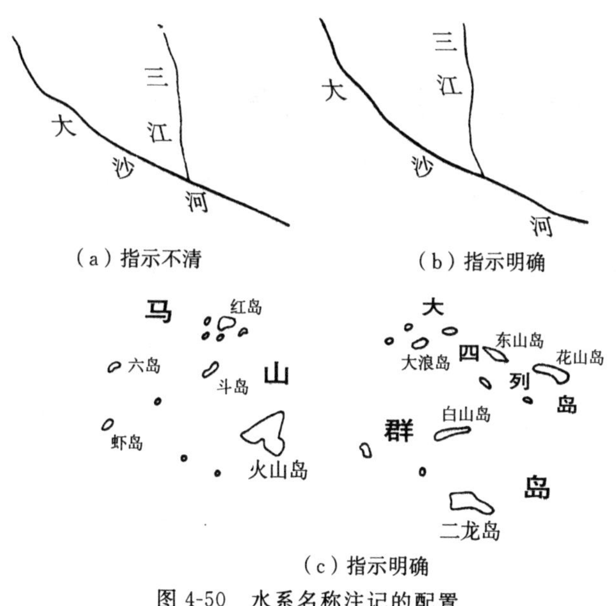

(a) 指示不清　(b) 指示明确

(c) 指示明确

图 4-50　水系名称注记的配置

四、说明水系特征的符号及注记的选取

说明水系物体数量、质量特征的符号及注记应按各比例尺地图提出的不同要求取舍。在选取时，应着重选取那些较长的、较深的、较宽的或位于特征位置上的说明符号和注记。例如，河宽与河深注记，应选择在河水深度有显著变化处、河床特征处、渡口及徒涉处注出；在比例尺允许时还应注出河底性质；在图边处一般应注出河宽、水深注记及流向符号；干燥区井泉的名称、出水量、水质等说明注记，应尽量详细表示。

第五章　植被的综合

第一节　地形图上综合植被的要求

植被是地形图的基本要素之一，在军事和国民经济建设中都有重要意义。

在军事上，植被对部队的通行、观察是一种障碍，但对隐蔽防御却是十分有利的。此外，植被的种类和生长状况与地形、气候、水文、土壤等条件都有密切关系，所以它又是军队了解自然环境的重要依据之一。

在国民经济建设中，植被是工业、交通建设原材料的重要来源，与畜牧业和人民生活有着十分密切的关系。

除此之外，地形图上正确表示植被还能显示地理景观特征。

因此，必须根据地图用途及比例尺的要求，从植被的军事意义、经济价值和地理景观三个方面做出正确的分析，以决定是否表示到地形图上及表示到什么程度。

在1∶2.5万—1∶10万比例尺地形图上，表示植被的主要要求是：正确表示植被的分布面积、轮廓特征，说明植被的分布密度、种类、高度、粗度，表示有方位作用的突出树等，正确反映植被和其他地形要素的关系。

在1∶20万、1∶50万比例尺地形图上，表示植被的主要要求是：正确表示植被的分布面积、基本轮廓特征和植被的种类，保持林区面积和林间空地面积相对对比关系，以显示地区特征。

在1∶100万比例尺地形图上，植被的表示应更为简化，只表示分布范围的总轮廓，但应保持林区面积和林间空地的相对对比关系，以供空中判定方位。

第二节　我国几种主要植被情况简介

我国幅员辽阔，自然条件异常复杂，植被的种类也很多样，除了天然生长的植被，还有大量人工栽培的植被。为了更好地在地形图上表示植被，下面对我国几种主要植被做一些介绍。

一、森林与竹林

地形图表示的森林，是指树木生长较密集，树冠边缘之间的平均距离小于树冠直径的2倍，树高一般在4 m以上，齐胸处平均树粗大于0.08 m的树林。森林在我国各地都有分布，特别是在东北、西南等地区有大片茂密的原始森林。由于气候土质的不同，各地生长着不同的针叶树或阔叶树，有的针叶树和阔叶树混合生长，针叶树和阔叶树又有常绿和落叶两种。大致说来，寒冷的地方多为针叶林；炎热的地方多为阔叶林；长江、黄河流域多为针阔叶混交林。森林密度较大，隐蔽条件较好，但通行困难，尤其在林中时常杂有灌木、高草等植物，更影响部队的通行。

竹林是竹子生长得比较茂密的地段，在我国长江以南地区分布很广。它经常与林木混杂生长，有时也单独成林。竹林一般密度很大，通行较困难。竹林和森林混杂生长有两种情况：一种是竹子与树木同高（10 m 多）或略比树高，在远处就能看出森林中混有竹林；另一种是竹子较矮（4～5 m），生长在树林的下层，这种情况下植被对部队的阻碍作用比第一种大。另外，还有小竹丛，高在 2 m 以下，与灌木丛、高草混生，长不成材，其作用与灌木丛差不多。

二、灌木林

灌木林是无明显主干、枝杈丛生、成片生长的树丛。其间隔在 5 m 以内的为密集灌木林，大于 5 m 的为稀疏灌木林。

灌木林对通行有很大的阻碍作用，特别是有刺的密集灌木林。灌木林也有一定的隐蔽作用。田野中小面积灌木林可以作为很好的方位物。

灌木林在我国分布很广，类型也很多。由于各地气候、水文、土质的不同，所生长的灌木林在高度、种类、密度等方面差别也很大，矮的在 1 m 以下，高的可达 3～4 m。在大比例尺地形图上，要分别表示密集的、稀疏的、小面积的、狭长的灌木林。

三、草类植被

我国草类植被比灌木林分布更广，各种草类在经济建设中的作用及对军事行动的影响也很不一样。

由于气候、水文、地形条件的差别，草类植被生长情况也很不相同。如在东北平原、内蒙古、新疆天山、阿尔泰山、祁连山和青藏高原等地，分布有大片的草原，草类植被比较茂密，草质较嫩，在比较肥沃的地方，高草也可超过 1 m；在长江流域及其以南地区，分布着不同的草地。这些草耐旱、茎硬、叶能划破皮肤，一般不能喂牲口，只能做燃料和其他用处。这些草生长很密，有时还与刺藤灌木混生，草高 1 m 以上，有的能到 3 m 以上，通行很困难，有隐蔽作用。

四、经济作物及果树

经济作物及果树是人工栽培的较规整的植被，品种繁多，形态多样，一般可划分为乔木类、灌木类及藤类三种。

人工栽培的植被虽种类繁多，各种作物的军事意义和经济价值也不尽一致，但考虑地图内容的载负量，图上仅用一种符号表示，加注作物名称以示区别。

第三节　植被的综合

一、植被轮廓形状的综合

（一）大面积植被轮廓形状的综合

主要是通过删除次要的碎部，保持轮廓边线形状基本特征和主要转弯点的方法实现的。在删除小弯曲时，应正确反映植被轮廓各段弯曲程度的对比，有时为了保持主要转弯点，可夸大部分小弯曲（图 5-1）。对植被轮廓的综合不能孤立地进行，要考虑与其他要素的关系，如森林的分布与高程有密切关系，因此其轮廓常与等高线的图形相吻合，当等高线概括后，森林的图形也应做相应的处理。

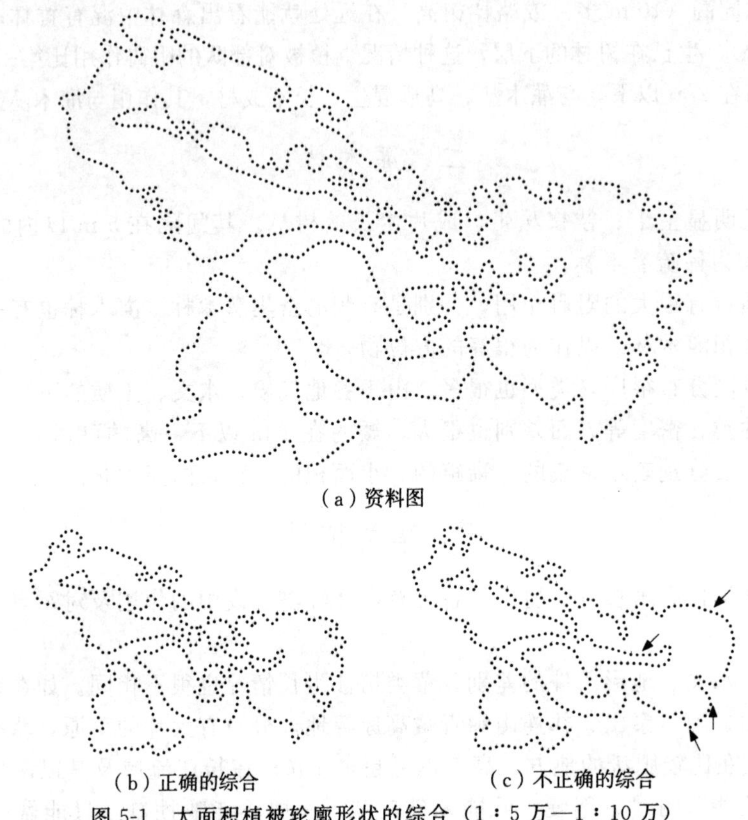

（a）资料图

（b）正确的综合　　（c）不正确的综合

图 5-1　大面积植被轮廓形状的综合（1∶5 万—1∶10 万）

（二）小面积植被和林间空地的综合

当小面积植被和林间空地的图上面积小于规定的选取指标时，不能全部舍去，而应分别采取取舍、合并、夸大和改为小面积符号等方法来表示，以反映图形破碎程度和轮廓的特征。这里要注意的是，防止不恰当的合并或不恰当地采用小面积符号表示（图 5-2）。

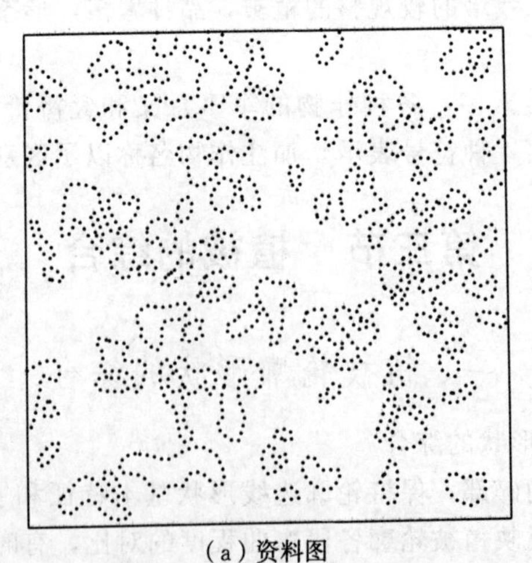

（a）资料图

图 5-2　小面积植被的综合（1∶5 万—1∶10 万）

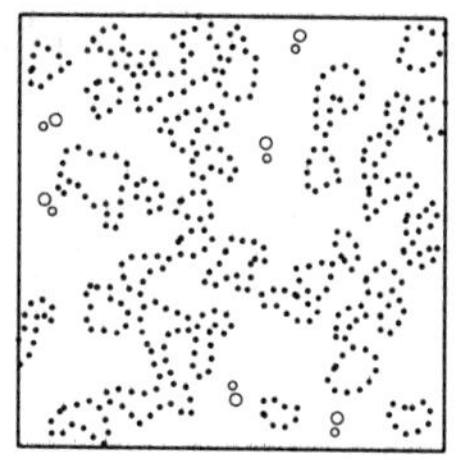
（b）正确的综合

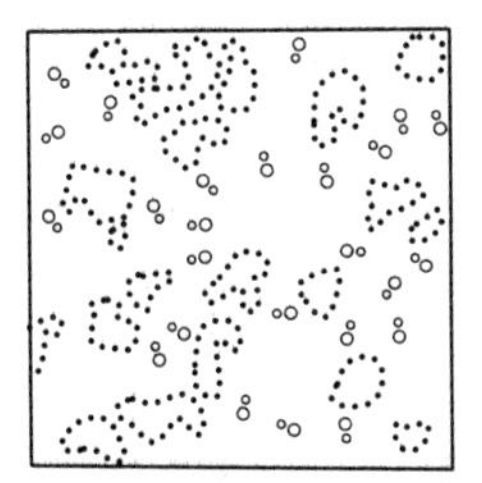
（c）不恰当地运用小面积符号

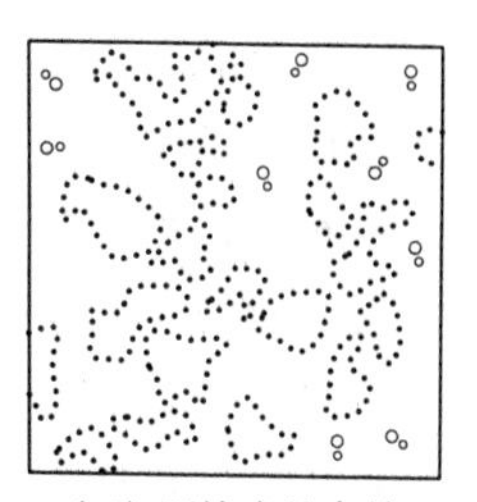
（d）不恰当的合并

图 5-2（续）　小面积植被的综合（1∶5 万—1∶10 万）

对于小片空地，不宜合并过多，因为过多的合并容易扩大空地面积，同时破坏通行特征（图 5-3）。

（a）资料图

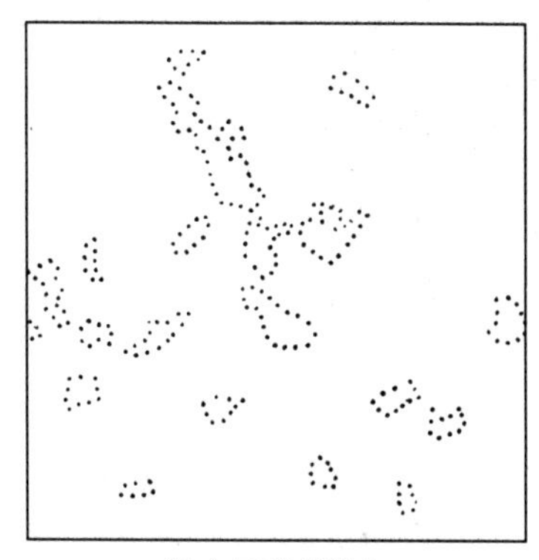
（b）正确的综合

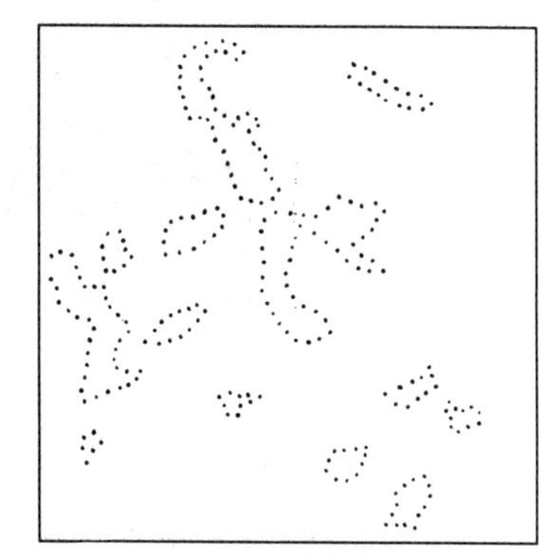
（c）不正确的综合

图 5-3　林中空地的综合（1∶5 万—1∶10 万）

有方位意义的独立的小面积林地和空地，如林地中空地和少林区的小面积林地一般应强调表示，必要时可夸大描绘。

狭长森林、灌木、竹林，一般长于5 mm以上的应表示，过密时可以取舍，选取时应优先取较高的和成系统的较长的狭长林带，因为较高大的狭长林带，目标较明显。在资料图上原是以套绿色表示的林带，当比例尺缩小后，图上窄于1.5 mm时，用相应的狭长符号表示。取舍时要正确反映分布特点和密度对比（图5-4）。

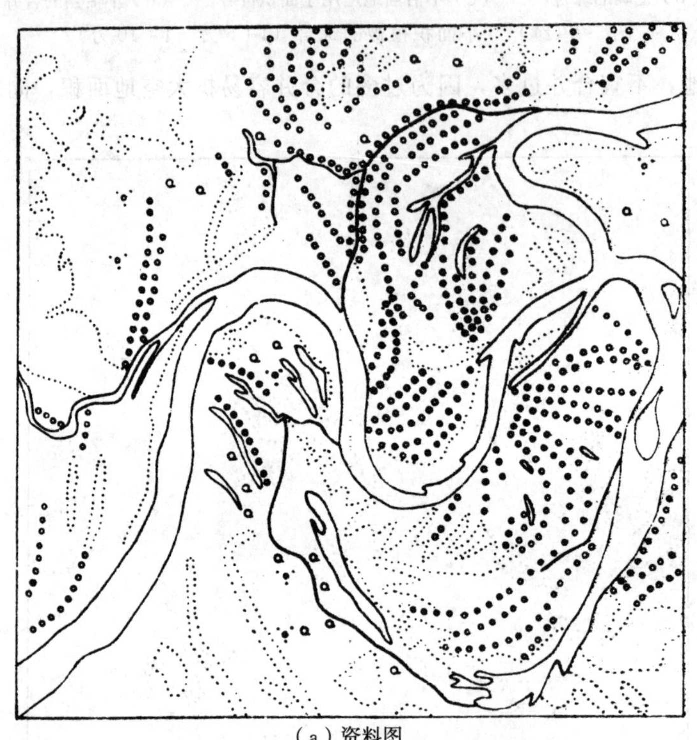

（a）资料图

（b）综合图

图5-4 狭长林带的综合

防火线，是森林和草地中为了防止火灾的蔓延或便于管理而开辟的空道。有的沿山脊走向，比较曲折（图5-5）；有的较为平直（图5-6）。曲折防火线的图形化简应与地形取得一致；平直防火线间隔过小时，可适当取舍，保持其间隔不小于5～10 mm。

疏林（包括稀疏灌木）和零星树木，在实地上分布较广。疏林树冠边缘之间的平均距离为树冠直径的 2～5 倍；零星树木大多分布在道路、沟渠、堤岸旁边和公园、疗养区、居民地内外，或杂生在灌木林、竹林、草地中间。疏林和零星树木在植物密集和人烟密集地区可少取，在植物稀少地区可多取。在 1：20 万及更小比例尺地图上不予表示。

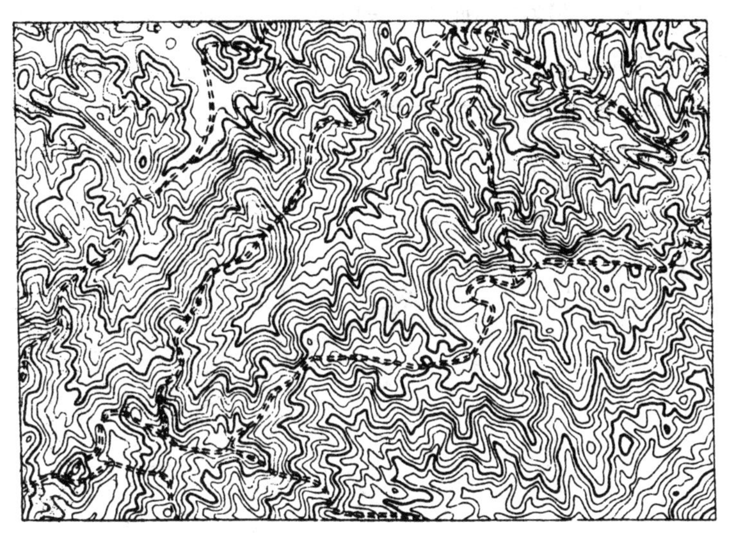

图 5-5　曲折的防火线

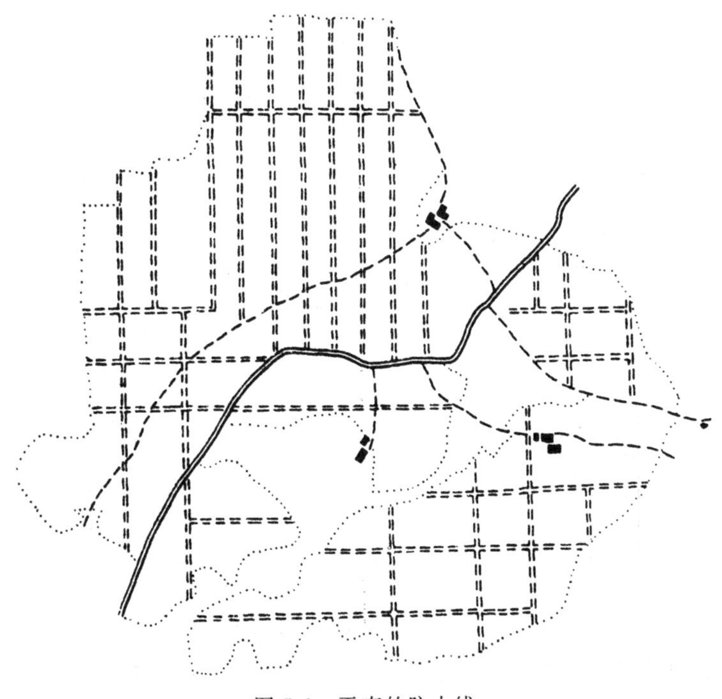

图 5-6　平直的防火线

二、不同性质植被的综合

植被的种类较多，有的单独生长，有的混杂在一起。同类性质的植被，因比例尺缩小而互相靠近时可合并。但不同性质的植被互相靠近时或大面积植被中有小片其他植被时怎么办？单独表示显得太破碎，影响地图的清晰性；把小面积都舍去，又表示得太简单，不能满足用图要求。一般来说，不同性质的植被互相靠近且各自面积都比较大时，应单独表示。当两处植被面积，一处较大，另一处很小时，视具体情况而定：在大比例尺地图上一般按不同性质的植被表示，面积较小的改为小面积符号描绘；在小比例尺图上将小面积的植被舍去或合并到大面积的植被中去（图 5-7）。

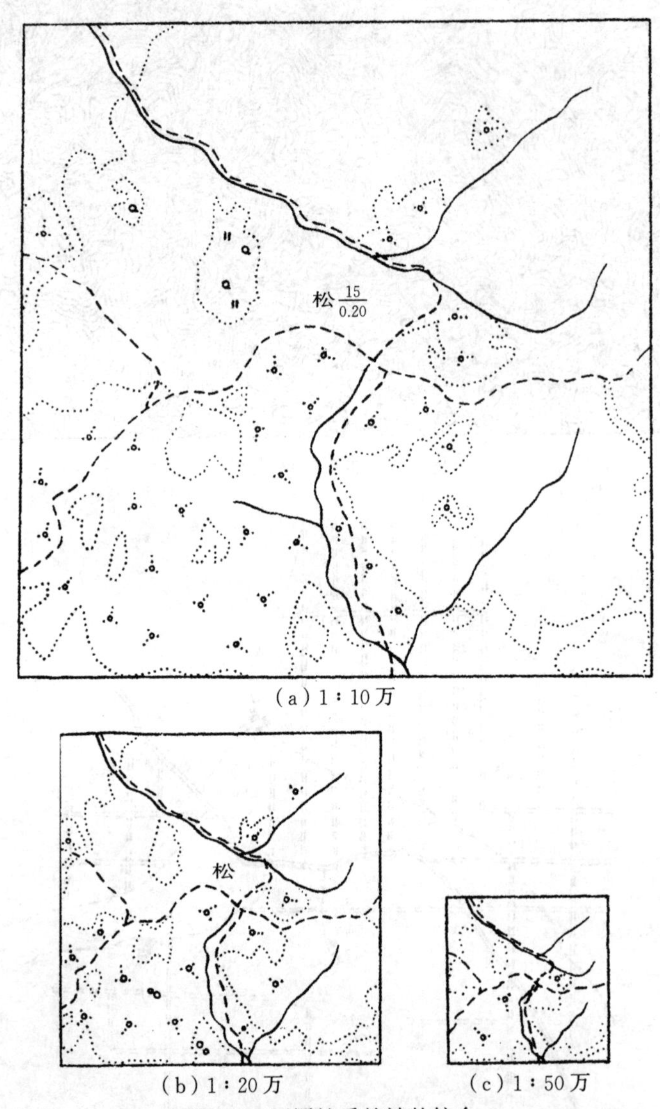

图 5-7　不同性质植被的综合

混杂生长的多种植被，在编绘时一般选择 2～3 种主要的表示，配置植被符号时要注意反映实地情况，分清主次关系。一般根据植被说明注记确定图上哪一种植被为主要植被（图 5-8）。

植被范围内若无说明注记，应依资料图上所显示的植被符号的数量而定（图 5-9），也可参考航空相片判断。对杂生在一起的多种植被进行取舍时，要持慎重的态度，除考虑上述条件，还要注意选择对通行影响较大和有目标意义的植被。

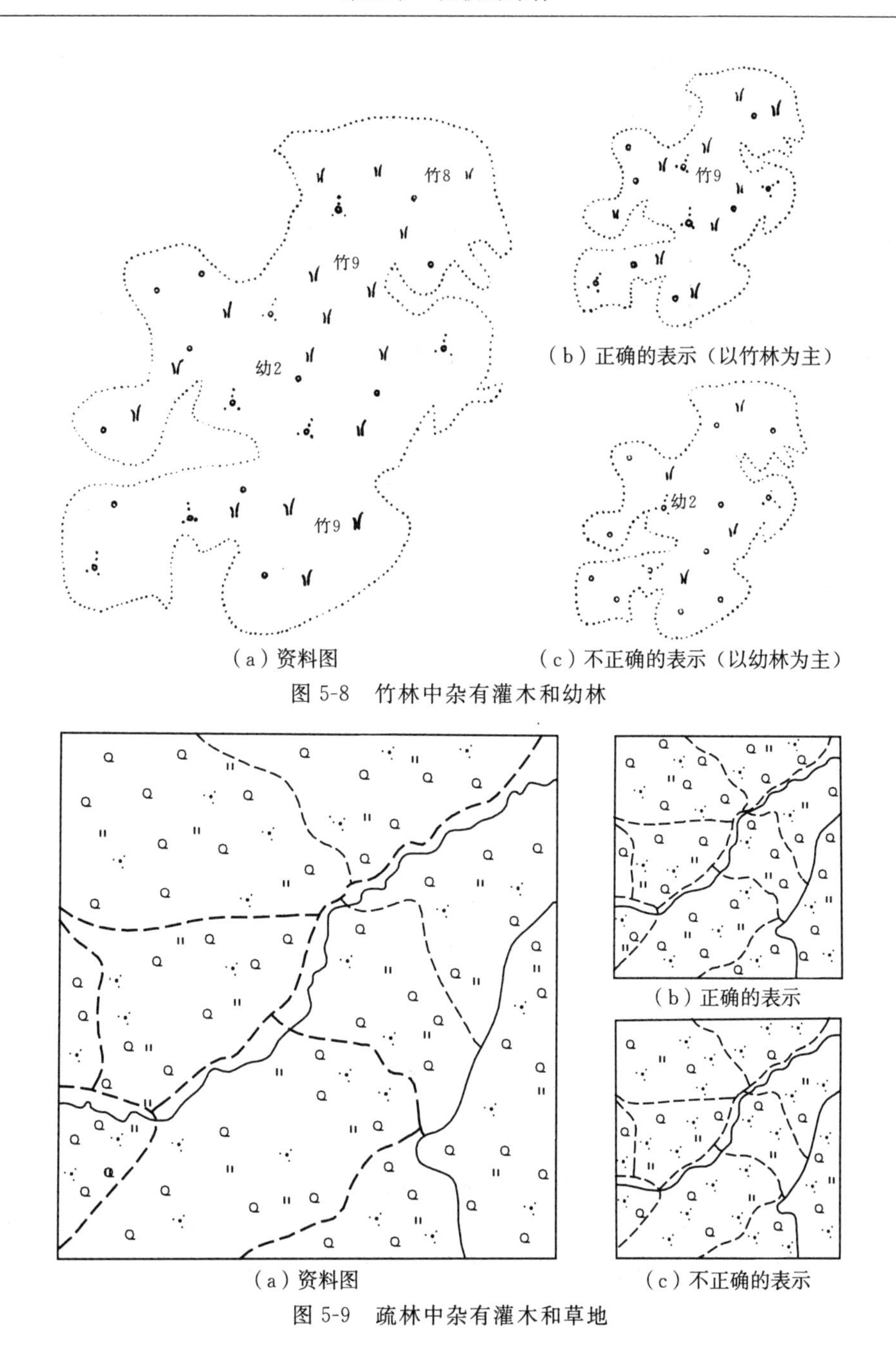

（a）资料图　（b）正确的表示（以竹林为主）　（c）不正确的表示（以幼林为主）

图 5-8　竹林中杂有灌木和幼林

（a）资料图　（b）正确的表示　（c）不正确的表示

图 5-9　疏林中杂有灌木和草地

三、草类植被的综合

芦苇、高草和其他高秆草本植物，在部分地区生长较茂密，高达 1～3 m 以上，通行困难，但隐蔽作用较好。大面积的高草地和具有方位意义的小面积高草地不应舍去，对一般草地可做较大的取舍，只表示面积较大有放牧价值的草地，而在 1∶20 万或更小比例尺图上一般的草地都可不表示。

稻田、旱地等农作物，在实地分布较广的，根据地区特点和面积大小进行取舍。旱地，只是当其有方位作用时（大比例尺图上）才表示，大面积的旱地不表示。稻田，尤其是常年积水的稻田，不易通行，影响部队的行动。一般小片的稻田可舍去，较大面积的稻田尽量表示，但在人口稠密地区可不表示或少表示。

四、植被注记的取舍

随地图比例尺的缩小，植被范围也相应变小，小面积的植被只需要绘出相应的符号，省略说明注记，大面积的植被除配置符号和套色外还应使用注记说明。当注记密集时要进行取舍，如在同一面积同一树种中有数个注记，应选择有代表性的占多数的注记注出。若有两种以上不同树种和树高、树粗注记时，则选择一种或两种有代表性的树种及其较大的树高、树粗注记(图 5-10)。

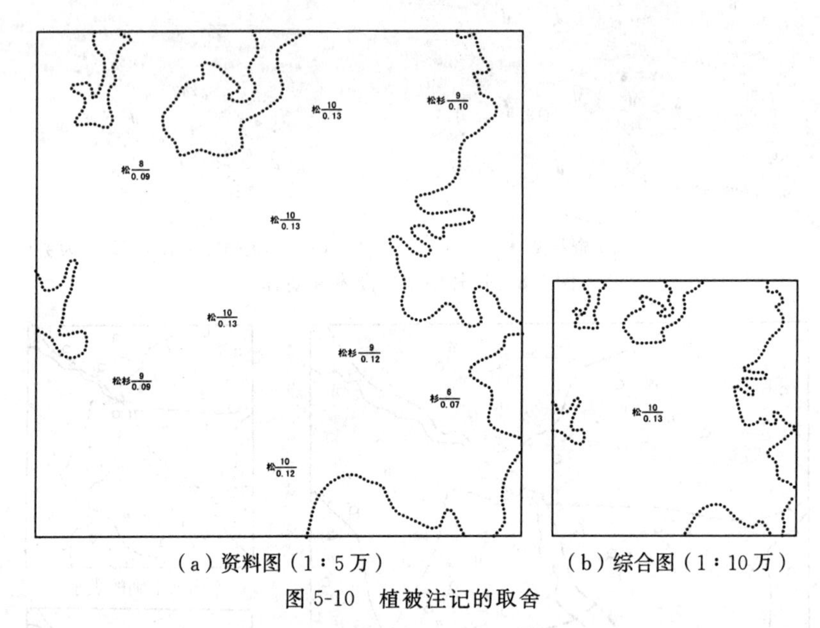

(a)资料图(1∶5万)　　(b)综合图(1∶10万)

图 5-10　植被注记的取舍

五、各类植被符号的表示

各类植被要素（森林除外）在图上是通过填绘相应符号表示的。符号填绘得恰当与否，直接影响地图的使用。符号绘得过多会影响地图的清晰性，绘得太少又不利于读图。植被符号的配置应根据各种植被的密度和面积大小而定，图式中规定的符号间距适用于图上面积大于 16 cm^2 的植物地。如植物地的分布区面积较大，各符号间距可增到规定值的 1.5～3 倍；图上面积小于 1.2 cm^2 或在狭长的地段上，植被符号可呈散列配置，各符号的间距可适当缩小，以清晰显示植被分布范围为原则。

第六章　境界的综合

第一节　地形图上表示境界的意义和要求

一、地形图上表示境界的意义

地形图上表示的境界有国界（界桩、界碑及其编号，未定界）和省界、特别行政区界、地级界、县界等几种。

境界是地区政治行政管辖的界线，是社会政治行政标志的重要内容之一，具有很强的政治意义和行政管理意义。

国界是表示国家领土归属的界线。它关系到国家领土主权和国际关系的大问题，必须严肃对待，如果处理不当，会给国家的外交工作造成困难或在政治上带来损失。

国内境界线也很重要，如表示有错误，也会给读图造成错误或引起行政管理工作上的麻烦。

二、地形图上表示境界的要求

境界在地形图上是用不同的点线符号表示的，为使境界线更加明显，在小比例尺地图上，除描绘点线符号外，国界线通常还会套印色带。

地形图上表示境界的基本要求是：

（1）编绘国界应根据我国政府公布的或承认的正式边界条约、协议、议定书及其附图。绘制有国界的地图，出版前必须呈报有关部门审批；编绘外国国界以中国地图出版社发行的最新地图为准；编绘国内境界以最新行政区划资料为准。

（2）编绘各级境界，特别是国界，必须保持境界位置的最高精度和详细性。

（3）正确表示境界和其他要素的相关位置，各物体的归属要明确。

第二节　境界综合的原则和方法

一、境界综合的基本原则

在地形图上表示境界应遵循以下基本原则：

（1）在概括境界线形状时，应描绘准确并尽量保留细小弯曲和转折点。

（2）在大比例尺地形图上，对于有坐标数据的国界界标、界桩，通常用仪器展绘出来。当比例尺缩小后，同号双立或三立界标表示有困难时，可以用空心小圆圈按实地的位置关系绘出；对于境界线，允许删除细小弯曲和拉直微弯的线段，但一般不用夸大方法去强调某些弯曲特征。

(3) 不与线状地物重合的境界线，应依其实地位置不间断绘出，境界线转折或交会处的点线符号，应用点或实线来描绘，以反映真实形状并便于定位（图 6-1）。

(4) 沿河流、道路、山脊等线状物体延伸的境界线，依境界等级分别处理。

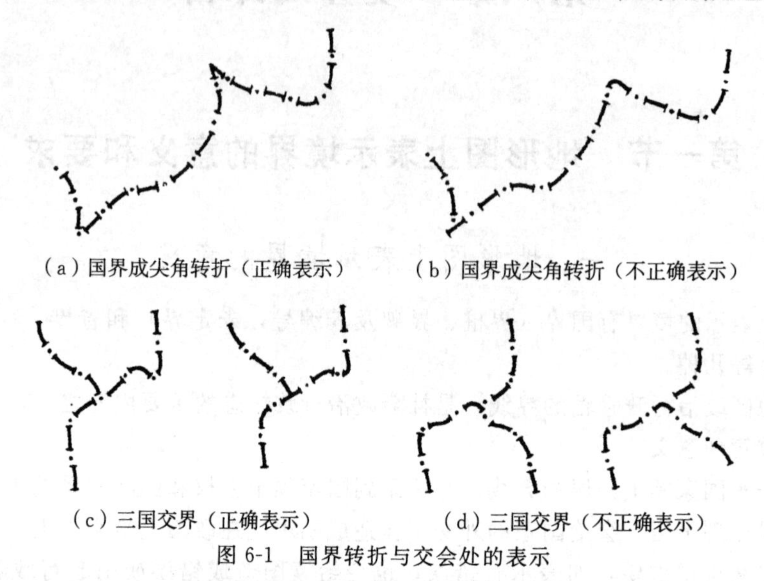

图 6-1 国界转折与交会处的表示

二、地图上国界符号的配置方法

在综合已定国界时，地貌、水系的选取与概括的程度应与国界图形相适应。国界符号的配置方法如下。

(1) 以河流中心线或主航道线为界的，河流内能绘出国界符号时，国界符号不间断地绘出，并分清岛屿归属；河流内绘不下国界符号时，国界符号应在河流两边不间断地交错绘出（每段 3～4 节），岛屿用附注标明归属。

(2) 以共有河流为界的，国界符号在河流两侧每隔 3～4 cm 交错绘出一段符号（每段 3～4 节），岛屿用附注标明归属。

(3) 以河流一侧为界的，国界符号在相应的一侧不间断绘出。

(4) 以山脊、山谷为界的，国界符号不间断绘出，其通过的山头、鞍部、山口、谷地的中心位置不变。

综合未定国界时，公开发行的地图上可做较大的化简。

在综合其他境界时，可依各要素的详细程度而定，并使之与各要素的关系保持正确。

最后，对于境界尤其国界两侧的各种注记，均应配置于本国境内并不得压盖国界符号。

第七章　地貌的综合

第一节　地形图上综合地貌的要求

地貌，即地表形态，是地形最基本的要素之一，也是地形图的基本内容之一，在国民经济和军事上都有着重要意义。因此，各种比例尺地形图上都必须予以正确的综合。

一、地貌在国民经济和军事上的意义

地貌在国民经济建设中的意义是多方面的。农业方面，农田规划和土地的综合利用、改造和开发，农垦范围和面积的确定；水利方面，水库的规划（如制作河流的纵断面，选择水库位置、坝址，计算库容等），量取汇水面积和受益、淹没的农田面积，居民地的搬迁；电力方面，电力建设中发电厂厂址和输电线路的选择；交通方面，铁路或公路的选线、勘测与施工，线路纵断面的制作，桥梁、涵洞、隧道的位置、高度和跨度等的确定，以及港口的勘测、设计与施工；工矿建设方面，厂址的选择与布局，矿产的开发等：无一不与地貌条件有关。

在军事上，地貌是军事行动的“舞台”，对部队研究敌我双方的阵地、确定战斗部署和战斗行动具有重要价值；部队的运动、射击、观察、伪装、构筑工事、技术兵器的配置与运用等，都受地形条件的影响。在现代战争中，地貌对军事行动仍然具有重要意义。

二、地形图上综合地貌的基本要求

在地形图上，地貌是用等高线和符号表示的，并配以高程注记和名称注记。所以无论哪种比例尺地形图，综合地貌的时候都要求分水岭走向清晰，形态特征真实，基本点线准确，图形大小适当。正确处理同其他要素的关系，便于准确而迅速地进行图上判读。但是，不同比例尺的地形图由于用途不同，对综合地貌的要求有所差别。

（一）大比例尺地形图上综合地貌的基本要求

1∶2.5万—1∶10万比例尺地形图，在国民经济建设方面主要用于规划、查勘和设计；在军事上主要为研究战场地形和各种地貌的战术运用、炮兵阵地的选择与射击诸元的量取、判断部队尤其是装甲部队越野和隐蔽的可能性提供地形资料。因此，对综合地貌的要求是：

(1) 清楚地显示分水岭走向及山脊的延伸方向，真实地表示山岭、鞍部、斜坡和谷地等基本地貌形态，保留具有方位、障碍、隐蔽等战术意义的地貌碎部，详细地表示河谷地貌，尤其是汇水地形。

(2) 保持地貌形态的平面位置和高程的正确性，除因显示地貌特征需要而对个别地段做有限度的移位外，一般应保持等高线的准确位置。

(3) 要求有足够数量的高程点、等高线注记和比高注记，尤其是主要山脊走向沿线、主要道路两旁、大河流两岸及河谷内。

(4) 正确反映地面切割程度，尤其是冲沟的长度、深度与宽度。

(5) 应注重微小地貌的综合，做到既详细又清晰。尤其是1：10万比例尺地形图，根据以往的经验，要防止片面性。不要因强调详细性而保留许多无意义的微小弯曲，造成地貌图形极不清晰，给用图带来很大困难；也不要因强调清晰性而做过大的综合，结果满足不了用图的要求。

(二) 中比例尺地形图上综合地貌的基本要求

1：20万—1：50万比例尺地形图，在国民经济建设方面主要用于总体规划，制订勘测计划，铁路、公路和输电线路的粗选，进行概略计算等；在军事上主要用于战役全局的部署和战役态势的研究，了解战区内不同地段的通行和隐蔽特点，为兵力的集结、疏散、隐蔽和机动提供一般地形资料。因此，对综合地貌的要求是：

(1) 清晰地显示地貌的总体特征，如山脉走向、地貌类型和分水岭被切割的特征。

(2) 着重大、中型地貌形状的表示，对于斜坡、鞍部和谷地等应着重显示其类型特征，如斜坡的陡缓及倾斜变换等。

(3) 正确反映不同地区地面切割程度的对比，以谷地网的疏密差别表示区域的切割特征。

(4) 基本点（山头、鞍部及倾斜变换点）及线（山脊线、谷底线和倾斜变换线）要有必要的精度，以保证大、中型地貌形状的平面位置和高程的准确性。

(5) 正确处理地貌图形与海（湖）岸、河流、道路、境界、植被及其他要素的关系。

(三) 小比例尺地形图上综合地貌的基本要求

1：100万比例尺地形图，在国民经济建设方面主要用于总体规划和布局，在军事上主要用于统帅部门解决战略、战役方面的任务，研究主要战略方向总的地形情况，以及空军飞行领航等。因此，对综合地貌的要求已经与大、中比例尺地形图有很大差别。它注重显示山脉走向、高程分布、地貌类型、分水岭特征，保持主要地物点线精度，保证大型地貌形状、平面位置和高程的准确性。

第二节 地貌综合的数字指标

研究地貌综合的数字指标，就是要从数量上探讨地貌综合的规律，并把这一规律用于指导地貌综合的实践。

一、拟定地貌综合数字指标的意义

在地貌综合的实践中，有一个长期争论不休的问题，就是：综合多大，选取多少？有一种说法，叫作“地貌综合大小难以捉摸”，似乎综合大小、选取多少没有什么标准，这就带来了地貌综合作业中的主观随意性。

怎样认识这个问题呢？一方面，地貌综合是由人们通过对地貌的认识进而予以反映的，由于人们的认识深度和反映能力的不同，综合结果会有一些差别；另一方面，地貌特征客观存在，只要我们认识和反映得正确，综合的结果在主要方面应该而且能够统一。不承认综合结果在次要方面的差异性，就会犯综合上的绝对化、机械化毛病；而不承认综合结果在主要方面的一致性，就会否认综合的客观真理性。

之所以会感到“地貌综合大小难以捉摸”，主要是由于我们对地貌错综复杂的客观存在和综合本身的规律性认识得很肤浅，研究得也很不够。同样，如果我们认识了地貌综合的规律，我们也将成为地貌综合的“主人”。科学地拟定地貌综合的数字指标，是克服地貌综合中的主观随意性，实现地貌综合的“规范化”，提高地貌综合质量的重要途径。

二、拟定地貌综合数字指标的依据

（一）拟定地貌综合的数字指标必须能满足既详细又清晰的要求

对地形图上综合地貌的基本要求之一，就是既详细又清晰。详细，就是在地图比例尺允许的条件下，表示更多的地貌碎部；清晰，则是在满足地图用途要求的前提下，使地貌形态清晰易读。所以，在地图比例尺和用途一定的条件下，详细与清晰是矛盾着的两个方面的对立统一。

但是，实际作业中有时容易各执一端。有的主张“综合小，取舍少，最好照底描”，以为综合越小越好，选取越多越好，表示越详细越好，结果使有些地图的地貌图形过碎，清晰性很差，要迅速而准确地进行地貌判读十分困难（图 7-1）。这是不讲条件地、片面地追求详细。当然，也要防止另一种倾向，即不顾地图用途要求地、片面地追求清晰。综合过大，表示过于简单，也满足不了地图用途的要求。所以，拟定地貌综合的数字指标，必须在地图比例尺允许的条件下，尽可能满足地图用途的要求，达到详细与清晰的统一。

图 7-1　地貌图形综合过小的例子（选自已出版的 1∶10 万地形图）

（二）拟定地貌综合数字指标必须能正确反映不同地区水平切割程度的对比

从制图的观点来看，用斜坡上单位长度内的谷地条数来衡量水平切割程度是比较合适的。因为大家都知道，任何类型的地貌都是由大小、形状不同的斜坡组成的，而且具体进行地貌综合时，又都是从一个一个斜坡着手的，因此，我们可以依据地性线（山脊线和谷底线）将整个山体划分成若干个斜坡，以斜坡上单位长度内的谷地条数作为衡量水平切割程度的标志。斜坡上单位长度内的谷地条数多，切割就强烈；反之，切割就微弱。根据实践经验，我们拟定以编图资料为依据，图上 1 cm 长斜坡内，有 5 条以上谷地的属强烈切割，有

2～5 条的属中等切割，有 2 条以下的属微弱切割。

地貌的水平切割程度与地貌的类型有关。一般来说，各种丘陵地貌（如流水侵蚀丘陵、干燥剥蚀丘陵、黄土丘陵、砂岩丘陵、石灰岩丘陵、花岗岩丘陵等）多为强烈切割，中、低山地貌多为中等切割，高山地貌多为微弱切割。

研究衡量地貌水平切割的标志，目的在于拟定地貌综合的数字指标时，顾及不同地区及不同地段地貌水平切割的差异性。当然，反映不同切割程度的对比只是相对的，尤其是随着地图比例尺的缩小，不同切割等级之间会出现均匀化的趋势。所以，只能是保持切割程度的差别，但差别愈来愈小。

三、拟定地貌综合数字指标的方法

通过多年的制图生产实践，制图工作者摸索出了一系列拟定地貌综合数字指标的方法。现在的问题是要从实际出发将这些方法系统化，使之带上条理性，并着重于这些指标在地貌综合作业中的实际运用。

（一）规定谷间地大小

谷间地，即相邻两谷地间的正向形态。谷间地大小，即相邻两谷地间正地形的大小。

现行地图编绘规范中，一般都把谷间地 2～5 mm 作为地貌综合的数字指标。但在地貌综合作业中，许多人仍然感到无所依从，不好掌握。这主要是对如何理解并在实际作业中运用这个指标的问题没有解决。

对谷间地 2～5 mm 这个数字指标如何理解呢？我们知道，经过综合的地貌图形要既详细又清晰，而且要反映切割程度的对比，这是对地貌综合的基本要求，也是拟定地貌综合数字指标的基本依据。从这一角度考虑，我们可以这样来理解谷间地 2～5 mm 这个数字指标。一般情况下，2 mm 是保证清晰性的最低极限指标，小于这个数字，正负向地貌形态（谷地和山脊）就难以辨认，地貌图形就不够清晰了；5 mm 是保证详细性的最高极限指标，大于这个数字，地貌图形的详细性就不够了；2～5 mm 是地貌综合数字指标的活动区间，使综合后的地貌图形大小有可能反映实地谷间地大小的对比，即切割程度的对比。

因此，谷间地 2～5 mm 这个数字指标体现了地貌综合的详细性、清晰性和可比性的要求，是合乎实际情况的。

地貌综合作业中如何运用这个指标呢？原则上讲，应视地貌的水平切割程度而定。为此，我们经过统计分析，拟定了一个按单位长斜坡上的谷地条数划分地貌水平切割程度和相应谷间地数字指标的方案（表 7-1）。

表 7-1　按单位长斜坡上的谷地条数划分地貌水平切割程度和相应谷间地数字指标

地貌水平切割程度	新编（底）图上 1 cm 长斜坡内通过谷地条数	谷间地大小
强烈切割	5 条以上	偏于 2 mm，个别小于 2 mm
中等切割	2～5 条	3～4 mm
微弱切割	2 条以下	偏于 5 mm，个别可大于 5 mm

这个方案是否符合实际呢？实践是检验真理的标准。方案是否正确地反映了谷间地大小同地貌水平切割程度的相互关系，还是没有被证明。必须再分析、研究若干实例，以检验这个方案的运用效果。

例一： 利用1∶5万比例尺地形图做资料，分析已出版的1∶10万比例尺地形图地貌综合数字指标的运用效果。

分析图7-2（a）可知，图区范围内地貌水平切割程度总的来看属于中等，但不同斜坡上水平切割程度不尽一致，这正是客观存在着的不平衡性，如山地的南坡与北坡、上部与下部等都有些差别。从图7-2（b）可看出，地貌综合的数字指标运用较好，谷间地一般3～4 mm，基本符合既详细又清晰的要求，且反映了山地南坡与北坡、上部与下部水平切割程度的差别。

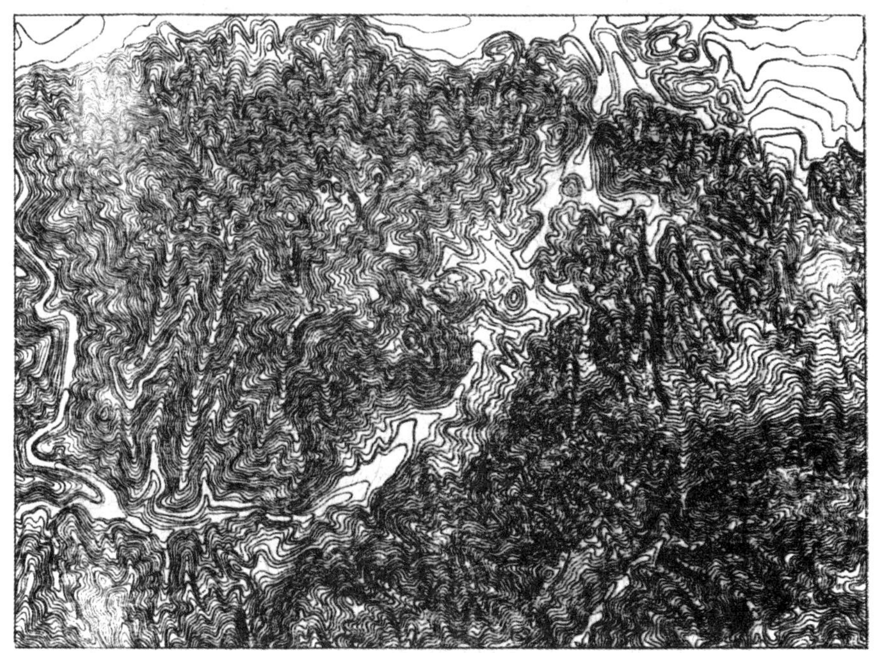

（a）资料图（1∶5万）

（b）综合图（1∶10万）

图7-2　用规定谷间地大小的方法确定地貌综合数字指标的运用效果之一

例二： 利用1∶5万比例尺地形图，分析已出版的1∶10万比例尺地形图地貌综合数字指标的运用效果。

由图7-3（a）可知，该区属切割很微弱地区，因此，比例尺缩小后的综合图形，谷间地大小应偏于5 mm，很多甚至大于5 mm。图7-3（b）基本符合这个要求。

例三： 利用1∶5万比例尺地形图作为资料，分析1∶10万比例尺地形图地貌综合数字指标运用的效果。

（a）资料图（1∶5万）

（b）综合图（1∶10万）

图 7-3 用规定谷间地大小的方法确定地貌综合数字指标的运用效果之二

如图 7-4（a）所示，该区属中等偏强烈切割地区，因此 1∶10 万比例尺地形图上谷间地大小应为 3～4 mm，有些地段可为 2～3 mm。但是，已经出版的 1∶10 万比例尺地形图上，如图 7-4（b）所示，谷间地过小，一般为 1～2 mm，影响图面清晰；按规定谷间地大小制作的综合样图，如图 7-4（c）所示，效果显然较好。

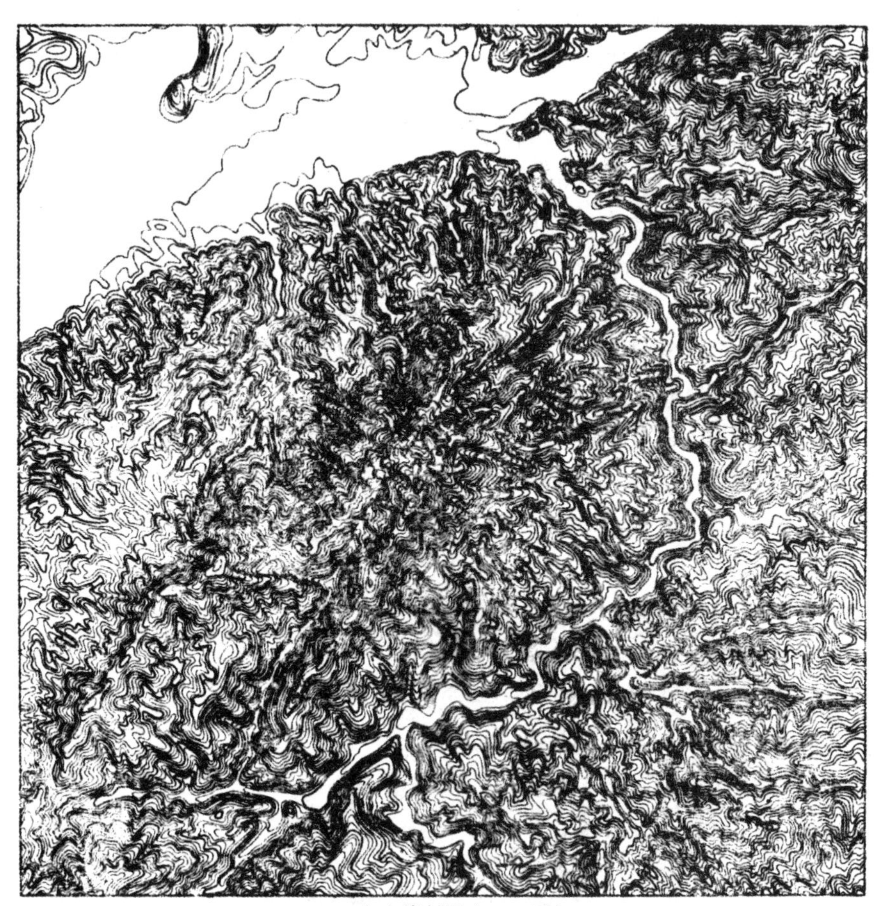

（a）资料图（1∶5 万）

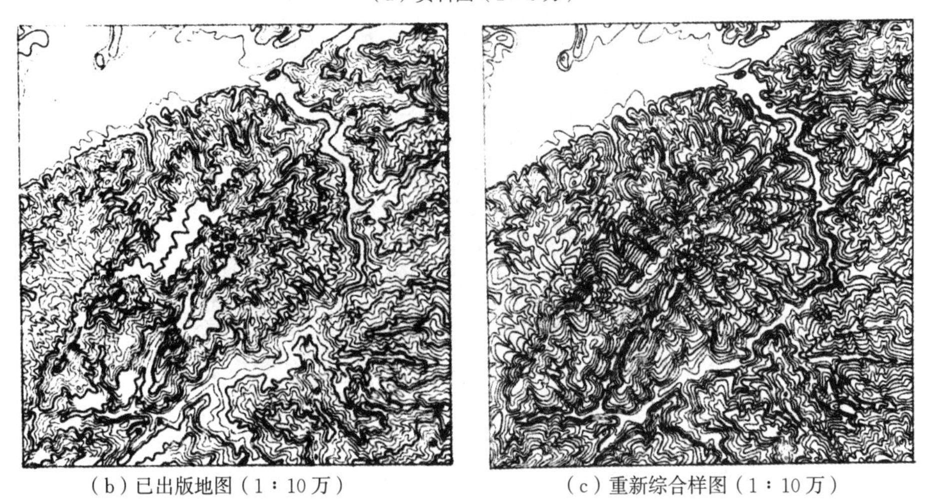

（b）已出版地图（1∶10 万）　（c）重新综合样图（1∶10 万）

图 7-4　用规定谷间地大小的方法确定地貌综合指标的运用效果之三

从以上几例的分析中可以看出，谷间地 2～5 mm 虽不是很精确的数字指标，但也相对准确地反映了地貌综合的客观规律。正确理解和运用这个指标，效果会比较好；否则，即使所谓“照底描”，效果也不会好。所以，前述方案基本上是符合实际的。

运用谷间地 2～5 mm 这个数字指标进行地貌综合时，可以按如下步骤进行：首先，依据分水线和合水线将整个山体划分成若干切割程度不同的斜坡；然后，在各斜坡范围内统计若干地段，以确定其水平切割程度；最后，参考表 7-1 拟定切割程度不同的斜坡范围内的谷间地大小。

为了说明 2～5 mm 这一数字指标的具体运用方法，下面举一个例子，用 1∶10 万比例尺地形图做基本资料，编绘 1∶20 万比例尺地形图。

（1）分析切割指标。按地貌水平切割程度，图区大体有 3 种切割等级，见图 7-5（a），即：①强烈切割，每 1 cm 长斜坡内通过的谷地约 6 条；②中等切割，每 1 cm 长斜坡内通过的谷地约 3 条；③微弱切割，每 1 cm 长斜坡内通过的谷地约 2 条。

（2）综合数字指标。参考表 7-1，在 1∶20 万比例尺地形图上，强烈切割地区谷间地大小应偏于 2 mm，中等切割地区应为 3～4 mm，微弱切割地区应偏于 5 mm。

（3）分析综合结果可知，图 7-5（b）是同一地区 1∶20 万比例尺地形图上按所拟定的数字指标综合的地貌图形，基本上反映了三个地区水平切割程度的差异，图亦较清晰。

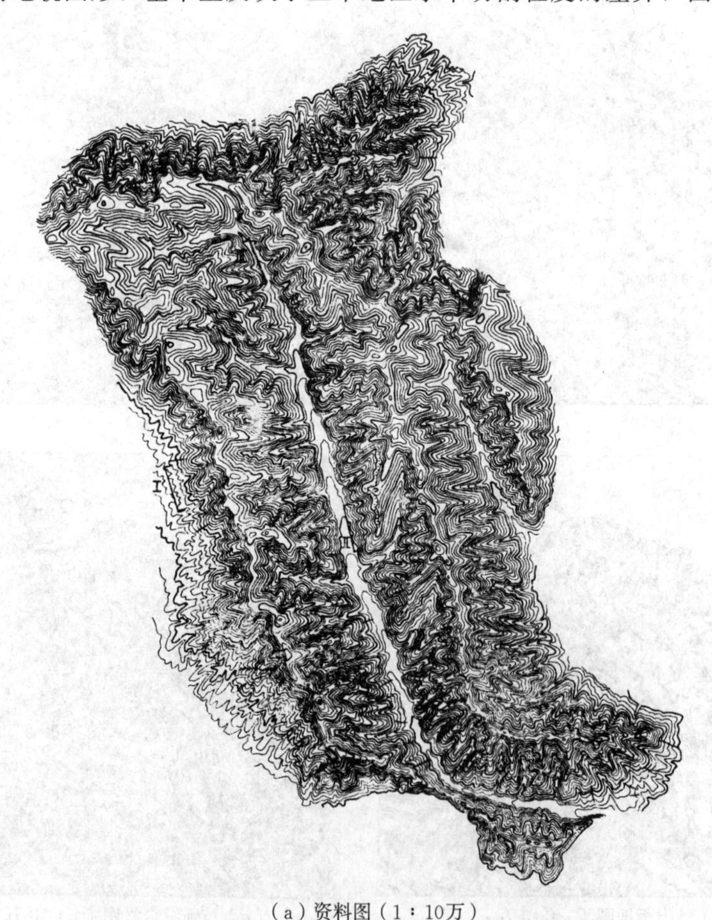

(a) 资料图（1∶10万）

图 7-5 谷间地 2～5 mm 这一数字指标的运用举例

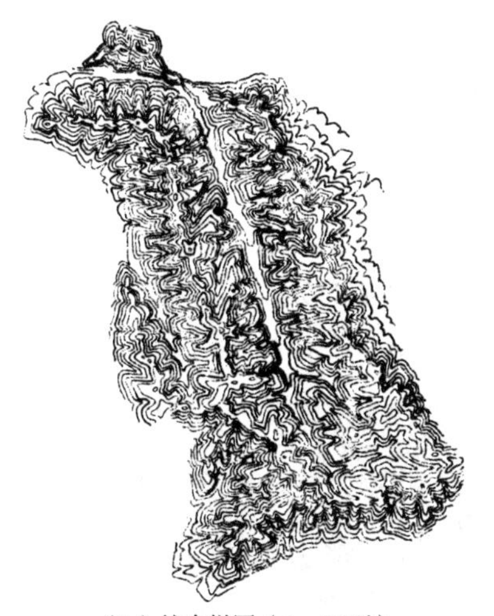

（b）综合样图（1∶20万）

图 7-5（续）　谷间地 2～5 mm 这一数字指标的运用举例

（二）规定谷地选取比例

这一方法的基本思想，是探求不同切割地区在不同比例尺地形图上谷地选取比例的规律。它的实践基础是对不同切割地区在不同比例尺图上选取的谷地进行一定数量的统计，从中寻求不同比例尺地形图上谷地选取比例的规律，以进一步指导地貌综合的实践。下面，我们按照这样的思想进行研究。

按照我国地形图比例尺序列的排法，相邻比例尺之比有 2∶1（如 1∶5 万—1∶10 万）和 5∶2（如 1∶20 万—1∶50 万）两种情况，同时各种比例尺地形图的用途亦不相同，这些都影响地貌综合的程度。所以，我们针对不同切割地区按 1∶5 万—1∶10 万、1∶10 万—1∶20 万、1∶20 万—1∶50 万分别进行统计，并将统计数据加以整理，可得不同切割地区 1∶5 万—1∶10 万、1∶10 万—1∶20 万和 1∶20 万—1∶50 万的谷地选取比例（表 7-2）。

表 7-2　不同比例尺地形图上的谷地选取比例

切割程度	1∶5 万—1∶10 万	1∶10 万—1∶20 万	1∶20 万—1∶50 万
强烈	$\frac{1}{3}$	$\frac{1}{3}$	$\frac{1}{5}$
中等	$\frac{1}{2}$	$\frac{1}{2}$	$\frac{1}{4}$
微弱	$\frac{2}{3}$（个别 1∶1）	$\frac{2}{3}$	$\frac{1}{3}$

表 7-2 所列几种比例尺地形图上的谷地选取比例，是统计数据的整理结果。这里要指出的是，前面提到 1 cm 长斜坡上有 5 条以上谷地者为强烈切割，由于“5 条以上”的幅度较大，如果无条件地都按 1/3（1∶5 万—1∶10 万和 1∶10 万—1∶20 万）及 1/5（1∶20 万—1∶50 万）的比例选取谷地，则在谷地十分密集地段，选取的结果可能超过地图的清晰性所允许的限度。比如，若某地段 1 cm 长斜坡上有 15 条以上谷地，按 1/3 应选取 5 条以上，这就显然综合过小，使地貌图形不清晰。所以，我们还应规定一个上限，超过这个上限，就不再反映切割程度的差别了。根据地貌图形清晰性的要求，我们拟定以 1 cm 长斜坡上有 10 条谷地作为上限，切割程度大于这个数字的，亦以这个数字按比例选取，不反映切割差别。

在地貌综合实践中，采用规定谷地选取比例的方法比较方便，它只需按基本斜坡的切割程度，参照表 7-2 确定谷地选取比例即可。

为了说明这一方法的实际运用，下面举一个例子，以 1∶10 万比例尺地形图做资料，编绘 1∶20 万比例尺地形图。

从图 7-6（a）可知，该区属强烈切割，谷地应按 1/3 的比例进行选取。图 7-6（b）是同一地区 1∶20 万比例尺地形图上按拟定的数字指标进行综合的地貌图形，效果较好，虽都属强烈切割，但仍相对准确地反映了不同地段切割程度的差异，图形大小较合适。

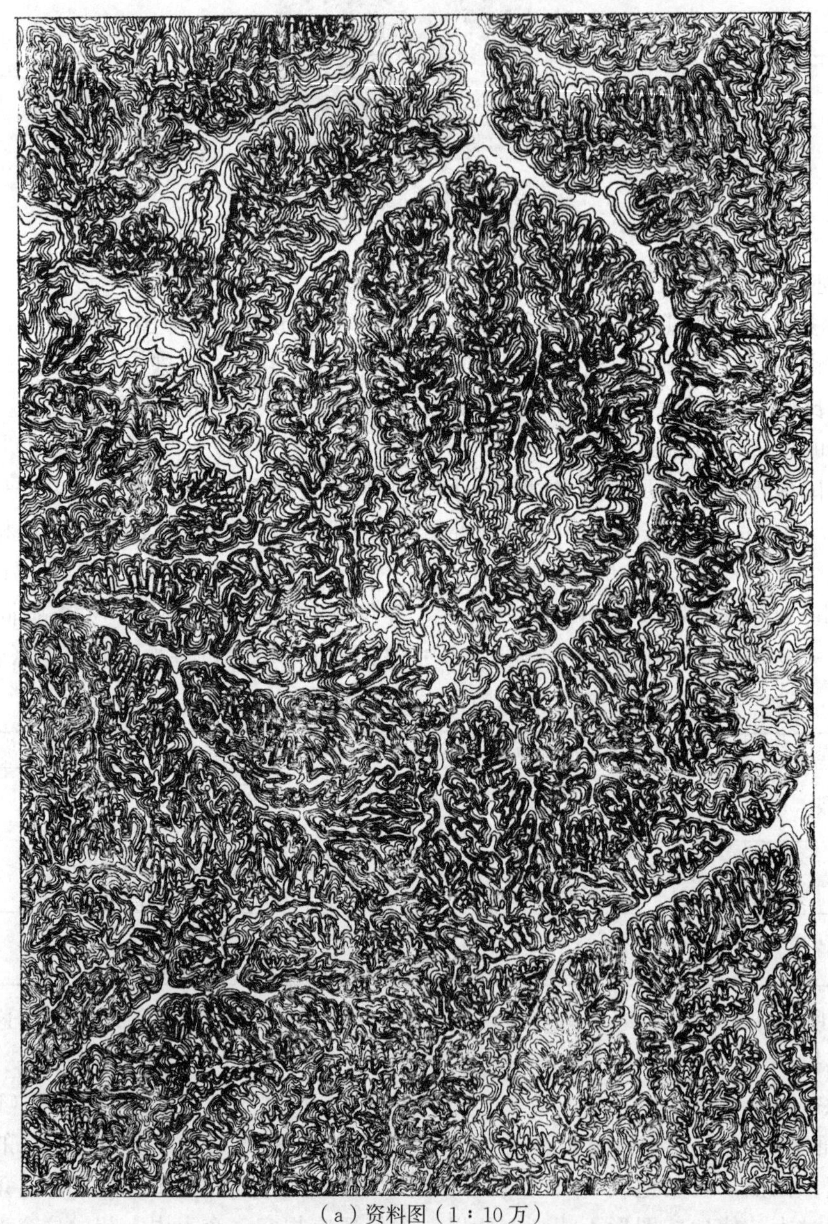

（a）资料图（1∶10万）

图 7-6　按谷地选取比例进行地貌综合的示例

（b）综合样图（1∶20万）

图 7-6（续）　按谷地选取比例进行地貌综合的示例

（三）根据用途要求及绘图、印刷和视觉等条件拟定地貌综合的数字指标

这里主要是对地貌符号的选取和图上地貌图形的极限尺寸而言的。

对于不能用等高线表示的地貌形态，依据它们的通行性能及其对军事行动的影响和反映地貌特征的作用，在地形图上用专门的符号表示，这些专门的符号即地貌符号。

地貌符号的选取指标，很多情况下是根据地图用途的要求拟定的。例如，1∶2.5万—1∶10万比例尺地形图规范规定，一般只表示高1.5 m以上的陡崖，这主要是考虑到陡崖只有达到这一高度时，才对步兵和技术兵器的行动产生明显的障碍作用。就拿坦克来说，根据它的机械性能，一般可以越过低于0.8 m的石质陡崖，对高于0.8 m但低于1.2 m的土质陡崖，经过撞压亦可越过。由此可知，1∶2.5万—1∶10万比例尺地形图选取陡崖的现行规定，是考虑了用途要求这一因素的。再如，1∶2.5万—1∶10万比例尺地形图上对冲沟的表示很重视，对于黄土地貌区，要求斜坡上两条并列冲沟间的最小间隔可以不小于1.5 mm；对平坦地区和主要道路两侧的冲沟，亦应详细表示，且应择注沟宽和沟深。从用途要求的角度来看，这是因为冲沟反映了地面被切割的程度，对步兵及技术兵器的运动有重要的障碍和隐蔽作用，尤其对坦克的越野和隐蔽。坦克越壕的宽度取决于车身的长度，一般可以越过小于车身长度一半的壕沟，即宽3 m以上的冲沟都是坦克越野的障碍。坦克车体一般宽约3 m，高2 m多，故底宽大于4 m、深2 m以上的冲沟，是坦克部队的最好隐蔽地。主要道路两旁的冲沟，可用于部队行进中的防御和隐蔽等。又如，坦克越野一般沿干河床行进，且行驶速度与底质有关，进入集结地区时才沿道路行进，所以，在1∶2.5万—1∶10万比例尺地形图上，要求着重表示主要道路两旁的干河床，用双线符号依比例尺表示的，还须填绘相应的土质符号，而且干河床的一岸或两岸有陡坎时，高1.5 m以上的亦要表示，这也是受用途要求制约的。

绘图、印刷、视觉等条件也影响着地貌综合数字指标的拟定，尤其是对确定图上地貌图形的极限尺寸影响更大。例如，1∶2.5万—1∶10万比例尺地形图规范规定曲线与水涯线、高水界、干河、陡岸等地物地貌要素平行时，其最小间隔不得小于0.2 mm（实际上对其他比例尺地形图亦如此）。这是绘图、印刷和视觉等条件影响极限尺寸的一个典型例子，因为在明视距离的条件下，人眼能够分辨的两条平行线间的最小空白为0.2 mm，小于这个尺寸就无法辨认。所以，0.2 mm实际是各要素间互相间隔的一个极限尺寸。再如，表示鞍部的曲线间隔应不小于0.5 mm、山头最高曲线的空白应不小于0.3 mm、凹坑最低曲线的直径应不小于0.6 mm、山脊最窄处空白应不小于0.5 mm、允许合并的两相邻山头的间隔应等于或小于0.5 mm等极限尺寸的规定，也都是绘图、印刷、视觉条件共同影响的结果。

以上讨论了拟定地貌综合数字指标的意义、依据和方法，尤其着重讨论了拟定地貌综合数字指标的方法及其实际应用，这是探讨地貌综合数量规律的一个开端，对地貌综合的实践是有作用的。但是，这仅仅只是一个初步的认识，我们必须通过生产、科研和数字的实践活动，使之逐步完善起来。

第三节 等高线图形的概括

等高线图形的概括是地貌制图综合的主要方面。这是因为：第一，在地形图上，等高线法是表示地貌的基本方法，不同的等高线图形显示了各种各样的地貌形态，因此，等高线图形的概括就成了地貌综合的主要内容；第二，地貌起伏是一个连续的整体，表示这种连续起伏地表的等高线也就与表示其他要素（如居民地等）的符号有一定的差别，正是这种差别产生了地貌制图综合上的不同特点，即地貌的取舍与概括常常是同时进行的，而且取舍就包含在概括之中，如合并山脊也就是舍去了谷地。当然，这并不是说地貌的制图综合中就没有独立存在着的取舍问题，像山头、凹地、冲沟等地貌符号的取舍即是。不过，地貌制图综合中主要的、大量的工作还是等高线图形的概括。

要想正确地概括等高线图形，以便在不同用途和不同比例尺地形图上表示地貌形态的基本特征，首先必须认识等高线法表示地貌的一些基本特点，然后才有可能针对这些特点研究等高线图形的概括原则和方法。

一、等高线法表示地貌的基本特点

由于地图上的等高线是由实地相同高程值点的连线垂直投影到水平面上，再按一定比例尺缩小的图形，故等高线表示地貌有如下特点：

(1) 它既能用于判断地貌的平面位置，又可以用于测量地面高程。每条等高线在实地上都有准确的位置，而且自行封闭并代表实地上的一个高程截面。

(2) 平面的一组等高线图形有表示立体的地面起伏的效果，即在二度空间的平面上表示三度空间的地面起伏[1]。

(3) 不同的等高线图形，能够相对地显示出地貌的基本形态（谷地、鞍部、山顶、山脊和斜坡等）及其复杂多样的特征（如地面坡度和水平切割程度等）。

[1] 二度空间，即二维空间；三度空间，即三维空间。

（4）等高线法实质是对起伏连续的地表采取分级表示，这就使人产生阶梯感，进而影响连续的地表形态在图上的显示。

等高线法表示地貌的这些特点，对我们研究等高线图形的概括有什么启示呢？

（1）概括等高线图形，必须保持等高线位置的准确性，虽然随着比例尺的缩小要删除某些次要碎部，但保留下来的等高线一般应按准确位置描绘，因为任何随意移动等高线的做法，都会影响地貌的平面位置和高程的精度。

（2）概括等高线图形，必须建立地图上的平面图形与实地上的立体形态之间的联系，将地图上的一组等高线图形看成是生动的、具体的实地地貌形态来概括。

（3）概括等高线图形，必须善于识别地貌基本形态的等高线图形特征，使概括后的等高线图形与实地的地貌形态保持相似的关系。

（4）在正确选择等高距之后，概括等高线图形必须注意各条等高线之间的有机联系，尽可能减少等高线分级表示造成的阶梯感，增强等高线表示地貌的立体效果。

二、等高线图形概括的基本方法

概括等高线图形的基本方法有两个：一个是删除，一个是位移。

（一）删除

删除是从等高线图形中舍去次要碎部，以达到突出主要地貌形态特征的目的。

什么是次要碎部？这个问题只有通过分析地貌形态的客观规律才能回答。地表起伏形态虽然十分复杂，但只要我们仔细观察并加以认真分析，就不难发现无论什么地方，就地貌的外部特征而言，都不外乎是由正（向上凸的，如山脊）、负（向下凹的，如谷地）两种相反的地貌形态组成。正、负两种地貌形态是对立的统一，因为没有正向地貌形态就没有负向地貌形态，没有负向地貌形态也无所谓正向地貌形态。但是，正向地貌形态和负向地貌形态在某一个地区内总有一个方面是主要的，另一方面是次要的。有的谷小脊大，以正向地貌形态为主（图 7-7），有的谷大脊小，以负向地貌形态为主（图 7-8）。

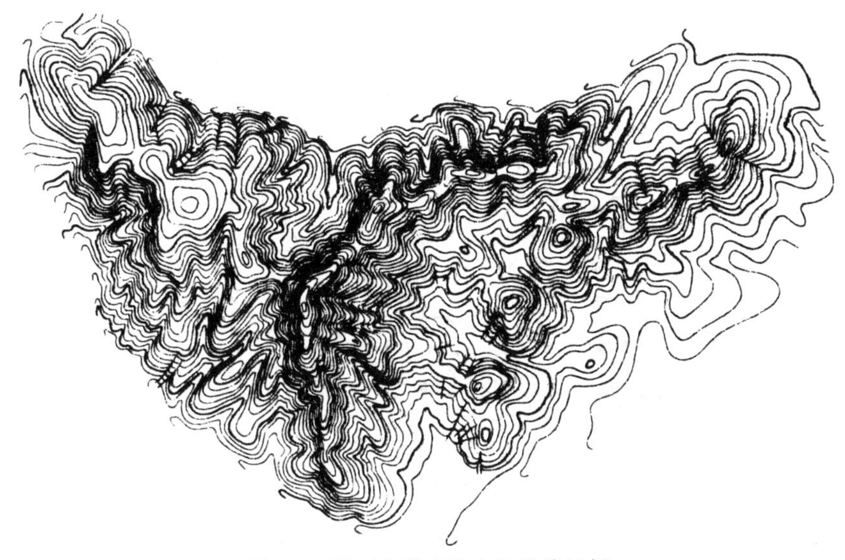

图 7-7　以正向形态为主的地貌示例

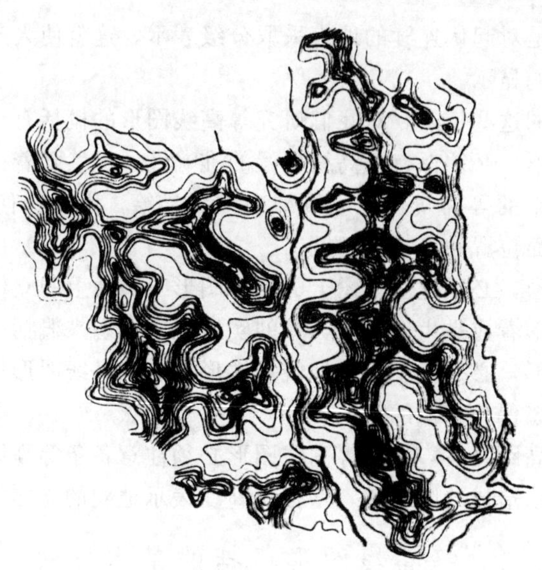

图 7-8 以负向形态为主的地貌示例

由以上分析不难看出，在以正向地貌形态为主的地区，小的负向地貌形态即是次要碎部；而在以负向地貌形态为主的地区，则小的正向地貌形态即为次要碎部。认识到两种相反的地貌形态的对立统一规律，对于正确使用删除方法具有重要意义，有利于我们“用不同的方法去解决不同的问题”。

对于以正向地貌形态为主的地区，概括等高线图形时，删除次要的小谷地，即合并相邻的山脊。这时，等高线是沿着山脊的外缘越过小谷地，使谷地合并在山脊之中的（图 7-9）。这样做的结果，可以使经过概括的等高线图形仍然保持正向地貌形态为主的特点，并保持地貌形态与原来的相似。图 7-10 是用删除小谷地的方法概括这类地貌的等高线图形的例子。阅读的时候要注意如图 7-10（b）所示概括后的等高线图形与如图 7-10（a）所示原图形的对照，以及概括时等高线的路径，如图 7-10（c）所示。

图 7-9 删除小谷地示意

但是，在等高线图形概括的实践中，有时没有按照上述的概括方法，结果或者扩大了负向地貌形态，或者歪曲了谷地的形态特征（图 7-11），这种情况应该避免。

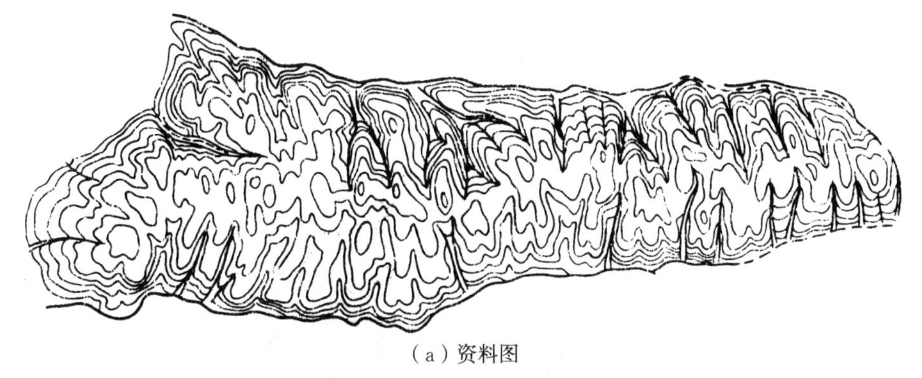

（a）资料图

（b）概括后的等高线图形（1：20万）

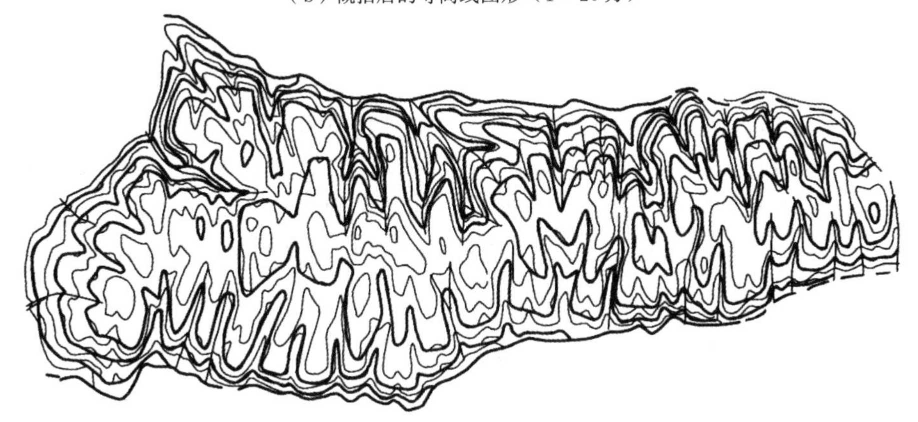

（c）概括等高线的路径

图 7-10　用删除小谷地的方法概括以正向地貌形态为主的等高线图形的示例

资料图形	正确的概括	错误的概括
谷地		
谷地		

图 7-11　概括以正向形态为主的地貌的正误对比（放大示意）

实际作业中还会碰到这样一个问题，即谷地舍去后，等高线沿山脊的外缘越过谷地时，是微凸向山顶方向，还是平直通过，抑或是凸向山脚方向？这应视地貌的具体特点而定。一般来说，大量的流水侵蚀山地是凸向山顶方向的，显示了原来的冲凹地段；某些冰川古壁、黄土地形、干燥剥蚀山地、断层壁等高线图形生硬棱角转折的地区，可平直通过（图 7-12）；凸向山脚方向的情况，只适用于个别场合。

（a）凸向山顶方向　　（b）平直通过

图 7-12　谷地舍去后等高线沿山脊外缘越过谷地时的形状

对于以负向地貌形态为主的地区，概括等高线图形时，宜删除次要的小山脊，即合并相邻的谷地。这时，等高线是沿着谷地的源头“穿入”小山脊之中而把它“切掉”（图 7-13）。这样做的结果，是可以使概括后的等高线图形仍然保持负向地貌形态为主的特点，并能使地貌形状与原来的相似。图 7-14 是用删除小山脊的方法概括这类地貌的等高线图形的例子。注意如图 7-14（b）所示概括后的等高线图形与如图 7-14（a）所示原图形的对照，以及概括时等高线的路径，如图 7-14（c）所示。注意这里采用的删除小山脊的方法同前面采用的删除小谷地的方法的区别。

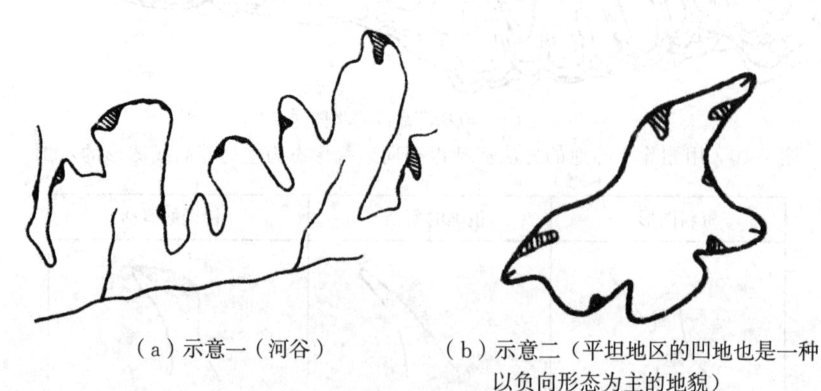

（a）示意一（河谷）　　（b）示意二（平坦地区的凹地也是一种以负向形态为主的地貌）

图 7-13　删除小山脊示意

采用删除方法，不论是删除次要的谷地，还是删除次要的山脊，都是从一条一条的等高线图形的概括着手的，必须注意表示地貌形态的一组等高线图形概括的协调性。

（二）位移

位移是通过在局部地段有目的、有限度地移动等高线的位置来显示地貌形态特征的。

等高线是地面高程相同的各点的连线，在实地上是有准确位置的，为什么还要去移动它呢？为了说明位移在等高线图形概括中的必要性，我们首先分析一下图 7-15 和图 7-16 所绘出的两个图形。

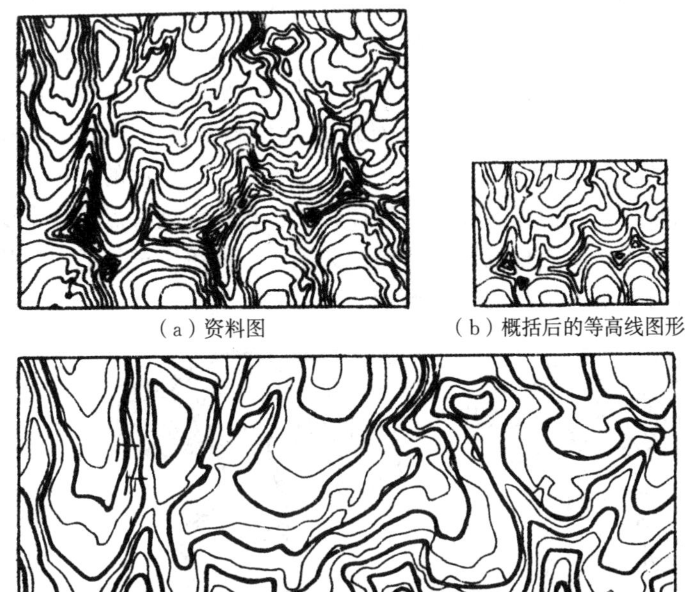

（a）资料图　　（b）概括后的等高线图形

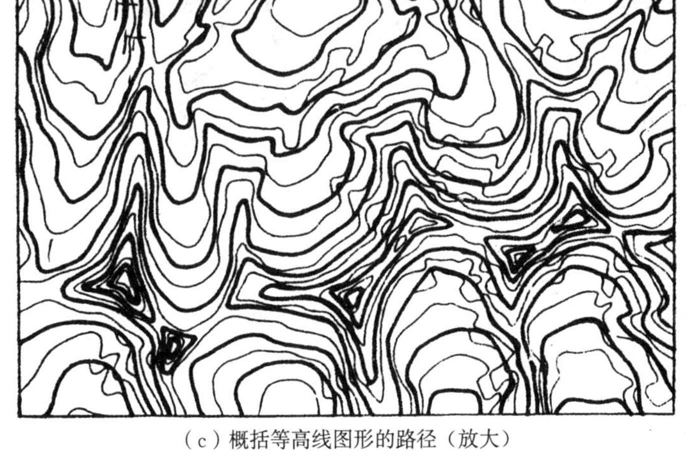

（c）概括等高线图形的路径（放大）

图 7-14　用删除小山脊的方法概括以负向地貌形态为主的等高线的示例

（a）原位置　　（b）位移　　（c）综合图

图 7-15　1∶10 万编 1∶20 万

对照资料图形（细线）和概括后的图形（粗线），图 7-15（a）和图 7-16（a）系删除小谷地处均照原位置描绘，图 7-15（b）和图 7-16（b）则将有的谷地等高线做了适当位移(箭头所指处)。两种不同的方法，得出两种不同的效果，图 7-15（a）和图 7-16（a）表示不出山脊位置和鞍部不对称的特点，图 7-15（b）和图 7-16（b）由于正确采用了位移方法，效果显然较好。由此不难看出：作为等高线图形概括的一种方法，位移是在随着比例尺缩小、等高距扩大的情况下，为了显示某些地貌特征的需要而产生的，这一方法的使用是有目的的。

那么，可不可以位移呢？对这个问题要做具体的分析。大家都知道，在地图上既保持等高线位置准确又显示地貌的形态特征，在一定条件下是困难的。对于 1∶10 万及更大比例尺地图，由于战术用途的要求，等高线位置的准确性是首要的。而且因为比例尺大，保持等高线位置准确和显示地貌形态特征的真实，基本上能同时满足。所以，在1∶10万及更大比例尺地图上，除了为保持等高线与河流等的最小间隔和山头、凹地、鞍部等的最小尺寸，以及个别情况下为强调某些地貌特征而采用位移方法外，一般是不允许位移的。随着比例尺的缩小及等高距的扩大，位置准确性和形态特征的真实性越来越难于同时清晰、准确地表示出来。因此，等高线的任务开始发生变化——在保持基本点线精度的前提下，逐渐地向显示地貌形态特征的方向转化，即由真实性向相似性转化。认识到这一点是很重要的。当比例尺缩小以后，在处理等高线精度与地貌形态特征的关系时，如果不进行适当位移，其结果不但等高线的准确位置保持不了，地貌的基本形态特征更无从显示。

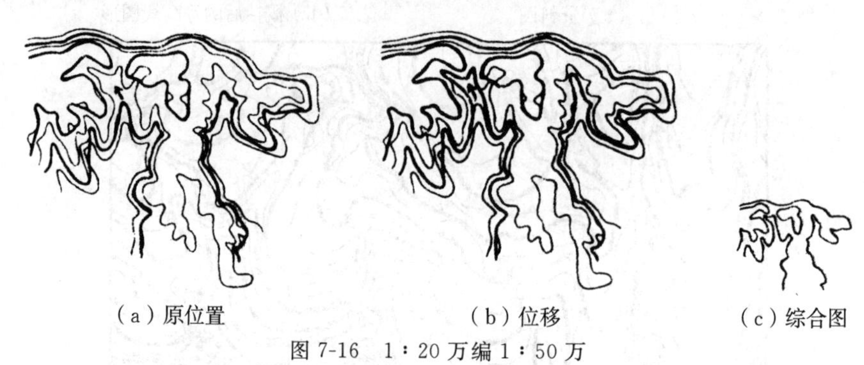

（a）原位置　　（b）位移　　（c）综合图

图7-16　1∶20万编1∶50万

必须指出，位移方法的采用是有限度的。一则要严格限制这一方法的使用场合，即在保证基本点线位置准确的前提下，对依比例尺可能表示而按等高线的原位置显示不出地貌特征时，方采用此法；二则要严格限制位移的大小，即必要的位移也不能超过各种比例尺地图编绘规范的规定。

三、等高线图形概括的基本方法的运用

删除和位移是概括等高线图形的基本方法，前面已分别叙述。因为这些方法用于等高线图形概括的实际作业时情况比较复杂，故这里再就几个问题做进一步讨论。

（一）正向地貌形态和负向地貌形态分布比较复杂时删除方法的使用

有这样的情况：有的地方并非单一的以正向地貌形态为主或以负向地貌形态为主，而是两种情况都有。这时要根据具体情况，灵活地采用删除方法，或者删除次要谷地，或者删除次要山脊（图7-17）。

（二）删除方法的其他表现形式

前面讲的是删除谷地和删除山脊两种基本的删除方法，这里将此法进一步扩展到合并和删除山头、删除凹地等。

合并山头实质上是删除鞍部，从而删除构成鞍部的两条对应谷地。采用合并山头的方法是有条件的：其一，要看地图比例尺，在1∶10万及更大比例尺图上，由于山头位置和形状都很重要，故一般不合并山头；在1∶20万及更小比例尺图上，则可酌情采用。其二，要看所处位置和间隔大小，山头沿着山脊线分布的，最高一条等高线间隔小于0.5 mm的相邻小山头，视具体情况可以合并或取舍，但山头群集为其特征的，则只能取舍（即删除）不能合并（图7-18）。

凹地本身只能取舍不能合并，因为它们彼此间的形状没有明显联系。取舍时应注意反映

分布特征（图 7-19）。

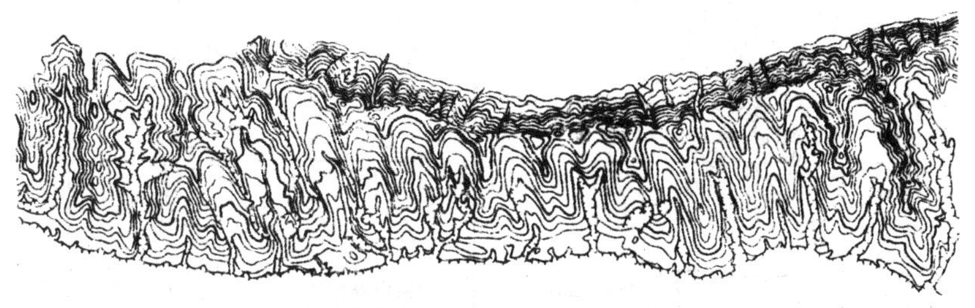

（a）资料图（1∶10 万）——该图上部以负向形态为主，下部以正向形态为主

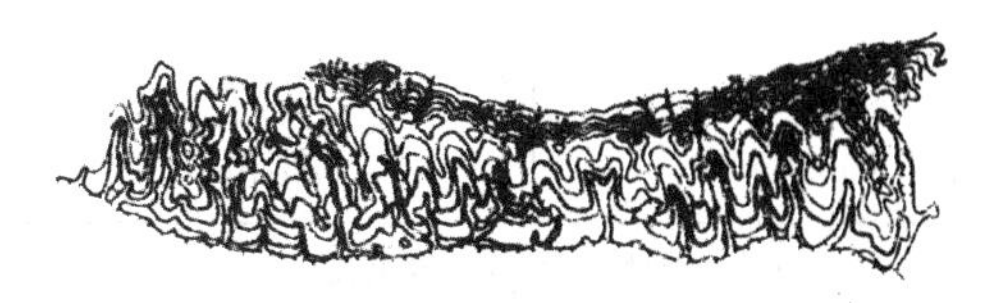

（b）综合图（1∶20 万）——在大的负向形态内部，采用删除山脊的办法；其他地方则删除小谷地

（c）综合图（1∶50 万）—— 采用以正向形态为主的地貌的综合方法，即删除谷地，以反映地貌的特征

图 7-17　删除方法的灵活运用

资料图（1∶10 万）	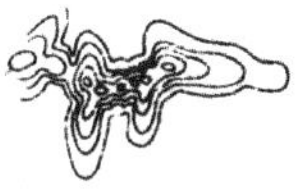	
综合图（1∶20 万）		
放大图	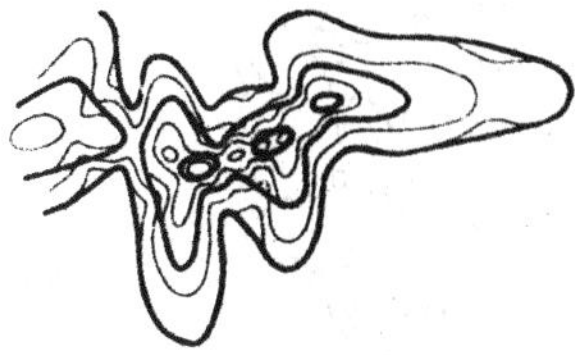	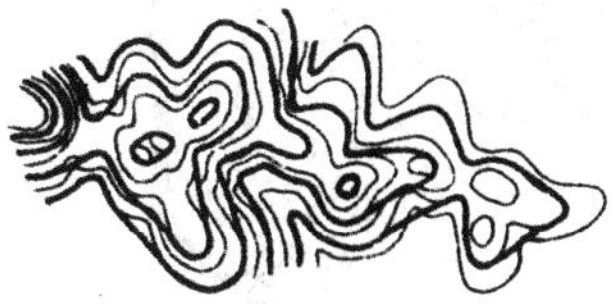

（a）小山头合并效果较好

图 7-18　山头的合并与取舍

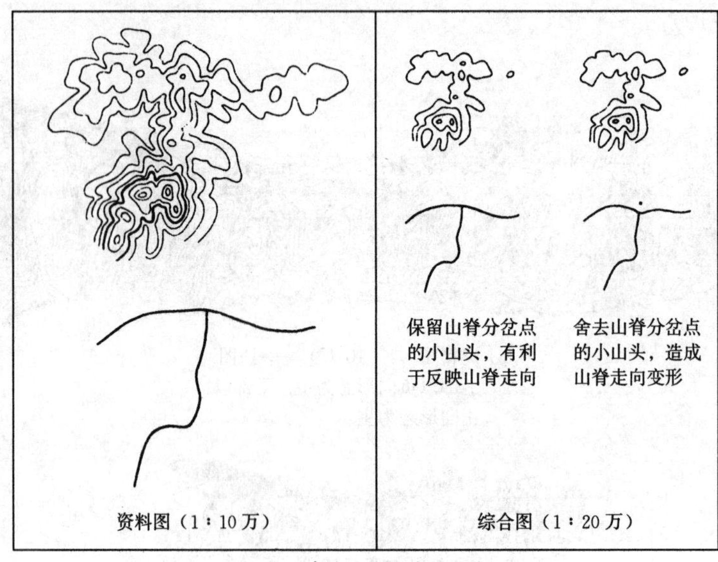

（b）山脊线上小山头的取舍

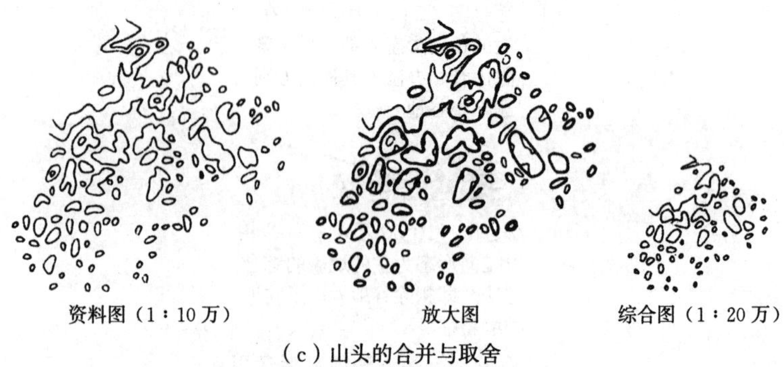

（c）山头的合并与取舍

图 7-18（续） 山头的合并与取舍

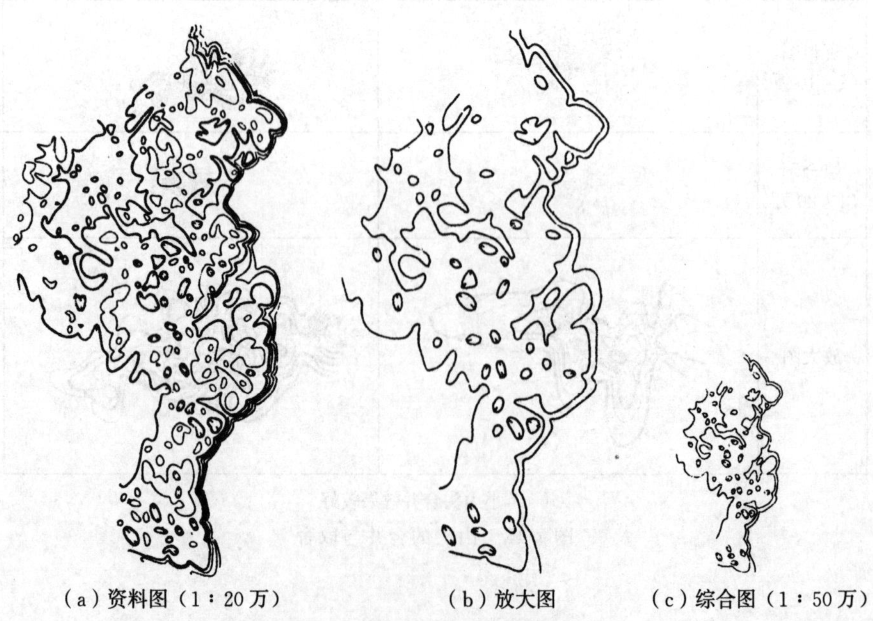

图 7-19 凹地只能取舍不能合并

（三）当相邻谷地大小相近时删除方法的使用

当相邻谷地大小相近时，究竟删除哪个谷地，保留哪个谷地，要看显示地貌特征的需要。一般应保留显示鞍部、山脊走向和汇水地形特点的谷地和有河流的谷地。为此，有时甚至删除较大的而保留较小的谷地（图 7-20）。

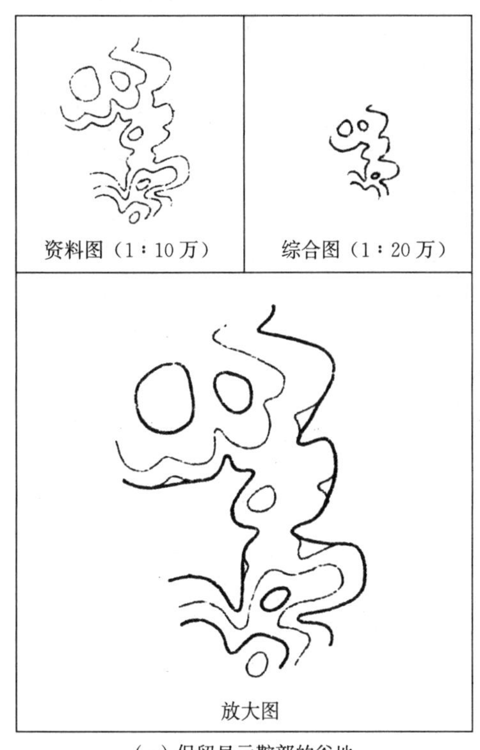

（a）保留显示鞍部的谷地

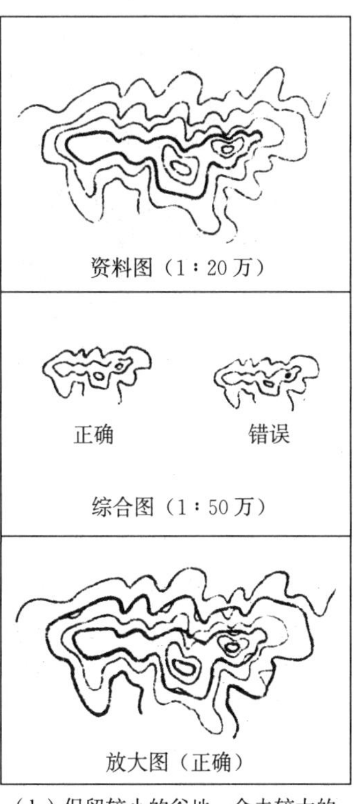

（b）保留较小的谷地，舍去较大的谷地以强调鞍部

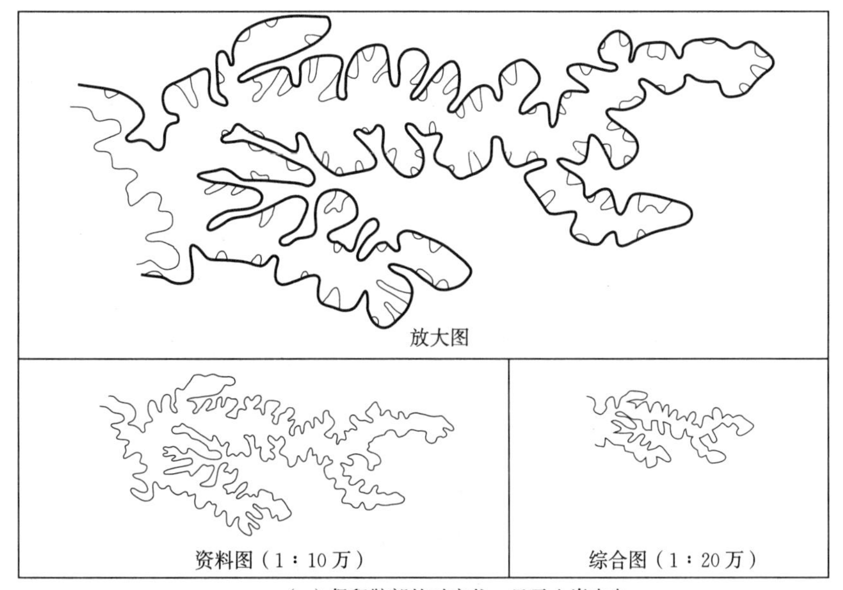

（c）保留鞍部的对应谷，显示山脊走向

图 7-20　当相邻谷地大小相近时删除方法的使用

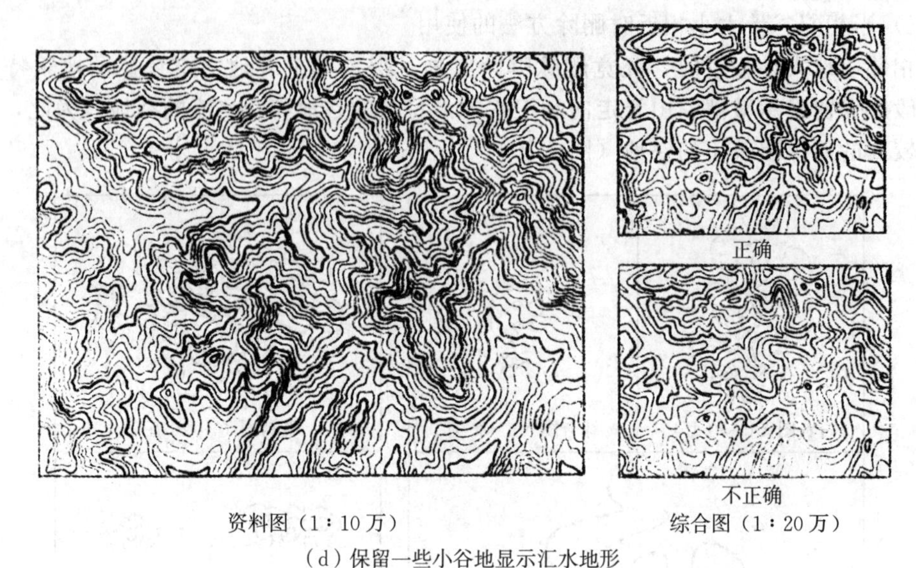

资料图（1∶10万） 综合图（1∶20万）

（d）保留一些小谷地显示汇水地形

图 7-20（续） 当相邻谷地大小相近时删除方法的使用

（四）位移的一种特例——夸大

通常有这样的情形：比例尺缩小后，有些等高线图形已小于规定的最小尺寸（具体规定见各种比例尺地图编绘规范），致使地貌图形变得模糊不清。这时，需采用位移等高线的方法予以夸大表示，以使等高线图形达到最小尺寸的要求，保证图形的清晰。夸大时必须保持原来图形的基本特征，即保持图形的相似性（图 7-21）。

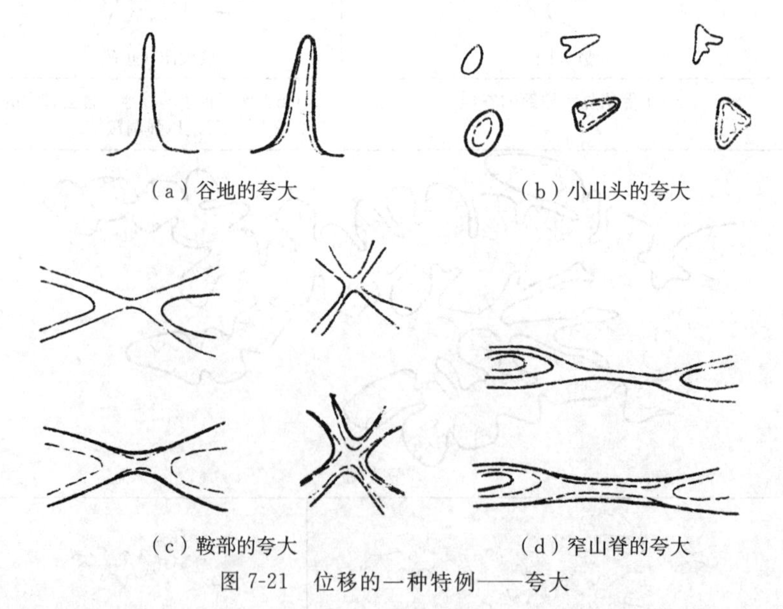

（a）谷地的夸大 （b）小山头的夸大

（c）鞍部的夸大 （d）窄山脊的夸大

图 7-21 位移的一种特例——夸大

在等高线图形的概括中，还有一个值得注意的问题，即所谓等高线图形的“笔调”问题。由于地貌在不同外力作用下所形成的外表形态差别很大，有“浑圆”和“生硬”之别，因此等高线图形亦有“软笔调”和“硬笔调”之分（图 7-22）。这一点在作业中是不可忽视的。

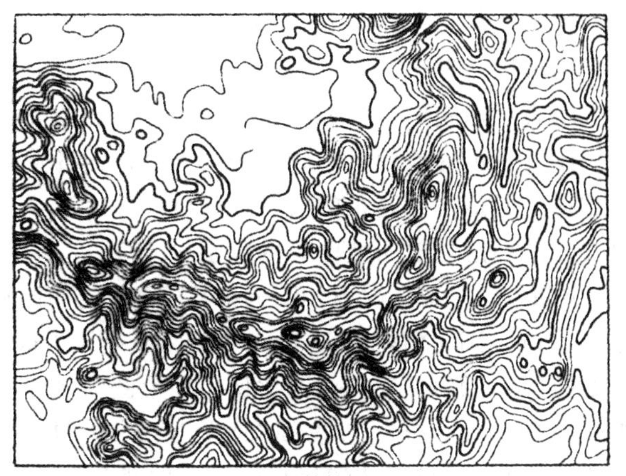
（a）软笔调

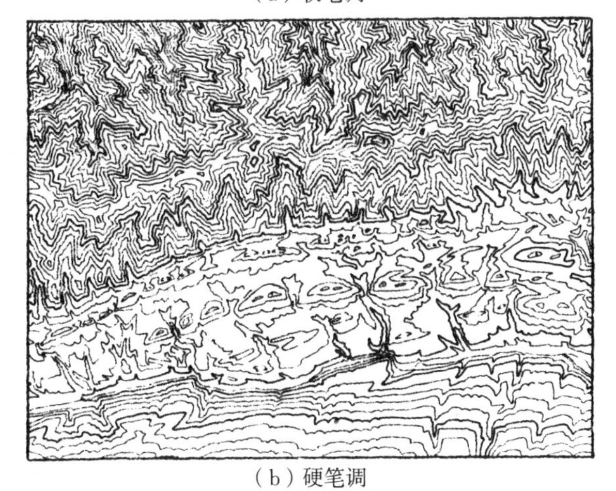
（b）硬笔调

图 7-22　等高线图形的“软笔调”和“硬笔调”的比较

第四节　等高距及地貌综合作业中补充和插绘等高线的若干问题

等高距的选择是用等高线法表示地貌的一个重要课题，而地貌综合作业中补充、插绘等高线的问题又与等高距的选择有密切关系。这里只在 1∶5 万—1∶50 万比例尺地形图的范围内讨论补充、插绘等高线的问题，着重研究选择等高距的原则和方法。

一、等高距

等高距即相邻两条等高线之间的高程差（或垂直距离）。如图 7-23 所示，等高距 h（单位：m）、地面坡度 α（单位：°）和相邻两条等高线之间的水平距离 A（单位：m）之间的关系，可以近似地用公式 $h=A\tan\alpha$ 表示。如果将 A 依地图比例尺 $1/M$ 化为图上长 a（单位：mm），则此公式变为

$$h=\frac{Ma}{1\,000}\tan\alpha$$

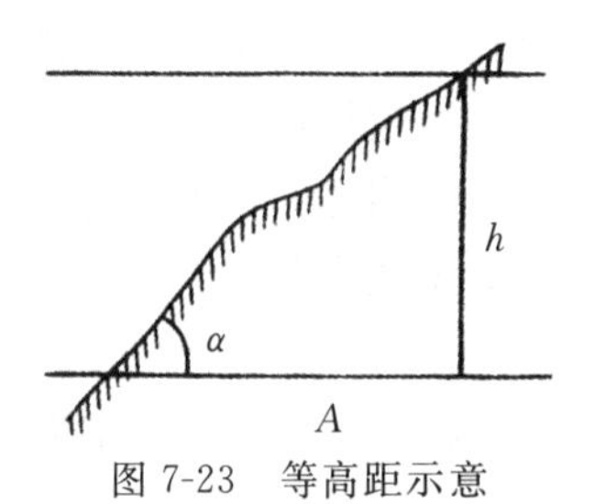

图 7-23　等高距示意

由上式不难看出，在地图比例尺一定的情况下，等高距 h 的确定与图上相邻两条等高线之间的水平距离 a 和地面坡度 α 有关。

等高距的大小决定着所表示地貌形态的详细程度、地面各点的高程精度和地貌的立体效果。等高距越小，等高线图形表示的地貌形态越详细，判断地面各点高程的精度越高，显示地貌形态的立体效果亦越强。但是，等高距的大与小是有条件的，这里所说条件即图上两相邻等高线间隔距离所允许的最小值与地面坡度 α 的差别。

根据绘图、印刷和视觉条件，一般情况下，图上相邻等高线之间的距离不得小于 0.2 mm，加上等高线本身的粗度 0.1 mm，则 a 值就是 0.3 mm。如果我们认为这就是地图上等高线不合并的最适宜距离的极限尺寸的话，那么以 1∶5 万比例尺地形图为例，则在不同的地面坡度上所要求的等高距为：坡度 60°时为 26.0 m，坡度 50°时为 17.9 m，坡度 40°时为 12.6 m，坡度 30°时为 8.7 m，坡度 25°时为 7.0 m，坡度 20°时为 5.5 m，坡度 10°时为 2.6 m。根据以上数据，如果我们将 1∶5 万比例尺地形图的等高距定为 10 m，则当坡度为 30°时，图上 a 值为 0.3 mm，图上等高线可以全部绘出而不致合并。当地面坡度超过 30°时，则图上等高线就须合并了。当地面坡度小于 30°时，就会出现相反的情况，如坡度为 6°时，图上两相邻等高线间的距离为 1.9 mm，坡度 2°则达 5.7 mm。两条基本等高线之间有如此大的水平距离，详细表示地貌形态就困难了。

所以，在保证图上两相邻等高线不合并的极限尺寸条件下，既照顾到地面坡度的差别，又不致使等高距的种类太多，并求得全国地形图的统一，通常对平原、丘陵和低山地貌采用较小的等高距，而对高山地貌则采用扩大一倍的等高距（表 7-3）。

表 7-3 等高距的选择

比例尺	一般地区（平原—低山）等高距/m	特殊地区（高山）等高距/m
1∶5 万	10	20
1∶10 万	20	40
1∶20 万	40	80
1∶50 万	50	100

注：关于 1∶100 万及更小比例尺地图的等高距（变距离度表）将在“地图设计”课程中予以讨论。

但是，从目前的情况来看，等高距的运用还存在着一些问题。例如：有的图幅按其地貌类型应采用扩大一倍的等高距，但却采用了较小的等高距，导致首曲线间断太多，有的间断首曲线竟占整个图幅的四分之三，个别整个图幅间断的也有，这就在很大程度上破坏了地貌的连续性，削弱了地貌的立体感，从地图效果看，不符合视觉习惯（等高线密陡疏缓），甚至造成陡缓颠倒的印象；有的图幅则相反，按其地面坡度应该采用较小等高距，而实际采用了扩大一倍的等高距，结果等高线很稀疏，影响了地貌形态显示的详细程度，地貌的立体效果也较差；有的表示同一地貌单元的几幅地图，地貌类型无明显变化，却采用了两种不同的等高距，这样，几幅地图拼接使用时，本来是统一协调的同一地貌单元，在等高线图形上却给人们以明显差别的感觉。

造成这种状况的原因，主要是缺乏统一的规划，为此，我们指出解决这个问题的两个途径。

（一）按地貌类型分区采用两种不同的基本等高距

这种途径是从制图的观点划分地貌类型，并按高度和坡度将各种地貌类型划分为两大类，分别采用表 7-3 的两种基本等高距。

这一方案的优点是：有了一个统一的规划，避免了各行其是。相同的地貌类型、同一地貌单元或同一山体有了统一的基本等高距，便于比较。等高距相对固定，便于作图和用图。

但是，也还存在一些问题。例如，按高度和坡度划分高山区和非高山区，工作比较复杂，也不易奏效，即使划分了区域，但在每一个区域，甚至同一幅图，一个山体内部都有可能存在着坡度不同的几种地貌形态，因此，虽划分了区域，也并未从根本上解决问题。再如，相同地貌类型、同一地貌单元或同一山体采用了统一的等高距，图幅间的拼接使用没有问题，但采用两种不同等高距的相邻图幅间的拼接和使用就不甚方便。又如，即使是采用两种不同的基本等高距，有的地貌两种曲线之间的空白小于 2 mm 的情况仍然会有，因此按现行图式规定间断曲线的弊病仍然存在。所以，按地貌类型分区采用两种不同的基本等高距，并不能较好地解决问题。

（二）在分区采用不同等高距的基础上，再辅助以合并曲线的方法

合并的方法，即当图上相邻两条计曲线之间的距离小于 2 mm 时，能绘几条就绘几条。

这种方法是对第一种途径的补充，是对现行略绘方法的否定，因此对于显示地貌特征和使用地图来说，略绘方法是个弊病。从显示地貌的立体效果和地貌的连续性来讲，合并的方法要比略绘的方法好，这已为出版的地形图所证实。

合并的总原则是：合并的等高线与分出的等高线要一致，即合并哪几条等高线，分出来时还是哪几条等高线。

合并方法在不同情况下的运用如图 7-24 所示。图 7-25 举例列出合并方法的使用效果，图 7-25（a）由于采用略绘方法破坏了陡缓差别，图 7-25（b）采用了合并的方法，显示了陡缓的本来特点。合并与略绘方法应用效果的比较如图 7-26 所示，这是一个较完整的山体，两坡陡缓不一，就整个山体而言，基本能用 20 m 等高距（1∶10 万），图 7-26（a）由于采用了略绘方法，造成两坡陡缓与实地不一的错觉；图 7-26（b）采用合并方法，效果显然较好。

顶部等高线合并　斜陡坡等高线合并　谷地等高线合并

图 7-24　几种情况下的合并方法

（a）略绘　（b）合并

图 7-25　略绘与合并方法对比示例（1∶10 万）

（a）略绘

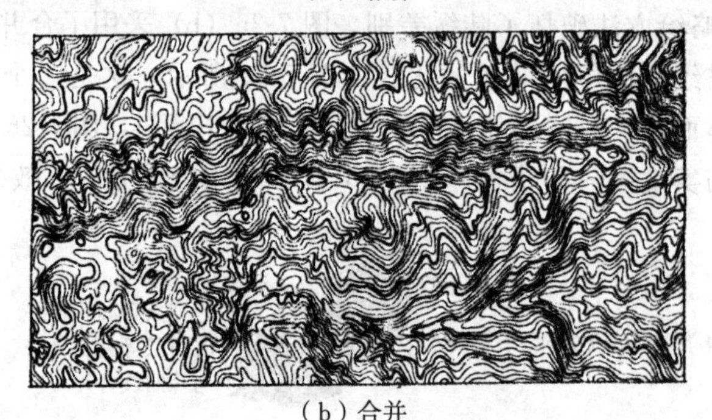

（b）合并

图 7-26　略绘与合并方法应用效果对比示例

二、补充等高线——局部地段缩小基本等高距

不论是按地貌类型分区采用两种不同的基本等高距，还是按固定加粗的首曲线的等高距，只要是用等高线表示地貌就有一个本身不可克服的缺点，那就是两条基本等高线之间的地貌形态（尤其是那些军事上有重要价值的）被“遗漏”。这一缺点在高度和坡度都较大的山区表现并不突出，在丘陵尤其是在平原地区就比较突出了，这是因为平原地区地势起伏小，两相邻基本等高线间的水平距离大，其间的地貌形态显示不出来。

研究上述缺点的产生原因，相对地说，无非是基本等高距对某些局部地段太大了，一些地貌形态表示不出来。既然如此，解决的方法就是在局部地段缩小等高距，加密等高线，即使用补充等高线。

这就告诉我们：既要有基本等高距的规定，用基本等高线表示基本的地貌形态，又要有在局部地段变化等高距的灵活性，用补充等高线表示那些形态重要而基本等高线又表示不出来的地貌碎部。

补充等高线，可以补充基本等高线的不足，在1∶5万—1∶50万比例尺地形图上，包括间曲线（按二分之一基本等高距）和助曲线（按四分之一基本等高距）[1]。由于补充等高线是用来显示那些具有显著特征、军事上重要而基本等高线又无法表示的地貌形态，所以，补充等高线使用得恰当、正确与否是一个十分重要的问题。运用补充等高线必须考虑地图的用途、比例尺、地形特征、统一协调等几个方面的问题。

地貌表示的详简程度是受地图比例尺影响的，比例尺由大到小，地图表示地貌所能达到的详细程度逐渐降低，即由详到简。从长期的实践经验来看，一般来说，比例尺1∶2.5万—1∶5万—1∶10万，补充等高线的运用由少到多，因为这三种大比例尺的战术用图，比例尺越大，等高距就越小，用基本等高线表示地貌特征的可能性就越大。而比例尺1∶10万—1∶20万—1∶50万—1∶100万的情况则相反，运用的补充等高线由多到少。这是因为在1∶20万比例尺地形图上，除大型地貌，还要用一定数量的补充等高线表示中、小型地貌；在1∶50万比例尺地形图上，显示地貌碎部已不是主要的任务；至于1∶100万比例尺地形图，由于采用变距高度表，运用补充等高线的意义就比较小了，一般是根据显示整个地区地貌特征的需要采用辅助等高线。

地形特征是运用补充等高线时必须考虑的一个重要因素。地图比例尺相同，但地区特点、地貌类型不同，运用补充等高线的程度也不一样。一般来说，山区少，而高山—中山—低山又是渐增的，平原（包括高平原）区较少（但在以河漫滩为特征的平原和波状起伏的平原使用得较多），干燥剥蚀山地较多（尤其是山麓地带），流水侵蚀丘陵、水碛丘陵更多，风沙地貌最多。

运用补充等高线还应考虑统一协调的问题。同一地区，同一比例尺，或同一幅图，使用补充等高线应按统一规定。对相同特征的地貌碎部，应从相同的尺度去对待，否则会造成地貌特点上的错觉。例如：描绘谷、脊、鞍部的补充等高线应注意对应性，即两侧同时加绘；描绘斜坡倾斜的补充等高线应绘至斜坡较陡处为止。

根据实践经验，下面举出几种常见地貌运用补充等高线的示例，以说明补充等高线应用的场合。

（一）强调山脊走向

图7-27（a）上，运用补充等高线显示了破碎的山脊形状和走向。如果不用补充等高线，如图7-27（b）所示，山脊走向就不明显了。

（二）显示鞍部

由图7-28（a）可以看出，运用补充等高线显示出了几个鞍部——箭头所指处。若不用补充等高线，则鞍部显示不出来，如图7-28（b）所示。

（三）显示低分水岭

图7-29（a）采用补充等高线显示了低分水岭特征，以及两个冲积扇的区别和联系，强调了切割程度。图7-29（b）不采用补充等高线，效果就差多了。

---

[1] 对1∶100万及更小比例尺地图，一般称辅助等高线，由于采用变距高度表，应根据显示地形特征的需要，按等高距的二分之一、三分之一、四分之一均可，用不间断的闭合曲线表示，在分层设色图上，不作为色层的界线。

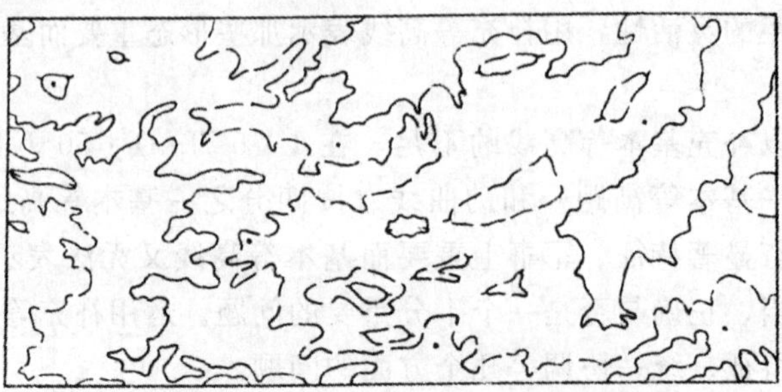

（a）运用补充等高线显示了破碎的山脊形状和走向

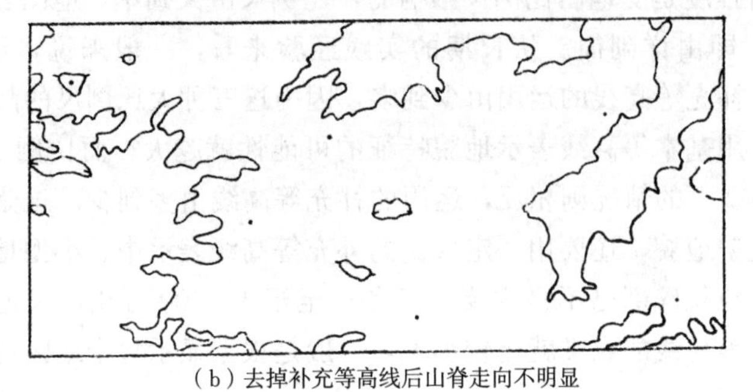

（b）去掉补充等高线后山脊走向不明显

图 7-27　强调山脊走向（1∶10 万，等高距 20 m）

（a）运用补充等高线显示鞍部

（b）不用补充等高线则鞍部显示不出

图 7-28　显示鞍部（1∶10 万，等高距 20 m）

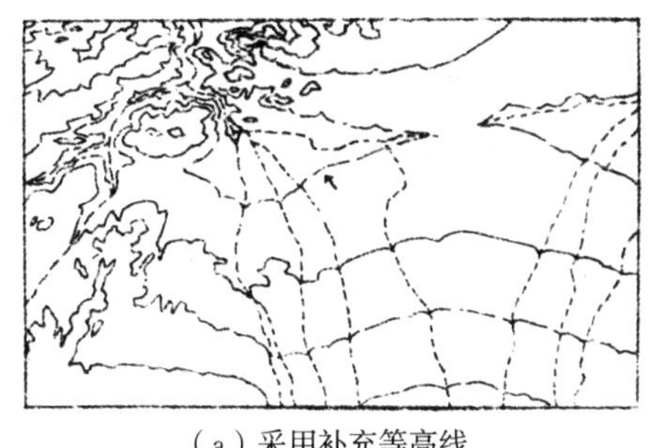
（a）采用补充等高线

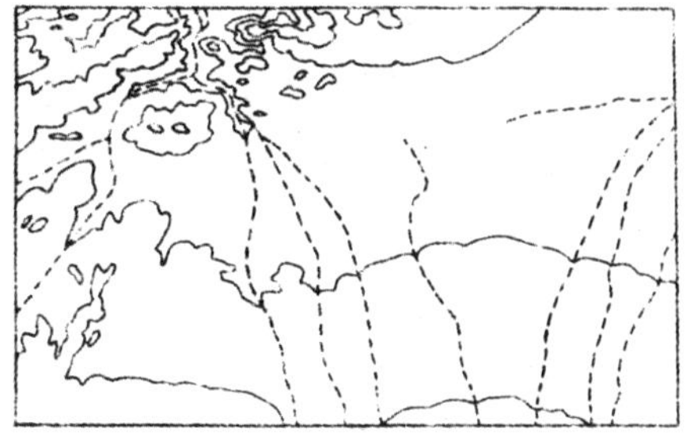
（b）不用补充等高线

图 7-29　显示低分水岭（1∶20 万，等高距 40 m）

（四）显示冲积扇

由图 7-30（a）、（b）说明使用补充等高线可以加强显示冲积扇的效果。有时，冲积扇可能用一条补充等高线表示，如果去掉这条补充等高线，则冲积扇的表示就不明显了，如图 7-30（c）所示。

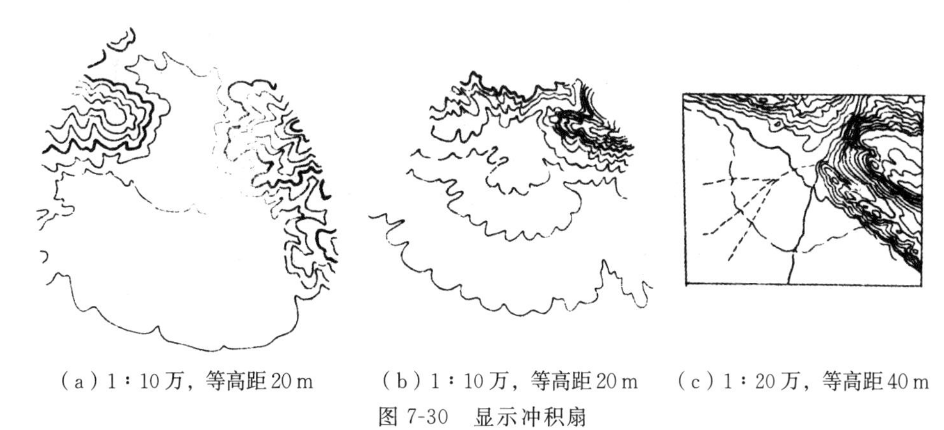
（a）1∶10 万，等高距 20 m　（b）1∶10 万，等高距 20 m　（c）1∶20 万，等高距 40 m

图 7-30　显示冲积扇

（五）显示谷地

比较图 7-31（a）和（b），运用补充等高线，较清楚地显示了谷地的延伸方向；反之，谷地延伸方向模糊。

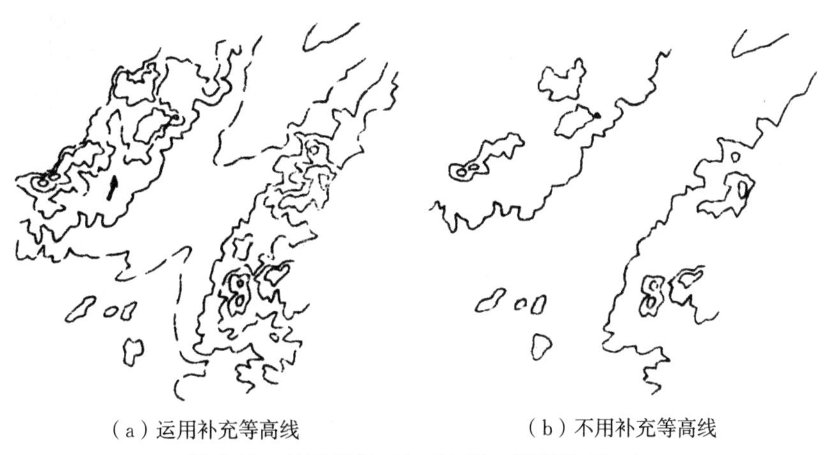
（a）运用补充等高线　（b）不用补充等高线

图 7-31　显示谷地（1∶20 万，等高距 40 m）

（六）显示小丘的分布

图 7-32（a）采用补充等高线显示了小丘群集分布的特点；如果不使用补充等高线，如图 7-32（b）所示，小丘成群分布的特点完全得不到反映，景观特点遭到破坏。

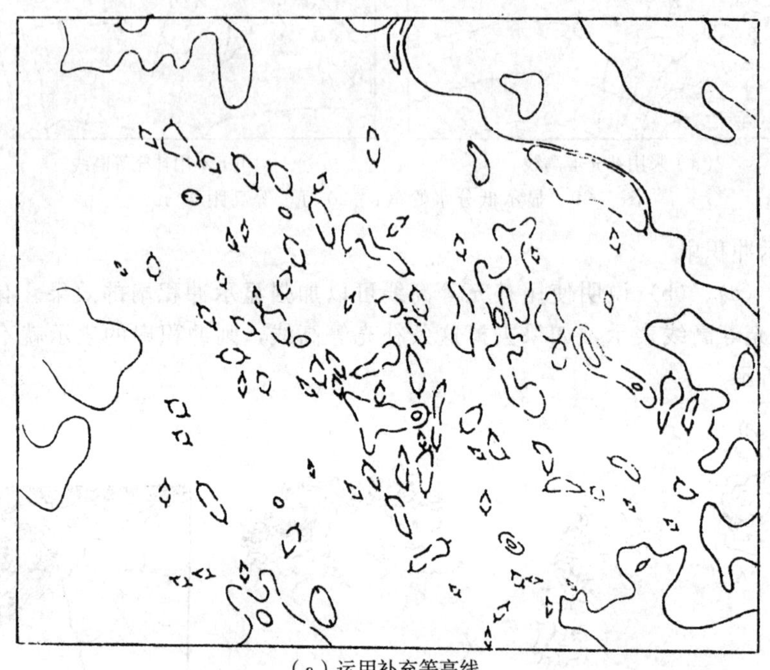

（a）运用补充等高线

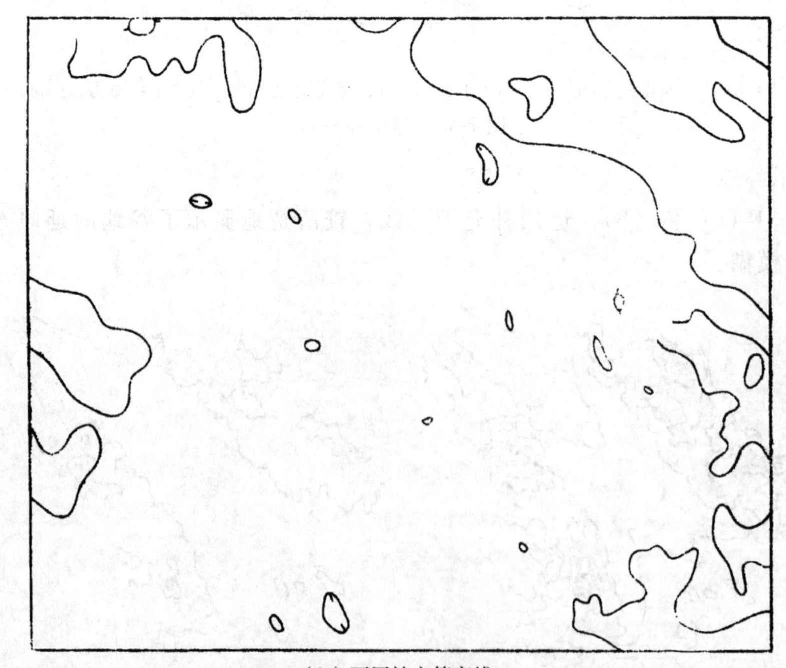

（b）不用补充等高线

图 7-32 显示群集小丘（1∶10 万，等高距 20 m）

（七）显示小丘的共同基底

图 7-33（a）用补充等高线显示了小丘的共同基底，加强了地貌的整体感。如果不使用补充等高线，其结果如图 7-33（b）所示，小丘孤立分布，失去了联系。

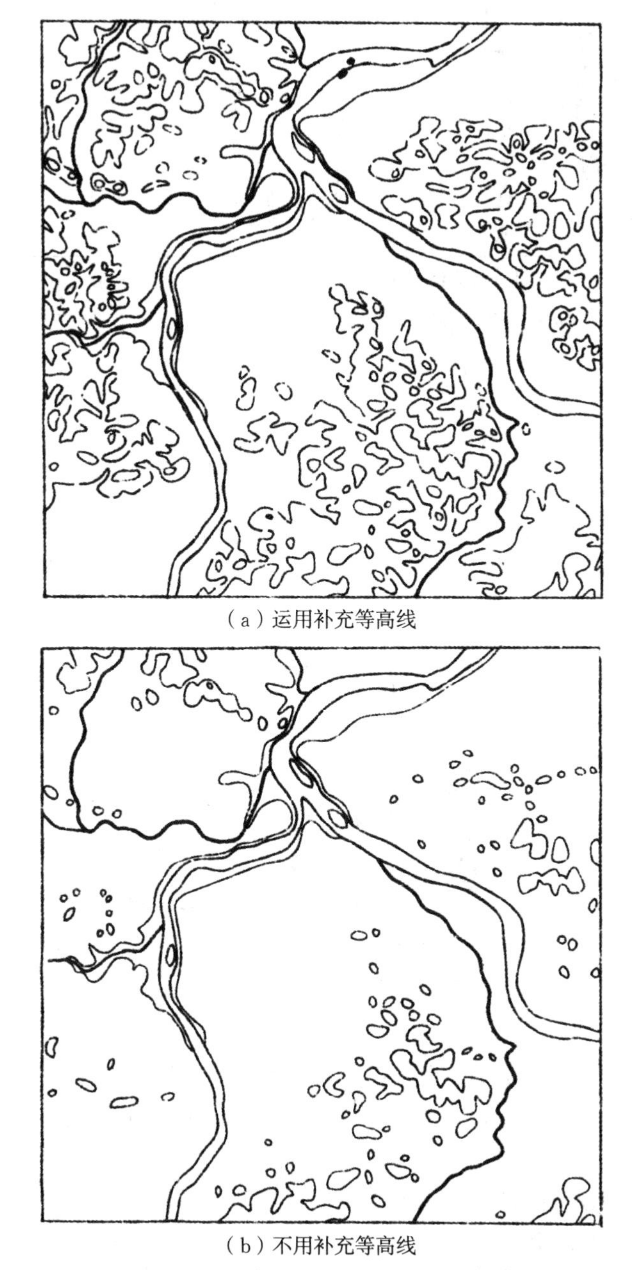

（a）运用补充等高线

（b）不用补充等高线

图 7-33　显示小丘的共同基底（1∶10 万，等高距 20 m）

（八）显示阶地

图 7-34（a）运用补充等高线显示了三级河谷阶地，颇为典型；图 7-34（b）是不使用补充等高线的结果，阶地在图上完全消失了。图 7-34（c）是用补充等高线表示的二级阶地，如果将补充等高线去掉，二级阶地就显示不出来。

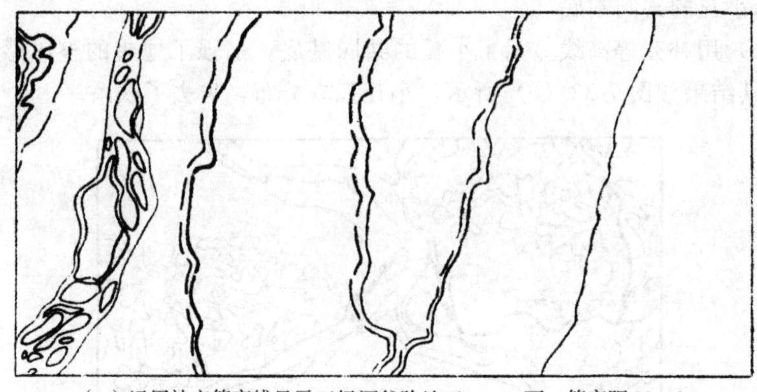

(a) 运用补充等高线显示三级河谷阶地（1∶10 万，等高距 20 m）

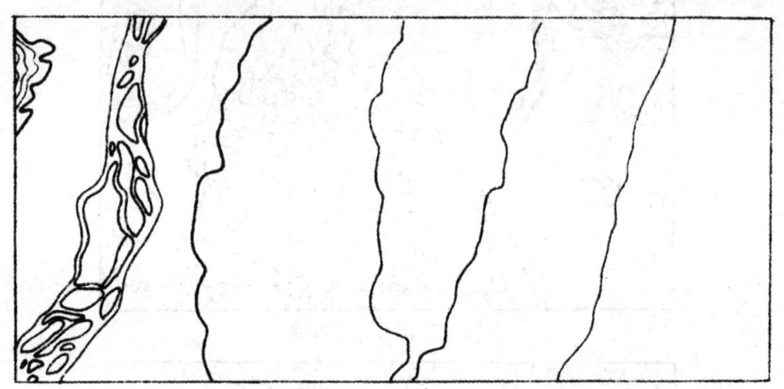

(b) 不用补充等高线（1∶10 万，等高距 20 m）

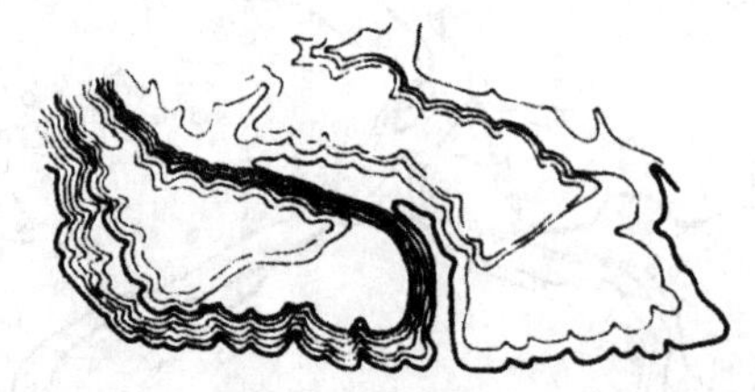

(c) 运用补充等高线显示二级阶地（1∶20 万，等高距 40 m）

图 7-34　显示阶地

（九）显示河漫滩

图 7-35 (a) 使用补充等高线显示了河漫滩地貌的景观特征，丘岗成群分布；图 7-35 (b) 是不使用补充等高线的结果，丘岗没有了，看上去地面十分平坦，破坏了河漫滩特点的显示。

（十）显示山头位置和两坡的不对称性

由图 7-36 可以看出，由于使用了一条补充等高线，山头的位置和两坡的不对称性得到了生动的显示；如果去掉这条补充等高线，这些特征在图上就完全消失了。

从以上几例不难看出，补充等高线的运用是有目的、有原则的。加绘补充等高线，应有利于显示地貌形状、起伏、走向、联系和范围。那种在图上看见哪里等高线间隔大、哪里空白多，就在哪里加绘补充等高线的做法是不正确的；把那些由于比例尺缩小而应该缩小的地貌形态都用补充等高线加以表示的做法，也是不必要的。

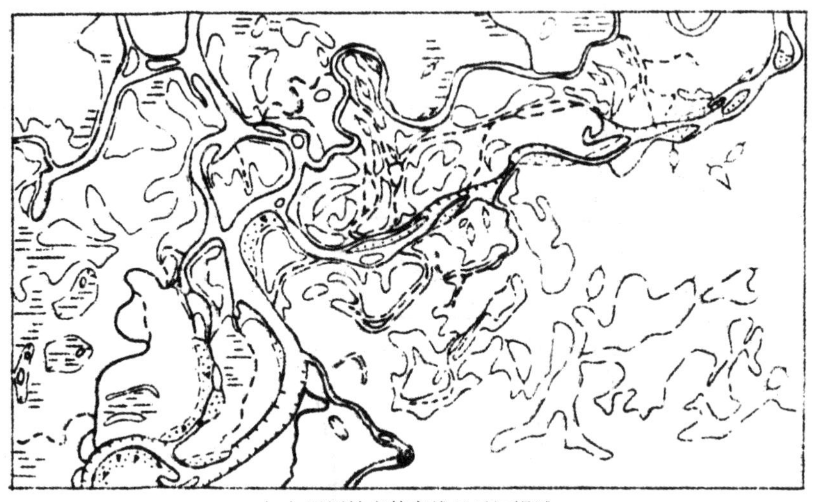

（a）运用补充等高线显示河漫滩

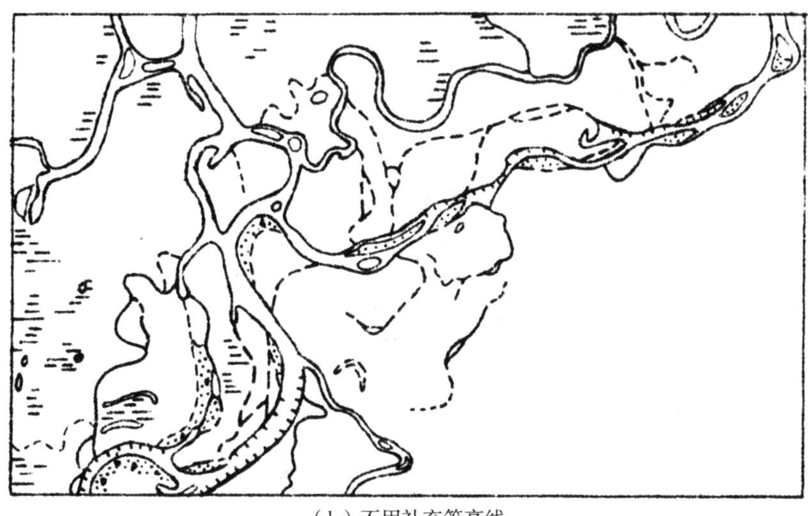

（b）不用补充等高线

图 7-35　显示河漫滩（1∶10 万，等高距 20 m）

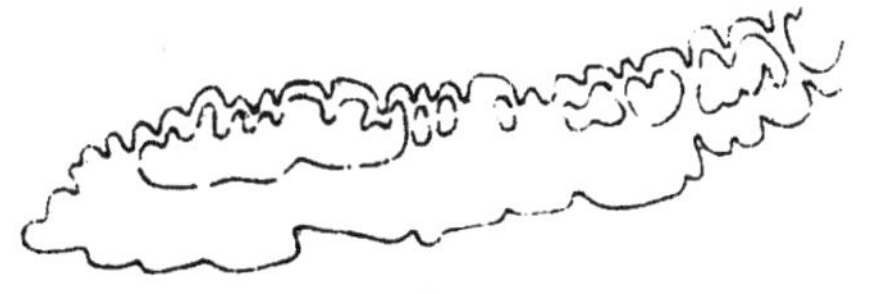

图 7-36　显示山头位置和两坡的不对称性（1∶20 万，等高距 40 m）

三、等高线的插绘

当各种比例尺地形图等高距不互成倍数，或者以外国地形图为资料编图（如将以英尺制表示高程的等高线改绘为米制高程的等高线）时，要用插绘的方法选绘等高线——从资料图上某两条等高线之间描绘出新编图上所需要的等高线。

下面我们提出两种方法。

（一）推断描绘

推断描绘是根据等高线的基本原理，将垂直截面上所描绘的等高线位置推断到地表倾斜截面上，并投影到平面上，从而得到插绘位置的方法。根据地形特征，这里着重讨论四种情况。

1. 平直坡

如图 7-37 所示，在 80 m 和 160 m 等高线之间描绘 100 m 的等高线，因为是平直斜坡，故 100 m 等高线插绘在 80 m 和 160 m 等高线之间的四分之一处。

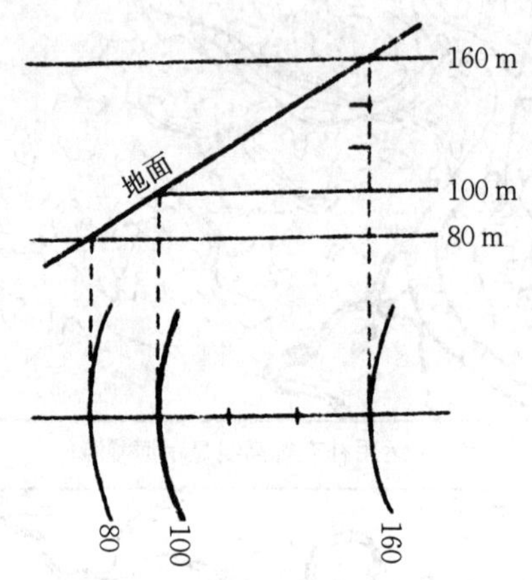

图 7-37 平直坡等高线的插绘

2. 凹形坡和凸形坡

当斜坡不是平直坡，而是凹形坡或凸形坡时，就不能简单地按高程比例来决定插绘等高线的位置，还要估计上下地形的变化。例如：在凹形坡 40 m、80 m、120 m、160 m 四条等高线之间插绘 50 m、100 m、150 m 等高线，就应在按高程比例内插的基础上稍向上移（图 7-38）；相反，在凸形坡上插绘等高线应按高程比例位置稍向下移（图 7-39）。

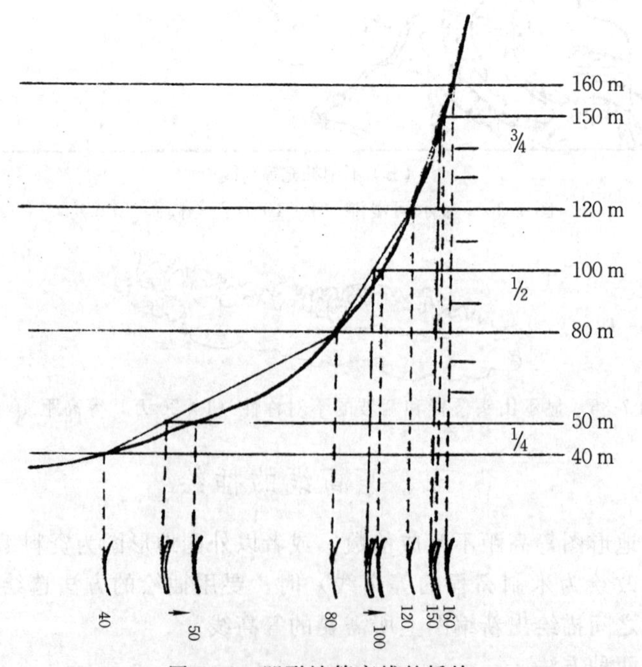

图 7-38 凹形坡等高线的插绘

注：双细线表示按比例的位置，箭头表示移动方向，单粗线表示实际位置。

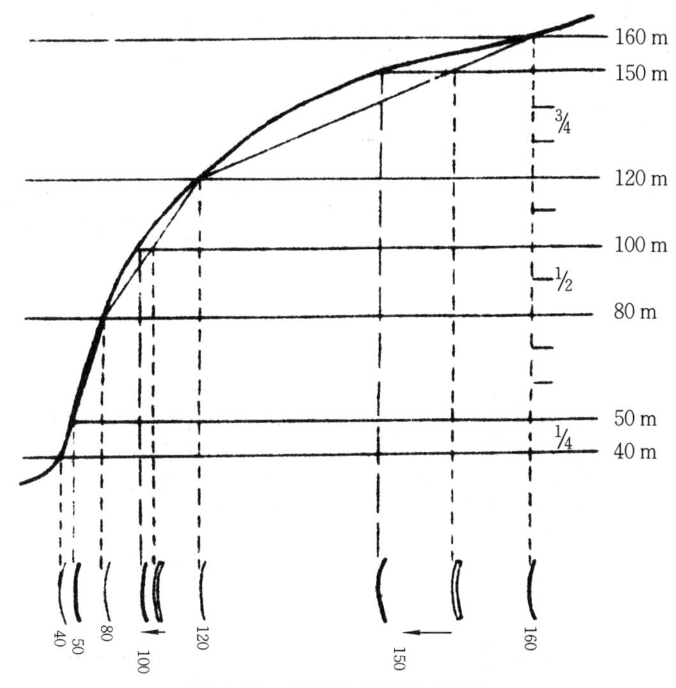

图 7-39　凸形坡等高线的插绘

注：双细线表示按比例的位置，箭头表示移动方向，单粗线表示实际位置。

在编图作业中，由于允许等高线适当位移，所以插绘等高线时，并不需要作很多的断面图来插绘位置，只要保持坡形不变即可，一般是通过目估确定的。

3. 没有高程注记的山头和鞍部

插绘等高线较困难的是没有高程注记的山头和鞍部，此时，一般采用以下方法。

（1）保持插绘等高线的图形与编图资料上高程相近的那条等高线的图形相似，即插绘等高线的高程接近编图资料上的哪条等高线，就跟随哪一条等高线的图形插绘，如图 7-40（a）所示。

（2）当插绘等高线的高程居中时（如在 280 m 和 320 m 等高线之间插绘 300 m 等高线，在 240 m 和 280 m 等高线之间插绘 250 m 等高线），可以采用两种方法：①根据坡形而定。对于凸形坡，鞍部等高线越过，山头等高线不绘［图 7-40（b）］；对于凹形坡，鞍部等高线越过，山头等高线绘出［图 7-40（c）］。但情况特殊时，也有例外，如鞍部过窄时，插绘等高线按推断位置应该通过的，也可以不通过而各自封闭；相反，有时为了强调山脊走向，插绘等高线按推断位置应该各自封闭的，也可以不各自封闭而越过鞍部。②根据地形而定。在低山、丘陵地区插绘等高线时，一般与编图资料上较高的等高线图形相似，即降低鞍部；在中山、高山地区，为了强调山脊走向，描绘的等高线也可以与编图资料上较低的一条等高线图形相似，也就是提高鞍部。这样做，主要是考虑到低山、丘陵地貌比较破碎，中山、高山地貌比较完整。

4. 将英尺制表示高程的等高线改绘为米制表示高程的等高线

有些国家或地区的地形图采用英尺制表示高程。我国制作国外有些国家或地区的地形图时需要将英尺制表示高程的等高线改为米制表示高程的等高线。此时，首先要将英尺制换算为米制，制作一个换算标尺（如图 7-41 左）；然后，按照换算标尺将英尺制表示高程的等高线［图 7-41（a）］插绘为米制表示高程的等高线［图 7-41（b）］。

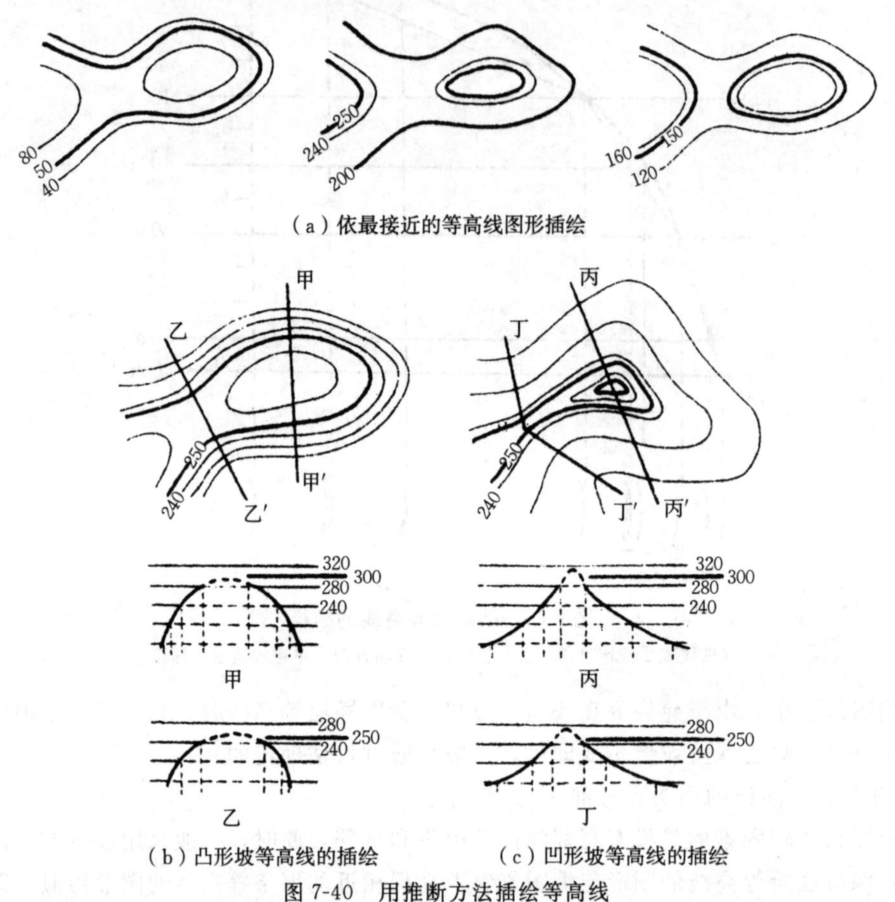

（a）依最接近的等高线图形插绘

（b）凸形坡等高线的插绘　（c）凹形坡等高线的插绘

图 7-40　用推断方法插绘等高线

（二）根据大比例尺地形图插绘

对诸如没有高程注记的山头、鞍部等特殊情况，当没有较大比例尺地形图作为参考时，采用在按比例插绘的基础上进行推断的方法是可行的。但正因为是推断，所以包含了不准确的因素，特别是在比较平缓的地区，这种不准确的成分更大一些。因此，在有较大比例尺地形图的情况下，强调查对较大比例尺地形图是十分重要的。这样，可以使插绘等高线的位置和形状都相对准确些。

当然，强调查对较大比例尺地形图，也不是所有插绘等高线都要查对。一般情况下，采用推断的方法，只是在一些插绘等高线的位置和形状难于确定的特殊情况下，才需要查对较大比例尺地形图。如：主要山脊上的山头、鞍部；平缓分水岭；平坦地区的山头；石灰岩地区的山头、洼地；主要河谷或山间盆地最低的一条等高线；等等。

根据较大比例尺地形图插绘等高线的方法的使用如图 7-42、图 7-43 所示。资料图比例尺为 1∶20 万，等高距为 40 m；新编图比例尺为 1∶50 万，等高距为 50 m。在这种情况下，也可事先制作一种插绘标尺（如图 7-43 左），作为插绘等高线的参考。

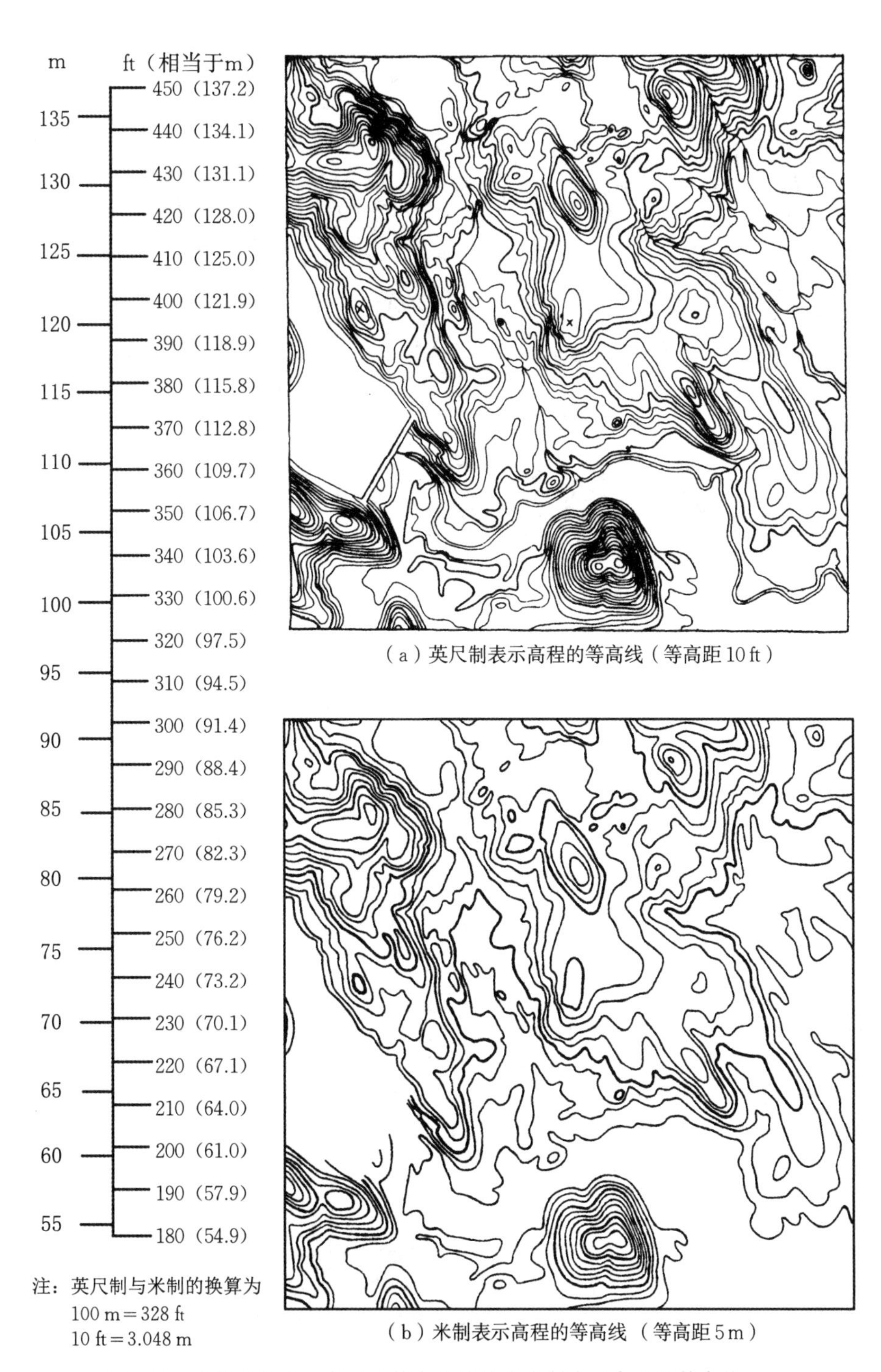

（a）英尺制表示高程的等高线（等高距10 ft）

（b）米制表示高程的等高线（等高距5 m）

图7-41　将英尺制表示高程的等高线改绘为米制表示高程的等高线

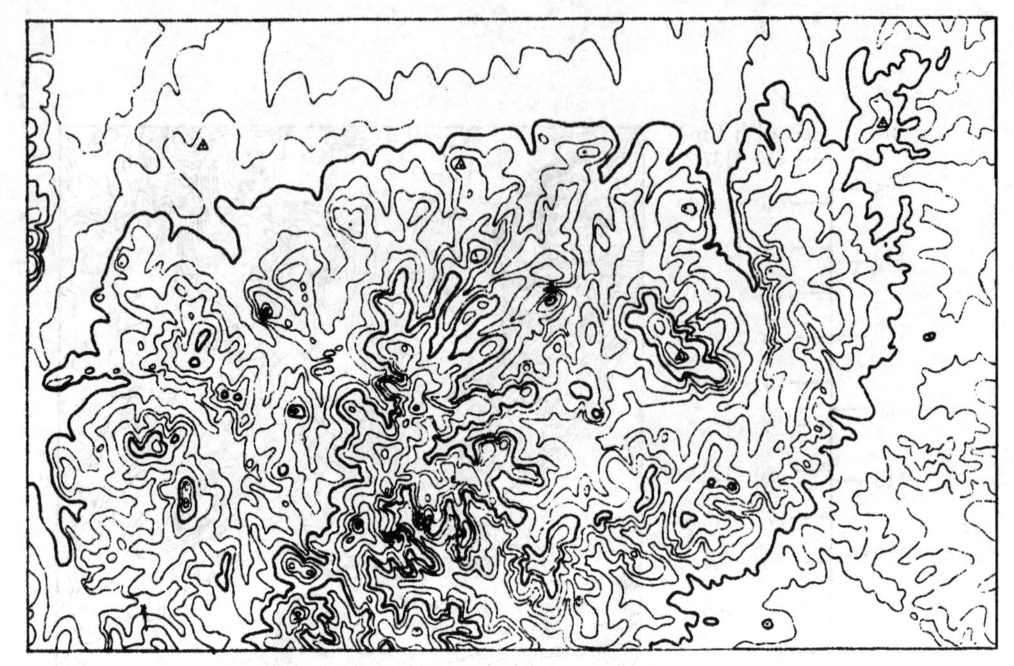

图 7-42 资料图（1∶20 万，等高距 40 m）

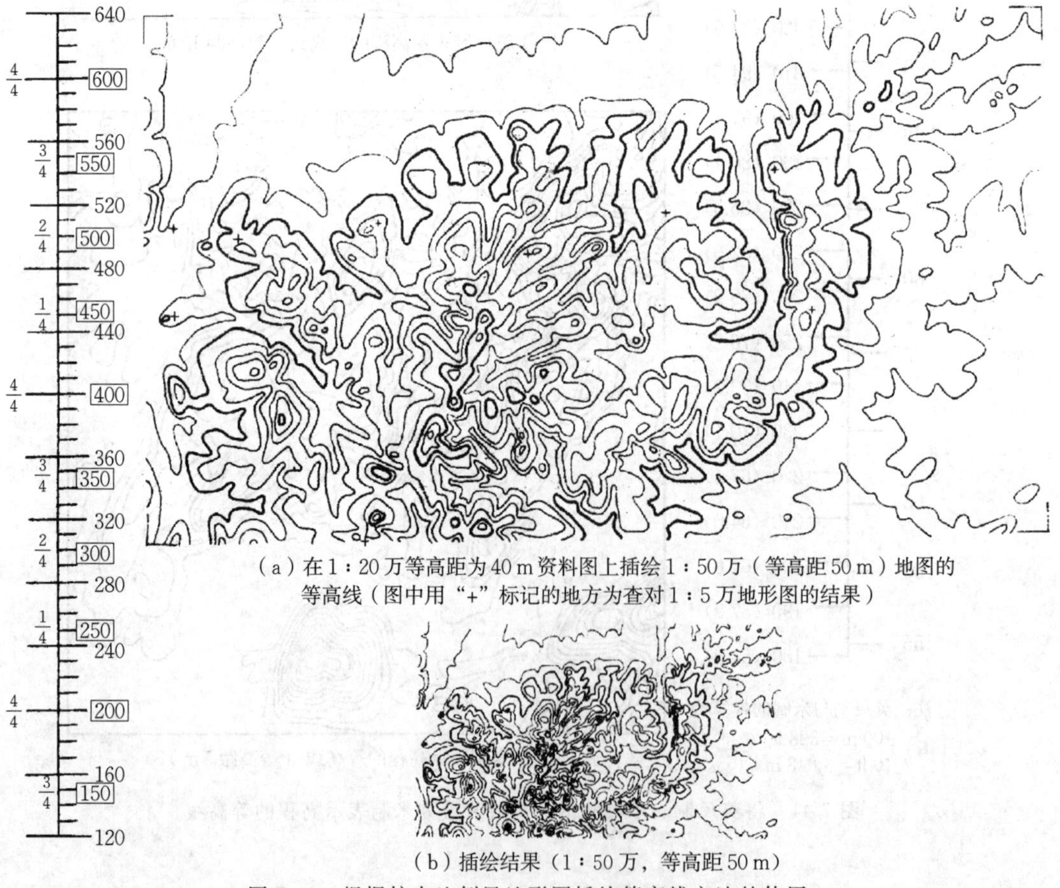

（a）在 1∶20 万等高距为 40 m 资料图上插绘 1∶50 万（等高距 50 m）地图的等高线（图中用“+”标记的地方为查对 1∶5 万地形图的结果）

（b）插绘结果（1∶50 万，等高距 50 m）

图 7-43 根据较大比例尺地形图插绘等高线方法的使用

第五节　地貌综合的实施方法

进行地貌综合必须紧紧抓住三个方面：分析地貌特征，勾绘地貌“骨架”，概括等高线图形。

一、分析地貌特征

分析地貌特征，是为了更准确、更合理地显示地貌。没有分析，就没有综合。地貌分析的内容和重点应放在地貌的形态特征上。在进行地貌形态特征的分析之前，应根据编图技术指示、有关文字资料和普通地图，了解图幅范围区域属何种类型的地貌，以建立一个总的地貌类型的概念，然后结合作业图幅具体情况进行具体分析。编绘中、小比例尺地形图时，应尽可能参照大比例尺地形图进行分析。

分析地貌的形态特征应着重以下几个方面。

1. 分水岭形态特征

一般从两个方面进行分析：①被切割状况——是连续的还是间断的，是平缓的还是高低起伏的；②平面图形——是宽平的还是尖窄的。

2. 山脊延伸特点

山脊延伸方向主要依山头、鞍部及山脊的位置而定。其中最高的山脊为主山脊，主山脊两侧的为支山脊。山脊按其延伸特点，有直线延伸（山脊线比较平直）、曲线延伸（山脊线呈各种曲线）、分岔延伸（两条以上的山脊相交）。

3. 地貌基本形态

分析地貌的基本形态，主要是判别：①谷地的纵（凹形和阶状）、横（“V”“U”“╰╯”）断面特征、谷缘线、谷地延伸方向、谷地的不对称性及汇水谷地；②鞍部的形态特征（对称鞍部、不对称鞍部和半鞍部）和鞍部点的位置；③斜坡的形状（等齐形、凹形、凸形和阶状）；④山顶的形态特征（尖顶、圆顶和平顶）；⑤山脊的顶部特征（尖窄山脊、宽平山脊）和山脊两侧斜坡的不对称性。

4. 地貌的水平切割

分析地貌的水平切割特征，主要有两个方面：①水平切割程度——分析地面的破碎程度，一般可以将图区或图幅范围内划分为不同切割程度的地段，如强烈切割、中等切割和微弱切割；②水平切割的平面图形特征——分析谷地网的平面图形，将其形状加以分类，如树枝状、放射状、羽毛状等。

二、勾绘地貌“骨架”

地貌“骨架”，是在对地貌形态分析的基础上，根据规范、作业细则规定的谷间地大小所选取的基本点（山头点、鞍部点、倾斜变换点）和线（谷底线、山脊线、倾斜变换线）。

勾绘地貌“骨架”，最主要是勾绘所要选取的谷底线或山脊线，这是保证地貌质量的有效措施，对于山体形态破碎的地区尤其重要。它在一定程度上起到综合方案的作用，可以使我们更具体地认识地貌的形态特征，使选取的谷地更加合理，并使综合后的等高线图形保持基本点、线的准确位置，有效地控制谷间地大小，反映切割程度对比。

地貌“骨架”应在编绘底图或标描底图上勾绘。山脊线位置依山头、鞍部的位置和表示山脊的等高线图形特征勾绘；谷底线位置依表示谷底等高线的转折点勾绘。

三、概括等高线图形

地貌形状的概括，是在分析地貌特征、勾绘地貌“骨架”的基础上，通过对等高线图形的处理来实现的。

概括等高线图形，应根据本章第三节所述等高线图形的概括的基本原则与方法进行，着重各种基本地貌形态的显示。

上述地貌综合的实施方法，在实际作业中应根据具体情况而定，不可千篇一律。如：对于山体比较完整、地貌不甚复杂的地区，可以只勾绘主要的地貌“骨架”甚至可以不勾绘，而对于山体比较破碎、地貌比较复杂的地区，则须勾绘得详细些；熟练的作业员可以勾绘得简单些，不熟练的应勾绘得详细些。

四、举　例

（一）单个山体的综合实施

1. 山体特点的分析

如图 7-44 所示，该山体东南高西北低，且东南部较完整，西北部较破碎。东部为主峰，主脊方向为西北—东南向，至主峰转向西南、西方向。

山顶：为长形平顶。

山脊：分岔延伸，顶部宽平。

斜坡：东南坡陡且呈凹形坡，西北坡缓为三级阶坡，其中最低一级坡缓且宽平，第二级比较缓直，最高一级比较陡峭。

谷地：多为“V”形谷。山体的西南部有一纵深谷地，为该山体的主谷，纵断面为阶状。

鞍部：不很明显，基本为对称形，两侧切割微弱，多为冲凹坡。

2. 勾绘谷底线和山脊线

如图 7-45 所示，勾出了要选取的主支谷底线和山脊线。

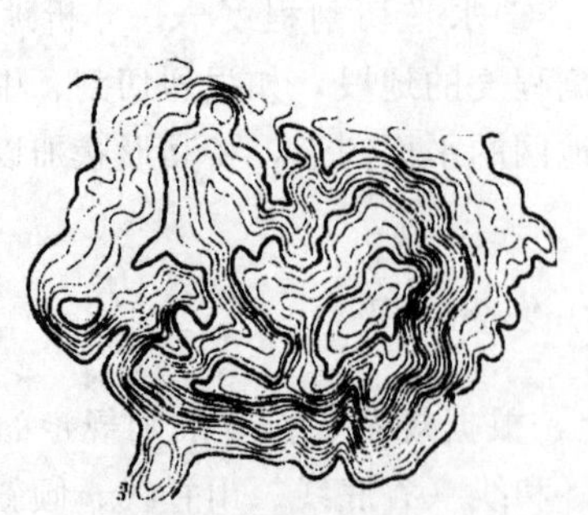

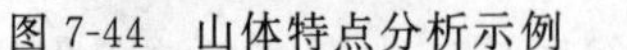

图 7-44　山体特点分析示例

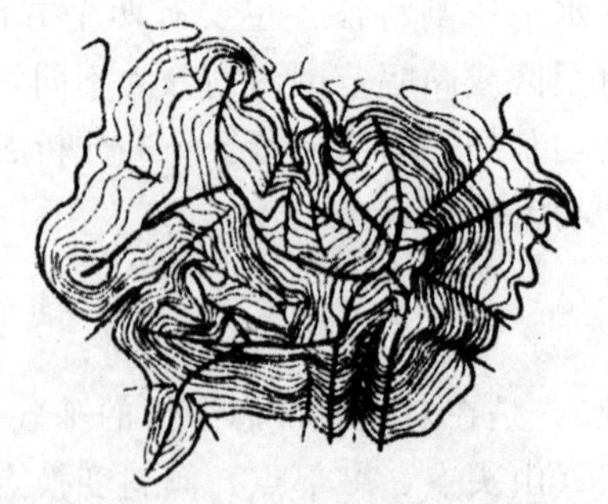

图 7-45　勾绘谷底线和山脊线示例

3. 概括等高线图形

各种比例尺地形图，都应重点显示山体东南高西北低、东南坡陡且较完整、西北坡缓且较破碎的特点。下面就 1∶10 万—1∶50 万比例尺地形图上的特点加以说明。

在 1∶10 万比例尺地形图上，按图 7-45 所勾绘的谷底线和山脊线进行综合。一般不进行位移，保持西南部纵深谷地纵断面为阶状的特点（图 7-46）。

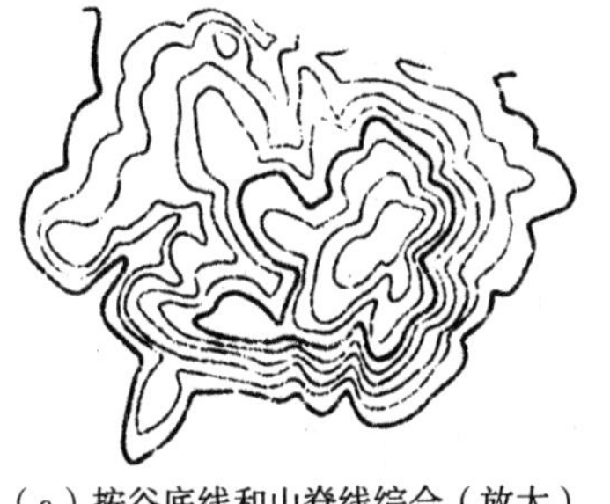

（a）按谷底线和山脊线综合（放大）　（b）综合图

图 7-46　1∶10 万综合图（等高距 20 m）

在 1∶20 万比例尺地形图上，按勾绘的“骨架”进行综合。比较图 7-47 和图 7-45，可以看出谷地、山脊的取舍情况。对主谷、主脊的明显拐弯处做微小位移（上提或下压）使谷脊延伸方向清楚，如图 7-47（b）所示。

（a）对谷地、山脊取舍（放大）　（b）位移（放大）　（c）综合图

图 7-47　1∶20 万综合图（等高距 40 m）

在 1∶50 万比例尺地形图上，按勾绘的“骨架”进行综合。对于主要山脊和谷地应予强调。东南坎陡的特征显示不明显时，可以适当缩小等高距的间距。为显示地貌特征，局部地段可适当位移（图 7-48）。

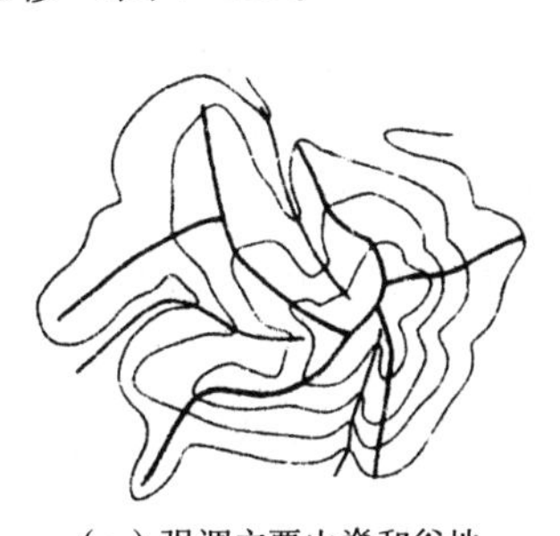

（a）强调主要山脊和谷地　（b）位移（放大）　（c）综合图

图 7-48　1∶50 万综合图（等高距 100 m）

（二）较复杂的山体的综合实施

例区位于赣东北天目山南端，介于昌江的东河与北河之间。

1. 地貌特点的分析

分水岭：流水侵蚀作用已深入分水岭顶部，但分水岭仍有较强的连续性。分水岭高低起伏大多为 200～300 m。

山脉：呈东北—西南走向，东北高、西南低，最高点高程为 770.7 m，最低点高程约为 80 m。山脊顶部比较狭窄。

河流：昌江的东河与北河由东北向西南呈弧形汇合。各大小支流横切山地，形成水平切割的树枝状特点，亦将主脊两侧分割成许多横向支脊。

斜坡：多为凹形坡，兼有少量等齐坡。

谷地：横断面为“V”形，汇水地形发育。

鞍部：多对称鞍部，其两侧切割程度各有差异。

水平切割程度：属中等切割。山体上部相对比较完整，下部切割比较破碎，有不少孤立的小山体。

2. 勾绘地貌“骨架”

勾绘出主、支山脊线，按谷间地 3～4 mm 勾绘经过分析应该选取的谷地的谷底线，其中应着重勾绘出表示鞍部、山脊转折或分岔的山脊线，以及其他难于确定取舍的谷地的谷底线。

1：10万　　1：20万

（a）汇水地形特征反映不够

1：10万　　1：20万

（b）对于以正向形态为主的地貌删除小山脊是不正确的

图 7-49　资料地图地貌综合质量的分析

3. 等高线图形的概括

资料图为 1∶20 万比例尺地形图，等高距 40 m。编绘图为 1∶50 万比例尺地形图，等高距 100 m。偶数等高线按资料图选取，奇数等高线则插绘完成，一般通过推断完成，个别地方查看 1∶10 万比例尺地形图。

经对照 1∶10 万比例尺地形图，分析发现 1∶20 万比例尺地形图在地貌综合的质量上是比较好的，但有些地貌特征显示不够（图 7-49），故编绘 1∶50 万比例尺地形图时，应参看 1∶10 万比例尺地形图，以正确显示地貌特征。

为了提高地貌综合质量，最好从图区选择若干典型地段针对地貌基本形态的综合进行分析，做到心中有数（图 7-50～图 7-53）。

例一：保持呈叉形展开的山脊特征和冲凹坡特征。

山脊：应保持主脊尖窄和支脊条状的特征，概括时不应随谷地的删除而夸大成宽山脊。尤其是对于呈叉形展开的尖山脊，一般不宜合并，以避免将尖山脊夸大成宽平的台地（图 7-50）。为保持其特征，应保留深切谷地。

谷地：谷地等高线呈“V”形闭合。但对于冲凹坡，概括时仍以冲凹坡表示，不可绘成“V”形谷（图 7-51）。

例二：强调谷地转折方向和表示鞍部的对应谷地。

谷地：谷底等高线弯曲应与谷地线弯曲相协调。当谷底等高线不能显示谷地走向时，应上提以强调谷地转折方向（图 7-52）。

鞍部：注意选取表示鞍部的对应谷地，但不能人为地增加谷地（图 7-53）。

以上我们根据图区情况，对几种地貌形态进行了分析，下面给出的是整个图区的综合图形（图 7-54）。

（a）资料（图7-54（a）中圆圈标记处）　（b）正确的概括　（c）不正确的概括

图 7-50　保持呈叉形展开的山脊特征

（a）资料（图7-54（a）中方框标记处）　（b）正确的概括　（c）不正确的概括

图 7-51　保持冲凹坡特征

（a）资料（图7-54（a）中三角框标记处）　（b）正确的概括　（c）不正确的概括

图 7-52　强调谷地转折方向

（a）资料（图7-54（a）中方框标记处）　（b）正确的概括　（c）不正确的概括

图 7-53　选取表示鞍部的对应谷地

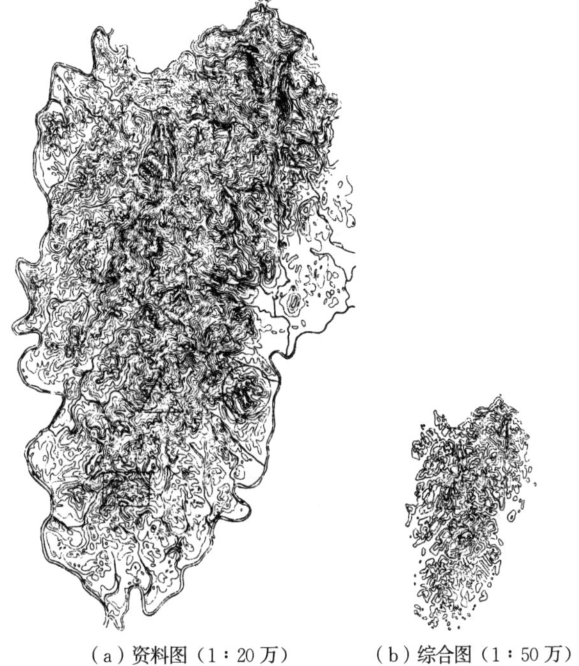

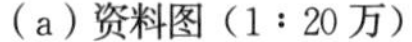

（a）资料图（1∶20万）　（b）综合图（1∶50万）

图 7-54　赣东北天目山南端介于昌江的东河与北河之间地段的地貌综合

第六节 几种常见地貌类型的制图综合

一、流水侵蚀山地地貌的制图综合

我国东部地区，地势逐级下降，气候受海洋气流的影响，一般比较湿润，降水较多，所以地表流水作用成为改造地貌的主要外营力，形成了各类流水侵蚀山地，依其绝对高度、相对高度和形态特征分为流水侵蚀中山、低山和丘陵三种，现将其形态特征和制图综合中的主要问题分述于后。

（一）流水侵蚀丘陵及其制图综合

流水侵蚀丘陵是山地经过流水长期侵蚀而成的，如我国东部小兴安岭南部、辽东丘陵、山东丘陵和东南丘陵等均属这一类型。它们分布在不同的海拔高度上，绝对高度没有明显的界线，但相对高度很小，一般在百米上下，这一高度界限成为鉴别丘陵与山地的高度标准。

流水侵蚀丘陵受构造、岩性和气候等因素的影响，形态特征各有不同，但一般而言，丘陵具有下列基本特征（即共性）。

（1）由于受流水长期侵蚀分割，丘体较小，分布比较零乱，地貌结构线无明显规律。

（2）丘陵起伏和缓，丘体比较浑圆，山坡坡度较小，一般在30°左右，坡麓地带多有碎屑物堆积，坡度更缓，坡形以凹形坡或等齐坡比较普遍。

（3）丘间谷地宽坦，山坡上的谷地多为短浅的“V”形谷，斜坡上还分布有许多低浅平坦的冲凹地段。

在制图作业中，必须根据丘陵所处的地区条件和构造、岩性等因素，分析其特征，提出相应的制图综合要点，实施正确的综合。现举几例说明。

1. 我国北方丘陵

图7-55是辽东丘陵的部分，山丘多由片麻岩、花岗岩和变质岩构成，极易风化，该区气候冬季干寒、夏季多雨，暂时性流水作用比较明显，故丘陵的丘顶浑圆，坡形多呈凹形，坡上冲沟发育，呈放射状分布于丘体的四周，沟谷的长短疏密略有差别，但无明显的规律性。鞍部两侧的谷地比较对应。汇水谷比较短小，形态简单。图内丘陵西部和南部比较高大，比高在100 m左右，丘脊方向虽无明显规律，但尚可见丘陵间的相互关系，100 m等高线表示了丘陵的共同基底（即分布范围）。

根据上述特点，该丘陵属正向形态为主，因此制图综合的基本方法是删谷并脊，应注意以下几点。

（1）正确取舍谷地。由于该区冲沟发育，所以正确取舍沟谷是显示此类丘陵的重要一环。选取沟谷时，鞍部两侧的对应谷地应优先选取，以使鞍部明显化，强调丘体间的相互关系；汇水谷中应选汇合点以上的主谷、长谷和对显示山形有益的支谷；此外，谷地取舍后应反映切割密度的差别，切割密度大的地区，谷间地一般不小于2 mm，切割密度小的地区，谷间地一般不大于5 mm。

（2）正确概括谷地图形，反映流水谷地的特点和类型。流水谷地的特点之一是上下连贯，所以概括后的谷地等高线图形应上下协调套合，并以不同的闭合图形反映谷地的形态。坡面上冲凹地段的主要特点是：浅凹斜坡和缓、底部较平，所以等高线应呈微向上凸的圆弧形，见图 7-56（a），综合时不得将其拉直或绘出“V”形，如图 7-56（b）、（c）所示。

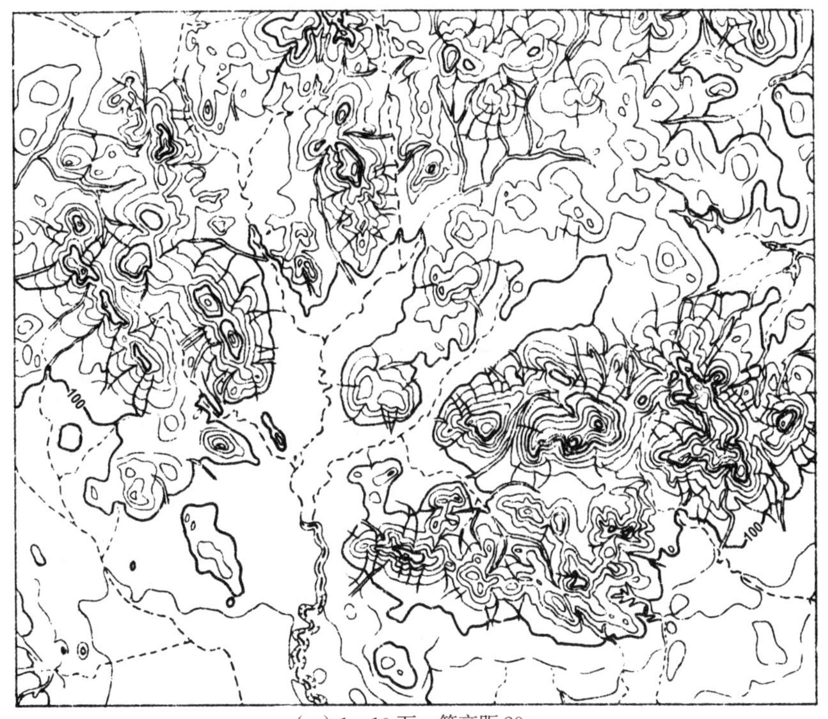

（a）1∶10 万，等高距 20 m

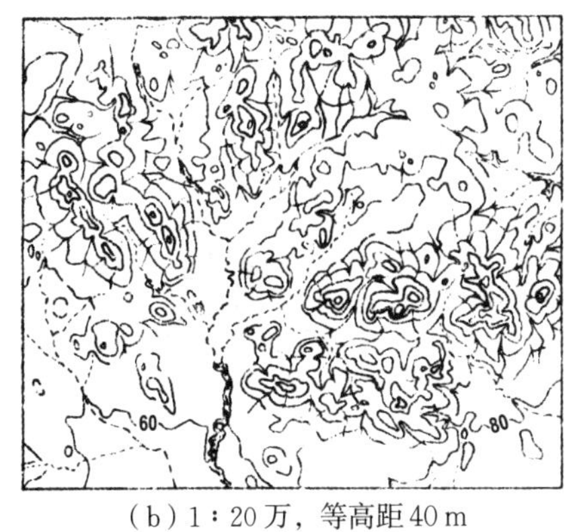

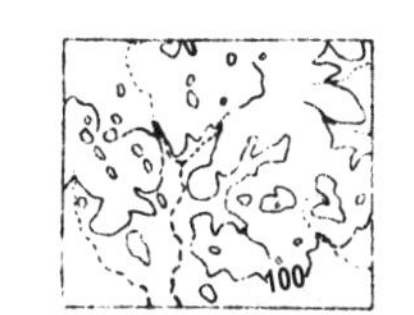

（b）1∶20 万，等高距 40 m　　（c）1∶50 万，等高距 100 m

图 7-55　我国北方丘陵——辽东丘陵（部分）综合示例

（3）正确表示分水岭。丘陵区往往多低矮的分水岭，山头起伏不大，鞍部宽平。综合时为使分水地段明显，当分水岭上的山头等高线落选时，山头间的鞍部图形应予保持，即保持或强调鞍部两侧的对应谷地；必要时可加绘山头补充等高线。

（4）正确反映丘体的形态特征。综合后需保持斜坡的类型和山体两侧的斜坡的陡缓变化规律，反映各斜坡上切割密度的对比。由于沟谷的取舍、小脊的合并，必然导致丘体的扩大和变形，但应保持总体轮廓基本相似。

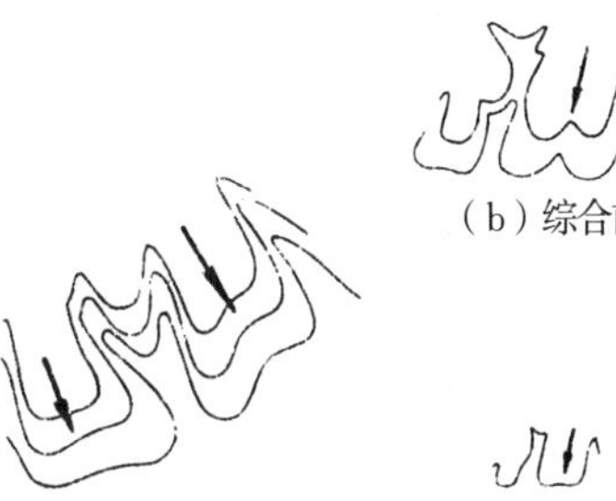

（b）综合前

（a）等高线特征　　（c）综合后

图 7-56　反映冲凹地段的特征

(5) 正确反映丘陵的共同基底和丘陵的分布状况。反映基底的等高线落选时，可加绘补充等高线，如图 7-55 所示，1∶20 万图上 100 m 补充等高线的使用就是如此。成片的低丘等高线全部落选时亦应适当加绘补充等高线。

2. 我国南方丘陵

图 7-57 系江西丘陵的部分，该区气候温湿，终年多雨，流水作用旺盛，河流发育。细沟密布，地面切割得十分破碎，低矮的小丘和垄岗杂乱分布，无一定方向，地貌结构线模糊，部分地区可见其与山地的联系。100 m 等高线显示了丘岗的主体和延伸方向，80 m 等高线反映了丘陵的分布范围（即共同基底）。谷地多为“V”形谷，宽窄不一，间有宽谷窄脊现象。由于丘陵低矮，而图上等高距较大，所以相邻等高线之间的协调性较差。

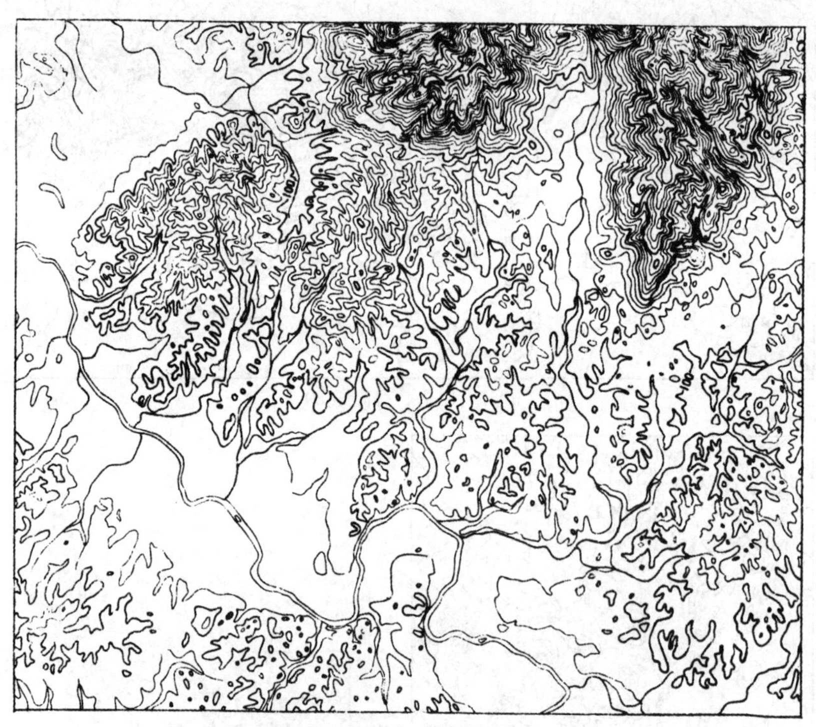

(a) 1∶10 万，等高距 20 m

(b) 1∶20 万，等高距 40 m

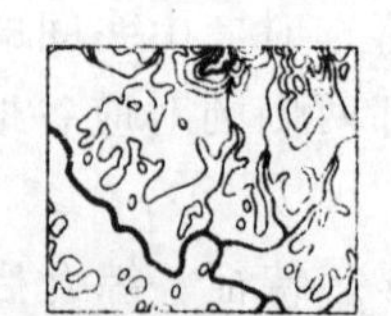

(c) 1∶50 万，等高距 100 m

图 7-57 我国南方丘陵——江西丘陵（部分）综合示例

根据上述特点，提示下列不同于图 7-55 的综合原则。

（1）由于谷脊宽窄不一，所以必须灵活运用删谷并脊和删脊并谷两种方法实施综合。

（2）表示丘体主要部分的等高线落选时，应加绘补充等高线以显示丘陵的分布。如图 7-57 中的 1∶20 万图，在低鞍部两侧，山脊延伸方向等重要部位均加绘了 100 m 补充等高线。

（3）山头只能取舍，不能合并。对于显示丘陵分布特征、山脊方向和鞍部特点有意义的山头应尽量选取，小于最小尺寸者应适当扩大，并且要注意方向正确、图形相似。

（4）零乱低矮的丘陵部分，由于等高距较大，所以综合后等高线弯曲不够协调，不应人为地强行套合。较大的谷地和汇合谷地应强调等高线图形合理套合、互相协调，反映流水谷地的特点，谷形应保持“V”形。

3. 砂岩方山丘陵

图 7-58 中的丘陵也是一种流水侵蚀丘陵，但由于构成丘陵的主要成分是水平状态的砂岩，岩性对丘陵的影响比较明显，形态较为特殊。砂岩多孔隙、节理，透水性强，水分顺孔隙下渗，并沿节理流出，侵蚀节理下部，上部岩层倒塌，使节理扩大成谷，随着谷坡不断倒塌后退，谷地日益加宽，山脊日趋窄小。故砂岩地区的山脊一般比较狭窄，鞍部狭长而谷地却很宽敞，谷底平坦，谷坡陡峭，谷源间残存的峰顶多呈角锥状。由于岩层水平，山顶常残留小片平台，山坡上多有水平坚岩突露而呈现阶状特征，谷地方向多受节理控制，主支谷多互相垂直。

（a）1∶10 万，等高距 20 m

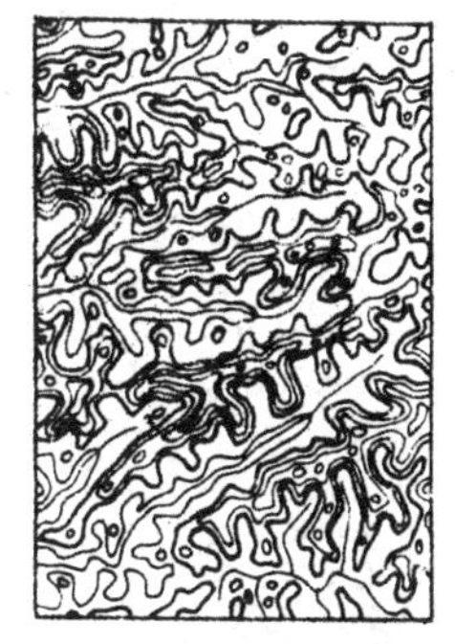

（b）1∶20 万，等高距 40 m

（c）1∶50 万，等高距 100 m

图 7-58 砂岩方山丘陵的综合

据上所述，该丘陵属于负向为主的形态，所以综合的基本原则是删除小脊、扩大谷地，但小山脊的删除要服从山形谷形的显示，如显示山顶角锥状特征的小山脊应予保留，锁住谷口的对应小山脊亦应保留。此外，为保持山脊狭窄的特征，山脊等高线不得向山坡移位，仅山顶有小块平台时，山顶等高线可稍向山坡移位表示。

4. 花岗岩丘陵

图 7-59 是一种流水侵蚀丘陵，其组成物质为花岗岩，这种岩石由多重矿物集合而成，

且多节理，所以当温度变化时，岩石内部各种矿物产生不同程度的胀缩，引起岩石的风化，岩石层层削落，使节理扩大成谷，丘陵呈现出浑圆的形态，多圆顶凸坡，同时流水将大量风化物冲入谷地，填高谷底，使谷地低浅平坦，谷地方向多受节理控制，呈格状谷网。此种丘陵中虽然谷地宽浅，但仍以正向为主，图形概括时应按删除小谷、扩大正向的原则进行。在综合此类丘陵时，应保持其圆顶凸坡的特点，等高线上稀下密，弯曲处多呈圆滑的图形，表示谷地时应保持谷底宽度，防止因上部等高线的挤压而使谷底变窄。

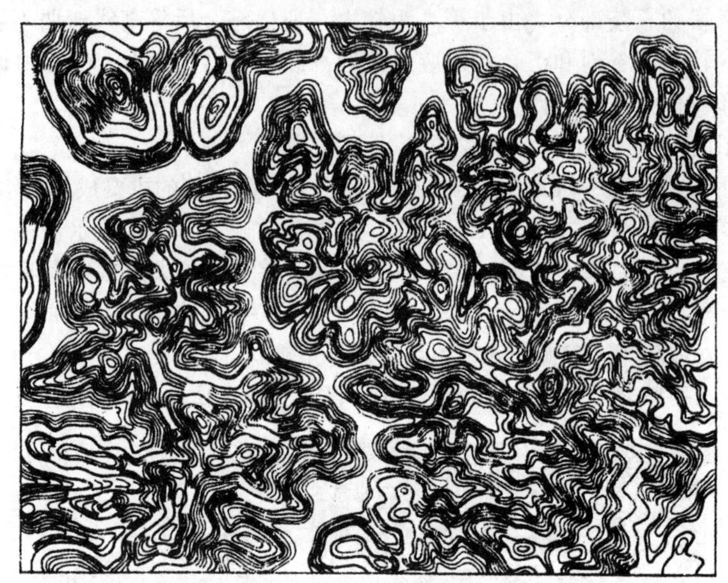

(a) 1∶10万，等高距20 m

(b) 1∶20万，等高距40 m

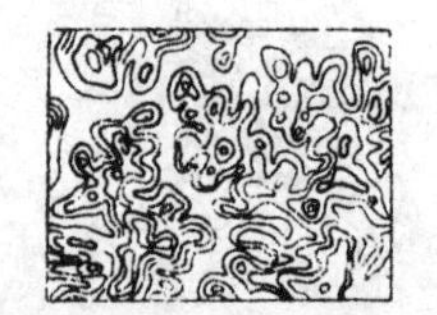

(c) 1∶50万，等高距100 m

图 7-59 花岗岩丘陵的综合

上述四例表明，流水侵蚀丘陵在不同气候条件、岩性、构造因素影响下，各有特点。综合时必须首先进行具体分析，从图形特征中了解丘陵的分布范围、地貌结构特征包括丘体的平面轮廓、丘顶、坡形和鞍部等在内的丘体形态、谷地的类型、切割密度和深度、平面结构等，明确综合的主要任务。然后根据具体情况和前面章节中介绍的地貌综合的一般原则和方法，灵活地、有针对性地提出相应的综合要点，指导作业。

（二）流水侵蚀低山及其制图综合

流水侵蚀低山是由流水长期侵蚀而成的山地，海拔一般在500～1 000 m，相对高度在100 m以上。我国东部的小兴安岭、太行山、鲁中低山、大别山、浙皖低山等均属此类。

低山与丘陵在分布上没有明显的分界，低山往往耸立于丘陵之间，互相过渡。在过渡地带上两者的特点很难鉴别，但在非过渡带上则区别明显。图 7-60 为闽浙低山的一部分，与前面提到的丘陵（图 7-57）比较，即可看出其差别，具体如下。

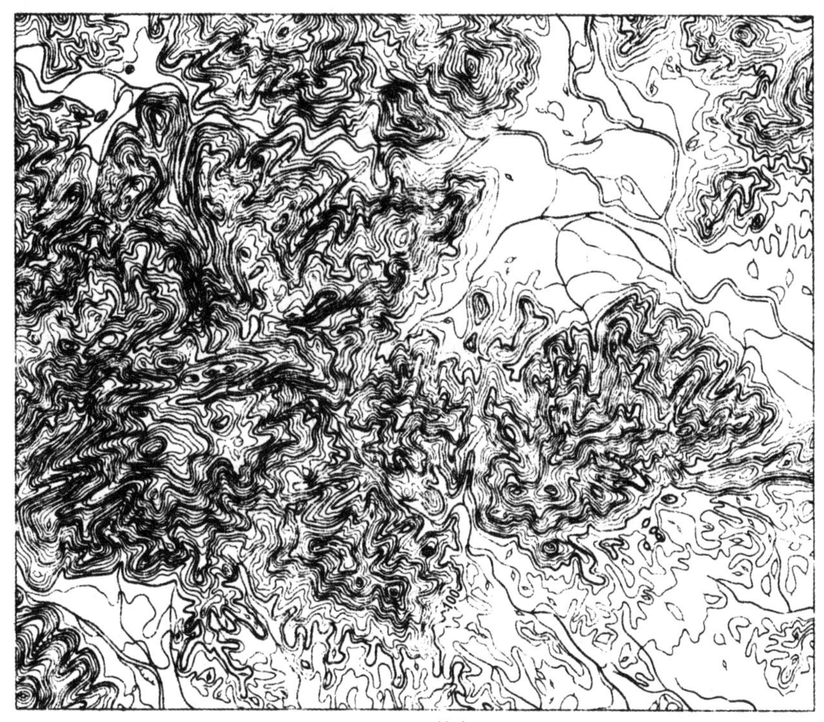

（a）1∶10万，等高距20 m

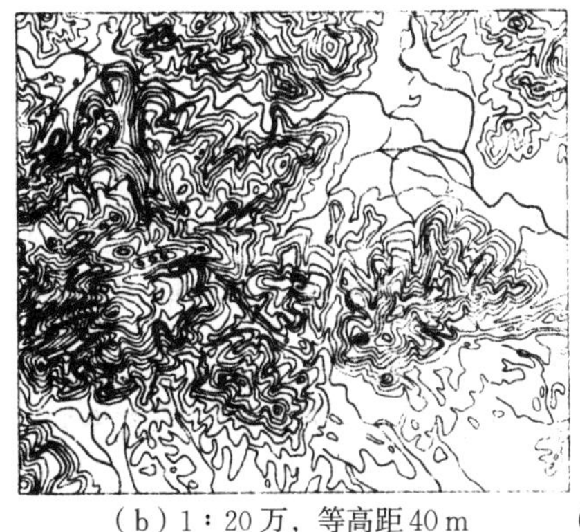

（b）1∶20万，等高距40 m

（c）1∶50万，等高距100 m

图 7-60　低山地貌的综合（例一）

（1）低山虽经流水长期切割，比较破碎，但形态比丘陵完整，山体较大且连贯，山头间以各种鞍部形态互相衔接，构成较长的山脊，延伸方向明确，地貌结构线比较清晰，孤立分散的山头较小。

（2）谷地发育，在每一个小的范围内，主支谷和大小河流均汇合成系，所以汇水谷形态比较普遍，有些地方河流汇合处冲击而成小型的漏斗状汇水盆地，有些地方小型断陷盆地经流水冲积改造成底部平坦的山间盆地。与周围山地形成明显的对照，山区中较大的居民地多在这些小平原上，小平原是山区人们活动的重要场所。

（3）低山区谷地网比较长大明显，主谷多为“U”形闭合，支谷多为“V”形闭合，并有深切曲流出现。

(4) 低山的山顶、山脊比较浑圆。山坡形态在峡谷两岸多凸形坡(因为流水下切，山坡下部坡度较陡)；在山间盆地四周山坡下有碎屑物堆积，下部坡度较缓，山坡多凹形坡。

根据上述特征，不难看出综合低山地貌的主要任务和方法。

1. 采用扩正压负的综合方法

流水侵蚀低山是以正向为主的地貌，综合时主要采用扩正压负舍去谷地、合并山脊的方法。

2. 尽力反映山脊延伸方向

正确表示山头和鞍部是反映山脊走向的主要办法。小山头可以取舍，但是显示山脊延伸方向的小山头应予选取，并扩大表示；综合鞍部图形时应注意其类型，特别是山脊方向在鞍部处发生转折时，应保持鞍部点位的正确，鞍部两侧的对应谷视具体情况可以采用缩短谷源和上提谷源的方法处理，以强调山脊的走向。低矮的山地往往需要强调半鞍部图形。

3. 正确显示汇水谷

正确显示汇水谷不仅可以反映流水侵蚀地貌的特征，还可以使山地形态真实生动。所以取舍汇水谷上的谷地时，不能简单机械地按一般谷地取舍，对显示山脊方向、山坡形态、鞍部特征有意义的较小谷地应适当选取，强调表示，但应分清主次，支谷舍去过多也会使山体变形失真。

在综合时，由于部分等高线落选，会出现不协调不套合等情况。对此，在精度允许范围内，可适当移动其中个别等高线位置或在小范围内修改图形，使之协调，防止汇水谷综合成悬谷或出现谷脊"顶牛"等现象。

4. 正确显示山间盆地和小片冲积平原的范围及形状

为正确表示山间盆地和小片冲积平原的范围及形状特征，当表示盆地范围的等高线落选时，可依实际需要加绘辅助等高线。至于山地的形态特征，如山顶、山坡、山脊、谷地等类型，则按制图综合一般原则进行。

图 7-61 为辽东低山丘陵的一部分，山脊较窄，多凹形坡，山麓延续部分过渡为丘陵，山丘联系紧密，走向清晰，由于气候影响，冲沟发育，谷源处因风化和散流冲刷，未成深沟，形态比较宽敞。多汇水谷，也是该区的显著特征。坡麓地带碎屑堆积成缓坡，所有山间盆地界线不清。

在综合此类山地时，除按上述原则进行，还应保持谷源宽敞和汇水谷的特征。比例尺缩小以后，适当选绘冲沟符号，可使山脊走向明显化。

(三) 流水侵蚀中山及其制图综合

流水侵蚀中山的绝对高程 1 000～3 500 m，切割深度差别很大，最小的在 100 m 以上，最大的可达 1 000 m 以上。

中山与低山丘陵在分布、形态上均没有明显的界线，中山往往耸立在低山丘陵之中，四周逐渐过渡为低山丘陵，外力作用又以流水作用为主，所以许多特征只是程度上的差异，但比较而言，中山地貌有下列较突出之点。

(1) 山体比较庞大完整，山顶、山脊比较浑圆，但比低山丘陵尖窄，地貌结构线清晰。

(2) 由于相对高度较大，山坡较陡，长度较长，坡上多种岩石裸露，受岩性影响，坡形比较复杂，多复合坡。

(3) 山地较高，流水下蚀强烈，故谷地多为深切的"V"形谷，且多深切曲流。

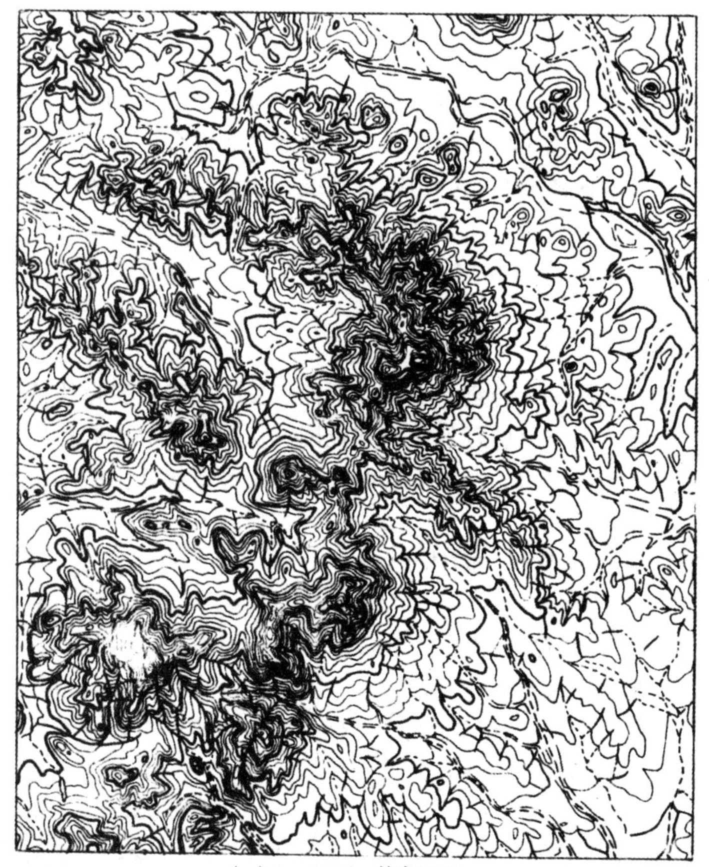

（a）1∶10万，等高距20 m

（b）1∶20万，等高距40 m

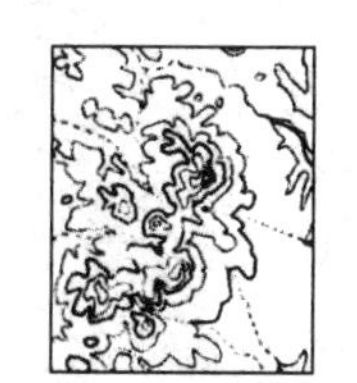

（c）1∶50万，等高距100 m

图 7-61　低山地貌的综合（例二）

（4）中山的海拔较高，山上气温较低，但一般尚无冰川出现，仅有部分中山存在古代冰川的遗迹，如庐山。

由上述特征可知，综合中山地貌时应注意如下几个问题。

1．正确表示峰顶棱脊的特征

峰顶棱脊的等高线弯曲形状一般应较尖，笔调较硬，但不露折角，微带浑圆，反映中山地貌高峻浑圆的特点。

2. 正确表示“V”形峡谷

谷坡等高线紧贴河流，并随河流弯曲而弯曲，闭合处呈“V”形。

综合小的深切河曲时，微小山嘴随河流弯曲的取舍而取舍。狭长河曲间有较高山嘴的情况下，比例尺缩小后，河曲图形缩小，山嘴等高线无法插绘时，可采用两种办法处理：一是适当扩大河曲，绘出山嘴等高线；二是保持河曲位置，简绘或删去山嘴等高线。

由于比例尺缩小，河流符号相对加宽，两侧等高线应做平行移位，与河流保持最小间隔。

3. 正确反映坡形特征

要注意山坡类型，尤其是综合复杂坡形时要注意反映其陡缓变化的特征，但在中、小比例尺图上，重点在于显示山体总的延伸方向和范围、切割程度对比等特征，碎部的形态特征在比例尺允许的情况下予以保留，所以综合时不必采用等高线移位的方法来过分地强调复合坡形上的陡缓变化。

上述三点在图 7-62 中均有明显的体现。

4. 正确反映切割密度对比

如图 7-63 所示，山脊两侧切割状况相同，山脊右侧坡陡，沟短而深，大致互相平行，密度较小；山脊左侧沟浅而长，比较零乱破碎，但谷地等高线仍能互相呼应。在综合时，山脊右侧可按最小尺寸舍去小谷，谷间地宽度可接近大指标值；山脊左侧谷间地宽度可接近小指标值，并注意取舍后的等高线上下呼应。

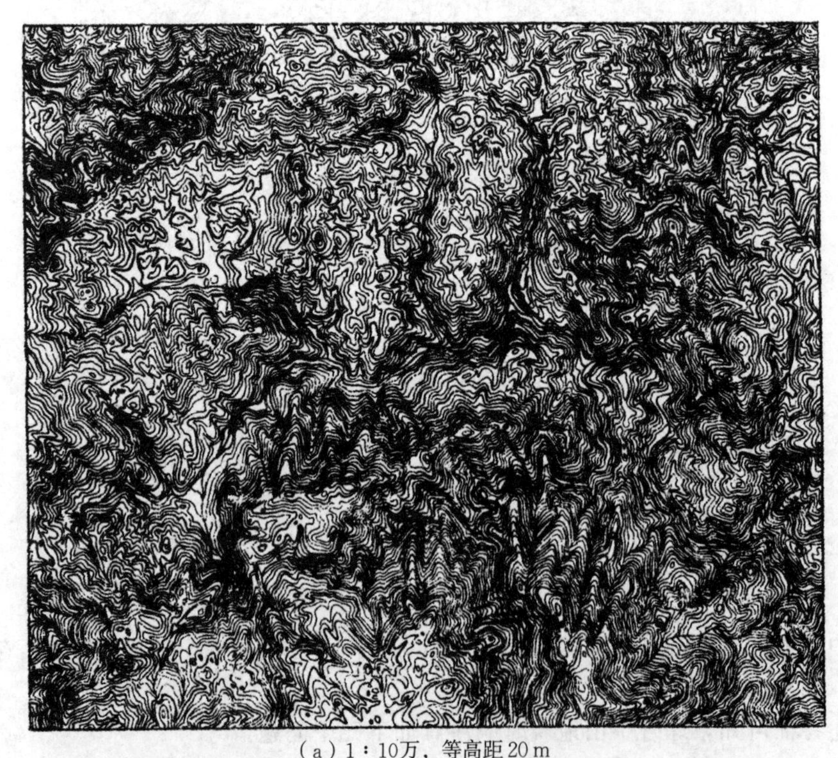

(a) 1∶10万，等高距 20 m

图 7-62 流水侵蚀中山地貌的综合（例一）

(b) 1∶20万，等高距40 m

(c) 1∶50万，等高距100 m

图 7-62（续）　流水侵蚀中山地貌的综合（例一）

(a) 1∶10万，等高距40 m

(b) 1∶20万，等高距80 m

(c) 1∶50万，等高距100 m

图 7-63　流水侵蚀中山地貌的综合（例二）

汇水谷上源除几条主要支谷外，还有许多小谷，切割比较碎，使汇水谷形态显得复杂多样。这种汇水谷在由1∶10万综合到1∶20万比例尺图时，不能机械地按最小尺寸舍去小谷处理，应择要予以强调，以反映源头破碎的特点。1∶50万图上也不能全部舍去小谷，否则不仅会使汇水谷变形，还会改变山坡的切割特征，造成严重的变形。

5. 正确显示古冰川地貌

如有古冰川痕迹，则需适当予以保留和强调，以显示某些中山地区古冰川地貌的存在。

二、高山冰川地貌及其制图综合

在我国，通常将海拔3 500 m以上的山地称为高山。高山区内，气候比较寒冷，降水多以雪雹等形式出现，降下的冰雪甚至到夏季也不能全部融化，每年残存的冰雪长期积累起来，便出现了永久积雪区。它与非永久积雪区的分界地带一般称为雪线。

雪线以上的冰雪大部分积存在洼地和具备积雪条件（如风小、坡缓等）的山坡及山顶。随着雪层的加厚，下部雪层承受的压力越来越大，再加上融雪水下渗，到内部再冻结，使雪层逐渐凝结成很厚的冰层。冰虽然是一种固体，但是在受力的情况下可以改变形状，物质的这种特性称可塑性。正因为冰具有可塑性，所以当冰量超过洼地的容纳量时，冰体便会在重力作用下溢出洼地，顺坡顺谷向下滑动，甚至下降到离雪线很远的低地里，形成一条一条的冰川，图7-64中四周用蓝色虚线圈定范围，内部以蓝色等高线表示的部分均为现代高山冰川[1]。所以，高山地貌的突出特点之一是现代冰川比较发育。

冰川的分布范围不是固定不变的，随着气候的变化，其范围也相应变化。气候变暖，则冰川的消融加剧，冰川范围萎缩；气候转冷，则冰川范围扩张。地理工作者经过长期研究，认为现今的气候比过去暖和了许多，冰川范围已大大缩小，过去被冰川覆盖过的地面有些便裸露出来，这些地面保留着过去冰川作用的痕迹。由于冰川是一种运动着的固体，像推土机一样刨刮着地表，对地表的改造十分强烈，所以其形成的地貌比较特殊。在有冰体覆盖的情况下，冰川地貌特征仅在冰面体现一部分，当冰体融化后，冰川地貌特征就看得十分清楚了。图7-69、图7-70中所见角峰刃脊、上宽下窄的谷地和山坡上的沙发状洼地等，都是冰川作用地貌的显著标志。冰川地貌特征明显，是高山地貌的又一重要特征。

此外，高山地区冰冻风化作用也很强烈。冰雪融化时，水分渗入岩石裂缝，反复冻融，不断撑胀裂缝，使岩石破裂剥落，于是在露岩地段表现出尖棱突露、岩沟密布的特征，这也是高山地貌中不可忽视的特征之一。

为了加深对高山地貌的认识，下面对现代山岳冰川和冰川作用地貌及其综合做进一步的介绍。

（一）现代山岳冰川

1. 山岳冰川冰面的基本特征

如前所述，雪线以上的冰雪大多积聚在雪线附近的凹地里，当冰量增至凹地无法容纳时，冰体便从凹地缺口溢出，流向雪线以下的低地，形成冰川。这样，冰川便可明显地分为两部分。

---

[1] 蓝色在图7-64中不作显示。

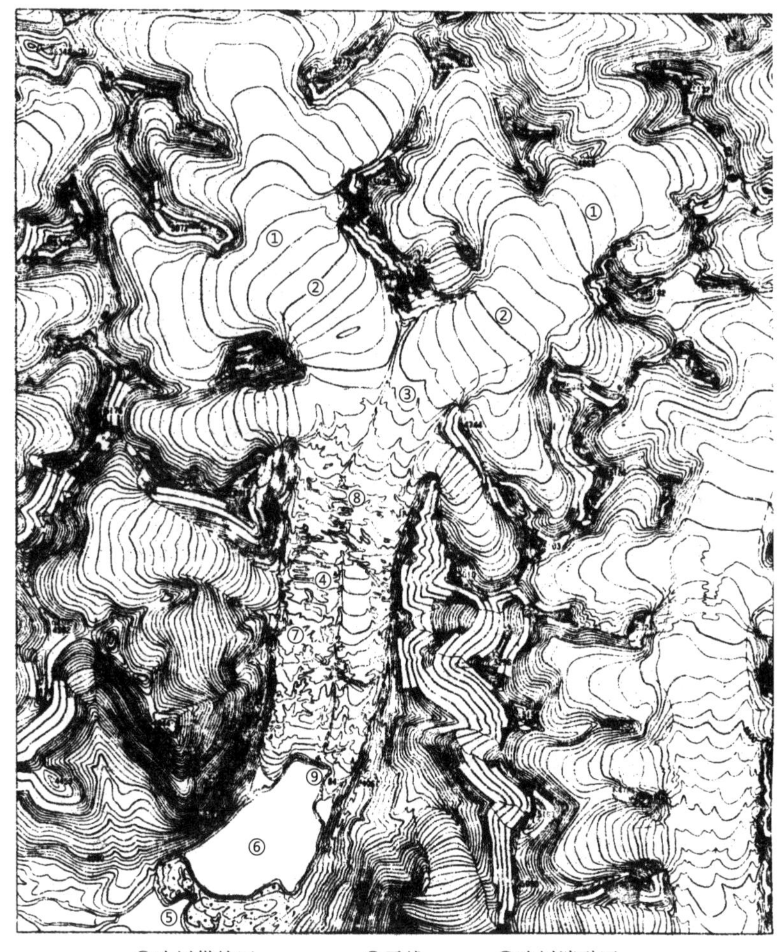

①冰川供给区　②雪线　③冰川消融区
④冰隙(用等高线表示)　⑤终碛垄　⑥冰碛湖
⑦冰塔(用▲符号表示)　⑧冰面凹坑　⑨冰崖

图 7-64　多现代冰川的高山

一部分是雪线以上的积雪凹地。因为积满冰雪，又为下部冰川的冰量供给地，故名雪冰盆地（粒雪盆）或冰川供给区。盆地中的冰雪中间部分厚度大，承压也大，外溢时先流出，而四周部分冰层薄，且与盆地周围的岩石相嵌附，不易流出，故供给区的冰面形态是边缘高而中间凹下的形状，横断面呈凹形，如图 7-65（b）所示。反映在地形图上，其冰面等高线为向山顶方向弯曲的圆滑曲线。

另一部分是流至雪线以下的冰体部分。因雪线以下地区消融量大于降雪量，所以这一部分只有当上部供给量大于冰川舌消融量时才能存在，故名冰川消融区。因消融后残留的冰体形如舌，又名冰川舌。冰川舌在消融过程中，冰体两侧与山岩接触摩擦，消融较快，中间部分融化速度相对较慢，故其冰面形态是中间高两侧低，横断面呈凸形，如图 7-65（d）所示。反映在地形图上，其冰面等高线为向山脚方向凸出的曲线。

在供给区冰面的凹形横断面与消融区的凸形横断面之间，冰面形态有一个过渡性的平直横断面，在等高线图形上表现为比较平直的曲线，这就是雪线的概略位置所在，如图 7-65（c）所示。

综上所述，山岳冰川冰面形态的基本特征是“两区一线（供给区、消融区和雪线）三个断面”，其等高线图形规律是上凹下凸中间平。

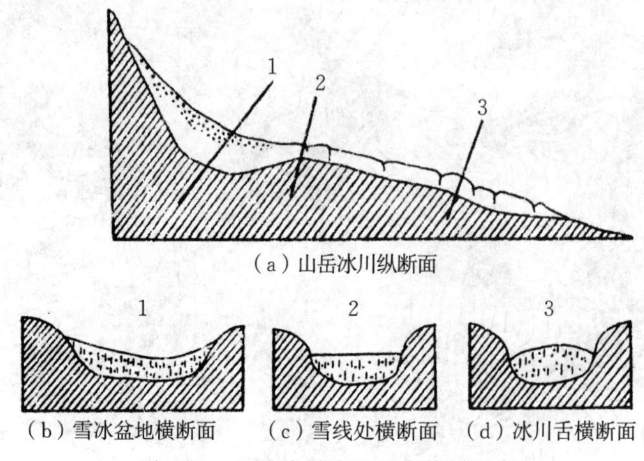

图 7-65　山岳冰川冰面基本特征示意

2. 冰面的其他形态类型和特征

从图 7-64 可以看出，冰面形态并不像上述那样简单，冰面等高线上还有不少细小的复杂图形，并配有许多符号，这是为什么呢？这是因为冰川在运动、消融过程中，受各种条件和因素的影响，冰面形态发生了深刻的变化，形成了许多次一级的冰面形态，使冰面特征复杂化了。

常见的冰面微地形有下列几种。

(1) 冰隙：即冰面裂缝，主要是因冰川各部分运动速度不一，同时受地形条件的影响而产生。例如，冰体两侧部分与山坡摩擦，流速比中央部分要慢些，这会使冰川两侧扭裂，形成方向与冰川流向斜交的侧冰隙，如图 7-66 (a) 所示；冰层流经陡坎地时，因地面坡度增大，冰川流速加快，冰面扯裂，会生成与冰川方向垂直的横冰隙，如图 7-66 (b) 所示；冰川自窄谷进入宽谷时，冰体向两侧展开，表面张裂，会出现与冰川方向一致的纵冰隙，图 7-66 (c) 所示。

初成的冰隙，其方向、位置有一定的规律，但随着冰川的继续运动和冰川的汇合，其方向位置和形状均会起很大变化，显得比较零乱。

冰隙在地形图上用冰隙符号表示，如图 7-66 (d) 所示。在 1∶5 万地形图上，其位置、方向和平面轮廓均由实测而定。在编绘新图时，则依其分布部位和密度取舍符号而定。到 1∶100 万图上，因冰川舌的图上面积已很小，冰隙很难再予表示。

(2) 表碛：冰川所搬运的岩石等堆积物称冰碛物，在冰川表面、冰体内部、冰体底部和冰川末端均可见，其中分布在冰面者称表碛。表碛分为侧碛和中碛两种。有的表碛位于冰面两侧，是由于冰川在流动过程中锉磨两侧岩壁，坡上的岩屑石块崩落下来，堆积在冰面两侧形成的，称侧碛；在两条冰川汇合时，相邻侧碛汇合成位于冰面中间部位、顺冰川流向延伸的长条表碛，称中碛。

表碛往往在冰面上堆成垄状小脊，但有时薄层表碛反而能促进冰面的局部融化，使表碛处于凹槽之中，使冰面形态复杂化。

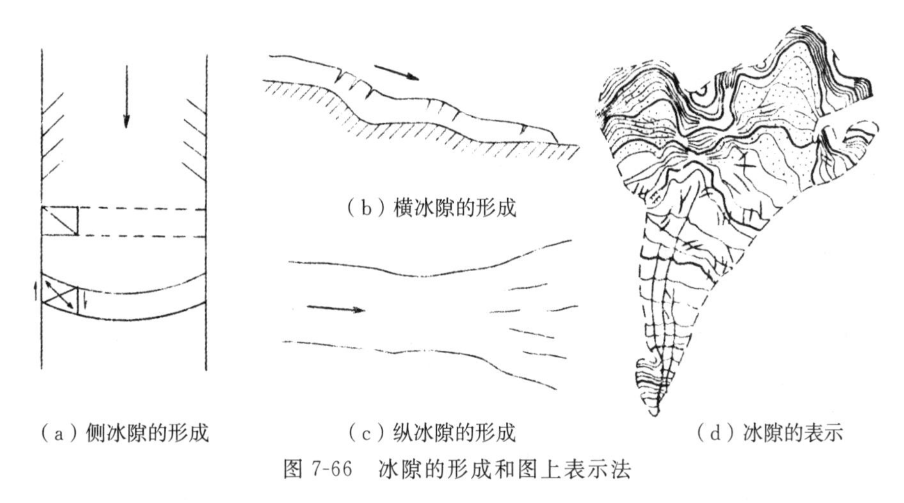

（a）侧冰隙的形成　（b）横冰隙的形成　（c）纵冰隙的形成　（d）冰隙的表示

图 7-66　冰隙的形成和图上表示法

在地形图上，表碛以等高线配合相应符号的方法表示。表碛呈垄状时，冰川舌等高线通过垄脊时呈锯齿状突出，顺突出部配置符号；垄状特征不明显时，等高线无明显弯曲，仅在表碛位置上配置符号；表碛处于凹槽中时，冰面等高线在表碛处呈微凹状，顺槽沟配置符号(图 7-67)。

（3）冰塔：由于冰隙的存在、冰川的融化和冰水对冰面的切割，冰体被分割成各种形状的冰峰，称为冰塔。冰塔高度不大，在消融较强的冰川中下段分布较广。

冰塔在地形图上用相应符号表示，高度小于 10 m 的均不予表示。符号配置需反映冰塔的分布范围和密度对比（图 7-64）。

（4）冰坑、冰面湖、冰面河及冰崖等。

冰面由于融化速度不同，会出现许多微地形。有些冰面上覆少量冰碛物，在日照情况下大量吸热，促使下伏冰体迅速消融，冰面凹下成冰坑，坑内积水成冰面湖，冰水顺冰面低凹地段汇流成冰面河；有的冰面断裂错开形成冰崖等。它们与一般的河、湖、坑、崖的表示方法相同，但均用蓝色表示（图 7-64）。

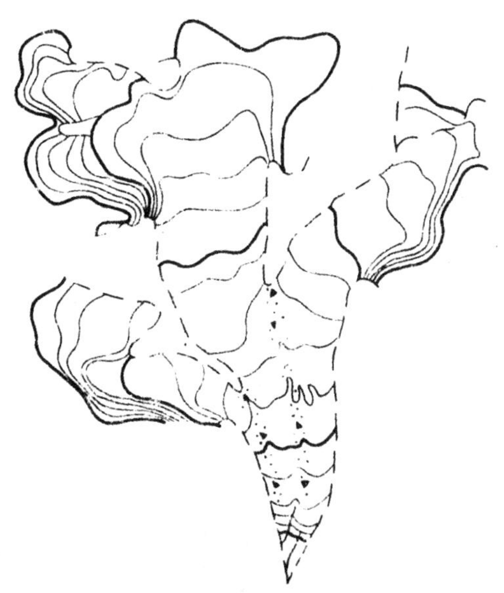

图 7-67　表碛等高线图形示例

3. 高山冰川的类型

上面综合性地介绍了山岳冰川的形态特征，但是每一条冰川由于供给和消融的情况差异较大，所以出现了不同的山岳冰川类型，常见者如下。

（1）冰斗冰川：这种冰川规模很小，冰体蜷缩在雪线附近的围椅状凹地中，冰舌很短，有的根本没有冰舌。冰斗冰川的形成与冰雪供给量少有关，有时由山岳冰川退缩而成。在实地上呈斑点状分布。冰斗冰川在地形图上往往具有近似圆形、椭圆形或蝌蚪形的轮廓，冰面等高线多向山顶弯曲，短小冰舌微向下凸。有时冰面呈穹形，等高线呈椭圆闭合曲线。冰川周围等高线可见明显的凹盆形态。

（2）悬冰川：短小冰川舌从供给区流出后，悬于山坡上而未降至谷底者，或冰雪在山坡上的微凹地段积聚，冰层较薄且悬于山坡上者，均属悬冰川。悬冰川亦呈斑状分布，在地形图上具有长条状、长圆形的轮廓，由于冰层较薄，冰面形态受坡形影响较大，冰面等高线与山坡等高线形状基本一致，冰舌周围的等高线无明显的洼地和谷地形态，冰川舌下山坡等高线较密集。

（3）山谷冰川：其特点是雪冰盆地和冰川舌的区分明显，冰川从雪冰盆地溢出后，顺山谷向下流动，冰川长度较大。山谷冰川往往互相汇合成冰川网。冰面形态比较复杂，但其复杂程度往往与冰川朝向有关，阳坡上的冰川冰面消融比阴坡剧烈，冰面形态亦比阴坡复杂。至于其图形特征前面已有详细阐述，此处不再赘述。

（二）冰蚀、冰碛地貌

冰川所到之处都会在地表留下深刻的烙印——有冰蚀、冰碛地貌出现。在现代冰川覆盖区内，这些形态隐蔽于冰体之下，在图上无法显示。而冰川退化后裸露出来的冰蚀、冰碛地貌，则类型特征清晰易辨，在地形图上图形特征也很别致，反映了古代冰川的类型、作用强度和冰川曾经到达的范围。这种裸露的冰蚀、冰碛地貌一般称为古冰川地貌。

常见的古冰川地貌有下列主要形态类型。

1. 冰蚀形态

（1）冰斗：冰斗实际上是原冰川供给区所在的凹地。这些凹地经冰川和冰冻风化作用，四周岩石不断破碎，岩壁不断后退，凹地逐渐扩大，凹地底部加深，形成冰斗。

冰斗的形态特征极似圆形的沙发椅，底部微凹，三面陡峭，一面开敞，敞口处有一小坎，冰斗底部常积水成湖，称冰斗湖。

冰斗裸露后，其他外力作用即参与破坏和改造，如冰斗四周陡壁因风化剥落而变缓，碎屑物逐渐填塞冰斗，流水作用切开冰斗底部，冲刷其斜坡，逐渐将冰斗改造成谷地等，所以冰斗裸露时间越长，其形态特征越趋模糊。

冰斗的等高线图形特征为：冰斗壁是一组弧形密集等高线，坡度过陡时也用陡崖或石山符号显示；冰斗底部等高线稀疏，最低处或为闭合的凹地等高线，或为湖泊所占，出露时间较长者底部常配有砂砾符号（图 7-68）。

图 7-68 冰斗等高线图形示例

（2）角峰和刃脊：冰斗通常不是单个存在，往往沿着山脊的周围分布，随着冰斗的逐渐扩大，不断向山脊和山顶侵蚀，山顶面积不断缩小，山脊宽度变窄，最后使山峰变成角锥状峰顶，称角峰；山脊变成刀刃状山脊，称刃脊（图 7-69）。这是冰蚀地区山顶山脊的基本特征。

角峰、刃脊在地形图上一般用尖锐、密集的等高线表示。角峰等高线多为三角形或多角形的闭合曲线，棱脊处呈尖锐转折，套合良好，相邻角峰通常以尖窄而狭长的鞍部图形相连接，鞍部两侧冰斗壁等高线呈弧形向鞍部紧靠，反映出刃脊的特征（图 7-70）。

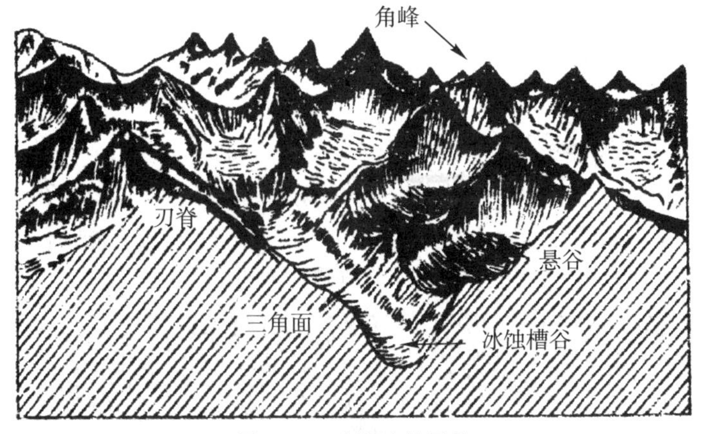

图 7-69　冰蚀地貌写景

图 7-70　冰蚀地貌等高线图

（3）冰蚀槽谷：冰蚀槽谷是被冰川改造过的谷地。当冰川在谷地中流动时，对谷底谷坡进行强烈的刨掘，将谷底展宽、磨平，使谷坡变得陡峭，谷地横断面呈槽形。但是谷地各段的岩石不同，冰川的刨蚀程度也就产生差别，软岩处刨蚀较易，地势低下，硬岩处磨蚀较难，地势相对高起，所以槽谷谷底纵断面上往往具有波形或阶形起伏，低洼的地方常积存冰水成湖，名冰蚀湖，顺冰川谷长条延伸（图 7-71）。

冰川改造前的谷地一般都是弯曲的，两侧山嘴互相交错着，这种曲折的谷地显然不适应冰体的流动，所以冰川作用竭力削平这些交错的山嘴，使谷地变得顺直些，便于冰体流动。

冰川融化后，冰蚀谷两侧谷坡上出现三角形斜面，称三角面地貌（图 7-72）。

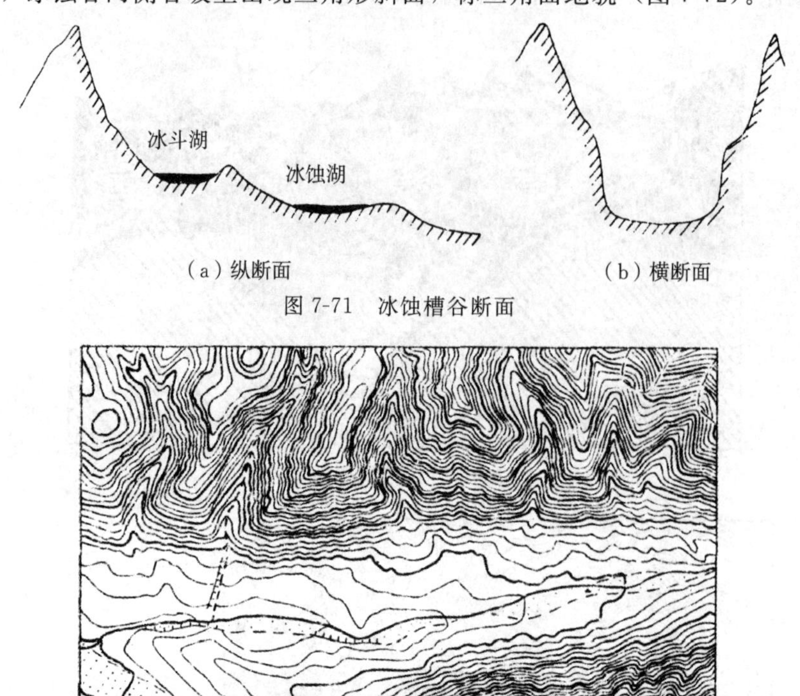

（a）纵断面　　（b）横断面

图 7-71　冰蚀槽谷断面

图 7-72　三角面地貌等高线

槽谷两侧往往有许多小冰蚀谷汇入主谷，因过去主支谷中冰川规模不同，主谷冰川的规模大于支谷冰川，所以主谷也就比支谷要刨蚀得深些，支谷谷底往往高出主谷谷底数十米，甚至几百米，这种支谷称冰蚀悬谷（图 7-70）。

冰蚀槽谷在地形图上用等高线表示时，其图形特点为：谷坡上等高线平直密集，谷底处等高线呈平滑宽阔的弧形弯曲，等高线水平距离增大，时有疏密变化，反映了纵断面上的起伏特征。冰蚀悬谷谷口处图形比较别致，等高线在悬谷口以下平直通过，而悬谷口以上等高线骤然伸入悬谷，显示出冰蚀谷图形，谷口上下图形很不协调，却真实反映了实际情况。至于三角面形态则以等高线在三角面上平直通过，而在三角面两边侧棱处呈明显转折的手法显示，侧棱处曲线紧密套合，强调棱脊的明显性，使三角面形态从一般的山坡图形中区别出来（图 7-70）。

2. 冰碛形态

冰碛是冰川退却后，冰碛物在地面堆积而成的。其形态主要表现为冰碛丘陵。在山岳冰川地区，冰碛丘陵分布在冰蚀谷底部，范围小而零碎。其形成过程和形态特征大致如下：气候稳定时期，冰川分布范围相对稳定，此时冰川像推土机一样，把冰体融化时散落下来的冰碛物推向前方，在冰川末端堆起一条拦截谷地的弧形垄岗，称终碛垄，其弯曲形状与冰舌前端形态相吻合，由于堆积时间较长，形体比较高大。当气候变暖时，冰川徐徐后退，在终碛垄内侧冰碛物杂乱地堆积下来，冰碛物厚的地方成丘，薄的地方成凹地，丘陵起伏不大，排列杂乱，丘体大小不一，形态各异，并受冰水泡浸，低洼处广布湖泊和沼泽，细小河流穿越其间，通行困难。

在冰川后退过程中，如果冰川有几次暂时停顿，可出现几条大致平行的终碛垄，它生动地反映了冰川节节后退的特征。

从上述情况可知，冰碛丘陵的等高线图形特征为：终碛垄上等高线多曲折且不太协调，但可明显看出弧形特征；其他丘陵等高线弯曲多而小，互不协调，且多各种形状的封闭曲线，由于丘陵比高较小，故多用补充等高线显示，丘体上配置砂砾符号，丘间多有湖沼符号（图 7-73，图 7-74）。

图 7-73　冰碛丘陵的表示

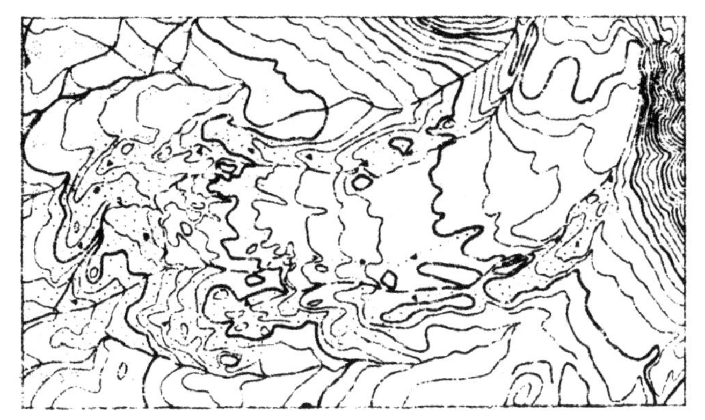

图 7-74　终碛垄的表示

（三）高山冰川地貌综合中的几个问题

由于现代冰川和古代冰川及不同高度上冰川的地貌特征存在差异性，高山冰川地貌在综合时有不同的重点，现分别加以讨论。

1. 有现代冰川的高山地貌的综合

对于这类高山地貌，重点是各种类型的现代冰川地貌的综合，主要问题包括四个方面。

（1）将冰雪区和裸露区视为地貌整体进行综合，保证地貌的连续性。

冰雪区和裸露区在地形图上分别用蓝色和棕色表示。由于冰雪覆盖了谷地和山坡甚至越过山顶和鞍部，所以在读图时，地貌整体性不易识别，走向不清楚，谷脊难分辨，给图形综合带来困难，因此，有必要讨论一下如何将冰雪区和裸露区作为地貌整体进行综合的问题。

怎样才能不受蓝、棕色之分的干扰，将冰雪区和裸露区视为地貌整体呢？

从认识上来讲，就是要从正向地貌形态辨别山头、鞍部和山脊（尤其着重被冰雪覆盖的山头、鞍部和山脊)，从负向地貌形态辨别各种类型的冰川谷地(尤其着重主、支冰川谷的关系)，以获得关于冰雪区和裸露区统一的、连续的地表起伏的基本轮廓。比较有效的方法是勾绘地貌结构线(主要是山脊线)。

从综合上来说，要特别注意两种不同颜色等高线之间的有机联系。颜色不同，但表示的是一个地貌整体，因此要注意相互关系，并采用统一的综合原则。这些将在下面具体讨论。

(2) 冰雪区和裸露区的综合(图 7-75)。

在地形图上，冰雪区和裸露区的界限是以冰雪范围表示的，有的是大片冰雪区内有零星的裸露区，有的是小块冰雪区零星分布，因此，当比例尺缩小后就需要进行综合。

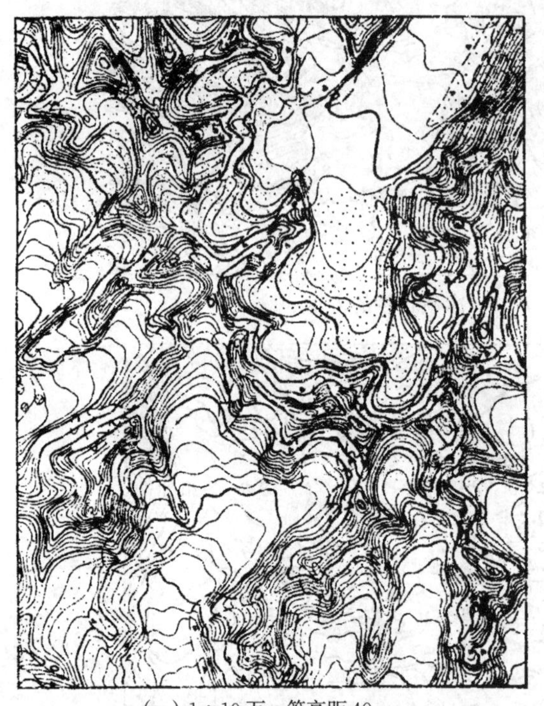

(a) 1∶10万，等高距40 m

(b) 1∶20万，等高距80 m

(c) 1∶50万，等高距100 m

图 7-75 冰雪区和裸露区的综合

冰雪区和裸露区的取舍视地图比例尺而定。1∶10 万比例尺地图可定为 4～6 mm^2，1∶20 万和 1∶50 万比例尺地图可定为 10 mm^2 左右，小于这个指标的，一般可以舍去。但当小型冰斗冰川成排分布时，虽小于选取指标，也只能舍去一部分，夸大表示一部分，以反映分布特征。在化简冰川范围线时，轮廓弯曲空白小于 1～2 mm^2 的可予以概括，根据具体情况，或舍掉冰雪区以扩大裸露区，或舍去裸露区以扩大冰雪区。当冰雪区相邻间隔小于 1 mm 时，可以合并表示。

所谓对冰雪区和裸露区进行取舍，实际上是舍掉冰雪区，即将蓝色等高线改成棕色等高线，或舍去裸露区，即将棕色等高线改为蓝色等高线。

(3) 冰面等高线图形的概括。

当冰面等高线图形的弯曲小于 0.5 mm×0.6 mm 时，应进行概括(图 7-76)。

冰面等高线图形的概括，在雪线以上和雪线以下应采用相反的原则和方法。在雪线以上，一般以删除小的正向形态为主，以扩大负向，保持等高线向上弯曲的特点；雪线以下，一般以删除小的负向形态为主，以扩大正向，保持等高线向下弯曲的特点。概括冰面等高线图形时，一般不宜强调互相套合，仅表碛、冰河所在处等高线图形应上下协调。

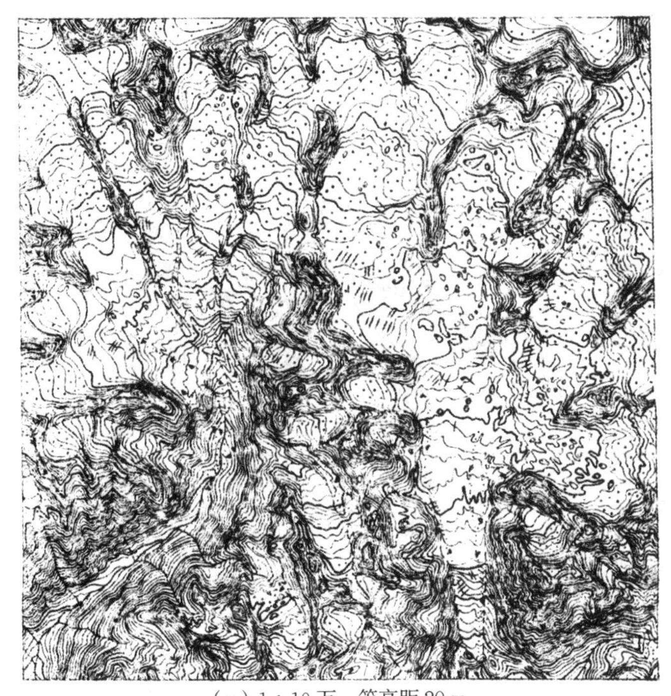

(a) 1∶10万，等高距20 m

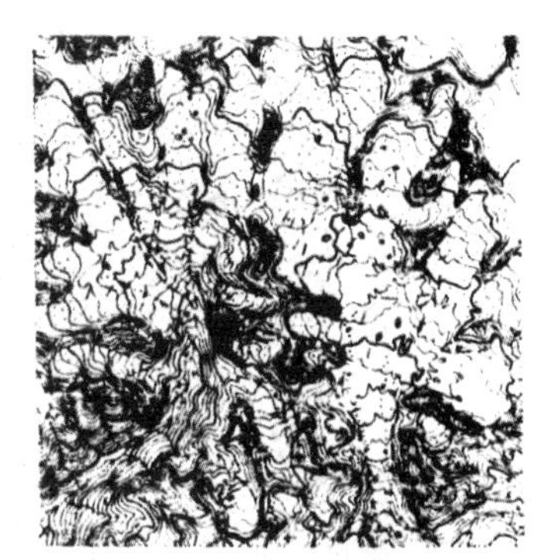

(b) 1∶20万，等高距40 m

(c) 1∶50万，等高距100 m

图 7-76　冰面等高线图形的概括

概括冰面等高线图形，还应注意南坡与北坡的差别。对于发育在南坡的冰川，当其等高线弯曲小于规定的最小尺寸而又十分密集时，不能全部舍去，而应夸大表示其中的一部分，舍去另一部分。

冰面等高线图形的上述特点，在1∶10万及更大比例尺地图上能详细表示，在1∶20万及1∶50万比例尺图上只能概略表示，而到了1∶100万及更小比例尺图上，就无法区别和显示了。

(4) 冰面微地形的取舍（图7-76）。

冰面微地形如冰隙、冰陡崖、冰碛、冰面湖、冰面凹坑等，在1∶10万及更大比例尺图上表示较详细。在1∶20万及1∶50万比例尺图上要进行取舍，冰面湖和冰面凹坑的选取标准分别为1 mm^2 和0.5 mm^2，冰陡崖选取长3 mm以上的表示，其他如冰隙、冰碛、冰塔等的选取，以保证地图的清晰性和反映分布特征为条件。在1∶100万及更小比例尺图上，冰面微地形不予表示。

对照1∶10万、1∶20万及1∶50万综合样图（图7-77），可领会有现代冰川的高山地貌的综合要点。

2. 有古冰川的高山地貌的综合

对于这类高山地貌，重点是各种冰川作用地貌的综合。

(1) 冰斗、角峰、刃脊的综合（图7-78）。

化简冰斗内部时，删除正向形态，扩大负向地貌形态；随着比例尺的缩小，当冰斗不能表示时，舍去一部分，对保留的另一部分应采取扩大负向形态的方法化简其内部。在 1∶10 万及更大比例尺地图上，冰斗基本能全部表示，并可较详细地表示其内部；在 1∶20 万及 1∶50 万比例尺地图上，舍去一些小的，并大大化简其内部；而在 1∶100 万及更小比例尺地图上，则舍去大部分，只能表示冰斗的总的形态特征。当冰斗成排分布时，虽很小，也应舍去一部分，夸大表示另一部分。

(a) 1∶10万，等高距40 m

图 7-77　有现代冰川的高山地貌综合

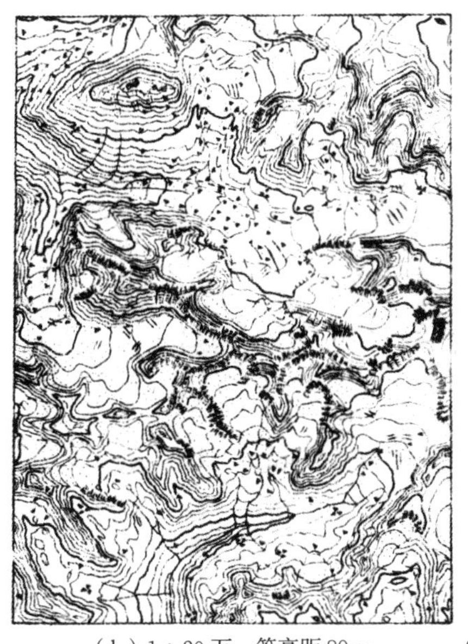

（b）1∶20万，等高距80 m　　（c）1∶50万，等高距100 m

图7-77（续）　有现代冰川的高山地貌综合

（b）1∶20万，等高距80 m

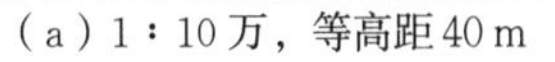

（a）1∶10万，等高距40 m　　（c）1∶50万，等高距100 m

图7-78　冰斗、角峰、刃脊的综合

综合角峰、刃脊时，应以角状转折、边线呈凹弧状的多角形表示角峰，以尖锐转折的狭长等高线表示刃脊，以狭长鞍部连接各山头，综合时应保持山脊的狭窄性和棱脊的尖锐性，所以冰斗的取舍综合必须与角峰、刃脊的显示相联系，要按照表示角峰、刃脊的需要进行取舍。

（2）冰蚀槽谷的综合。

冰蚀槽谷在1∶20万及更大比例尺地图上基本全部表示，在1∶50万比例尺地图上舍去少量小的，在1∶100万及更小比例尺地图上则有较大的取舍（图7-79）。

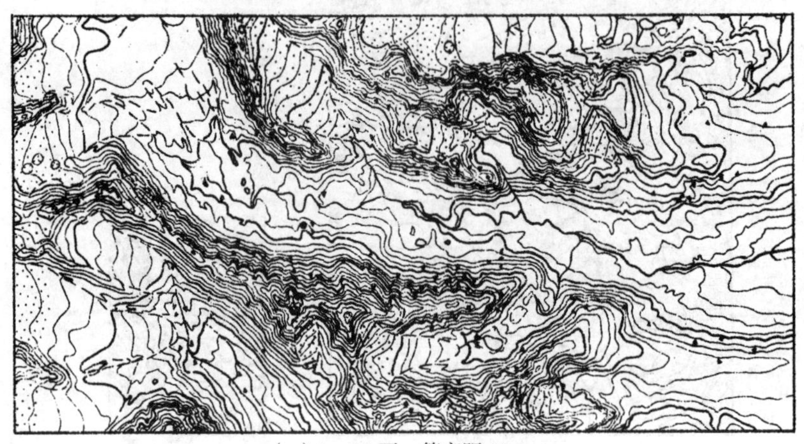

（a）1∶10万，等高距40 m

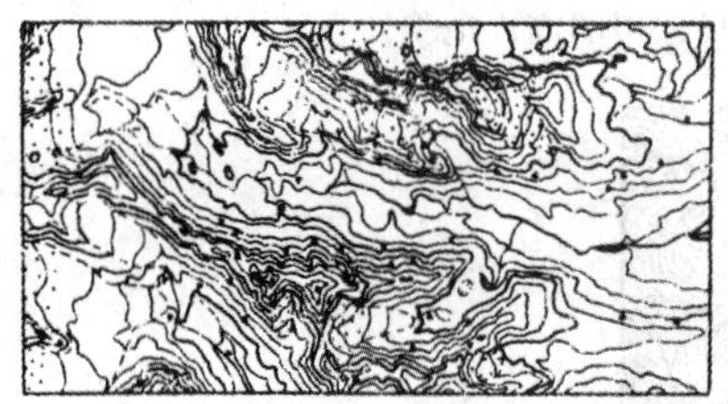

（b）1∶20万，等高距80 m

（c）1∶50万，等高距100 m

图7-79 冰蚀槽谷及冰蚀坡面的综合

化简冰蚀槽谷时，概括的原则和方法应视具体情况而定。对于冰蚀槽谷的源头部分，由于紧靠角峰、刃脊，化简内部采用删除正向形态，即扩大负向形态的方法；对于冰蚀槽谷的底部，若有冰碛丘陵存在，则采用删除负向形态，即扩大正向形态的方法。冰碛丘陵在1∶10万及更大比例尺地图上能较详细地表示，在1∶20万比例尺地图上仅个别大的冰蚀槽谷中的冰碛丘陵才能概略地表示，在1∶50万及更小比例尺地图上则基本不能表示；对冰蚀槽谷的两壁，一般采用以正向形态为主的方法实施综合。

冰蚀槽谷两侧谷坡即冰蚀区山坡，称冰蚀坡面，因受冰冻风化的影响，坡面上往往岩沟密布，尖棱突露，怪石嶙峋，崎岖不平。在综合此类山坡时，应以生硬的锯齿状等高线图形显示其特征，小弯曲的间距可小达1.5 mm，且不宜强调套合，在大于1∶20万地形图上，这种特征可不同程度地予以显示，而在1∶50万及更小比例尺地形图上则不予强调。

对照1∶10万、1∶20万、1∶50万综合样图（图7-80），可领会有古冰川遗迹的高山地貌的综合要领。

3. 高山区地貌的垂直分带规律及其综合特点（图7-81）

高山区，气候随着高度的变化而变化。气候的变化又影响着外力作用形式的改变，对地貌的形成与发育产生很大影响，它明显地表现在地貌的垂直分带规律上。

高山区地貌的垂直分带，一般地说，由高到低，首先是现代冰川带，往下是古冰川带，再往下或者是流水侵蚀作用带，或者是干燥剥蚀带，或者二者均有。

（a）1∶20万，等高距100 m

（b）1∶50万，等高距250 m

（c）1∶10万，等高距20 m

图7-80　有古冰川遗迹的高山地貌综合样图

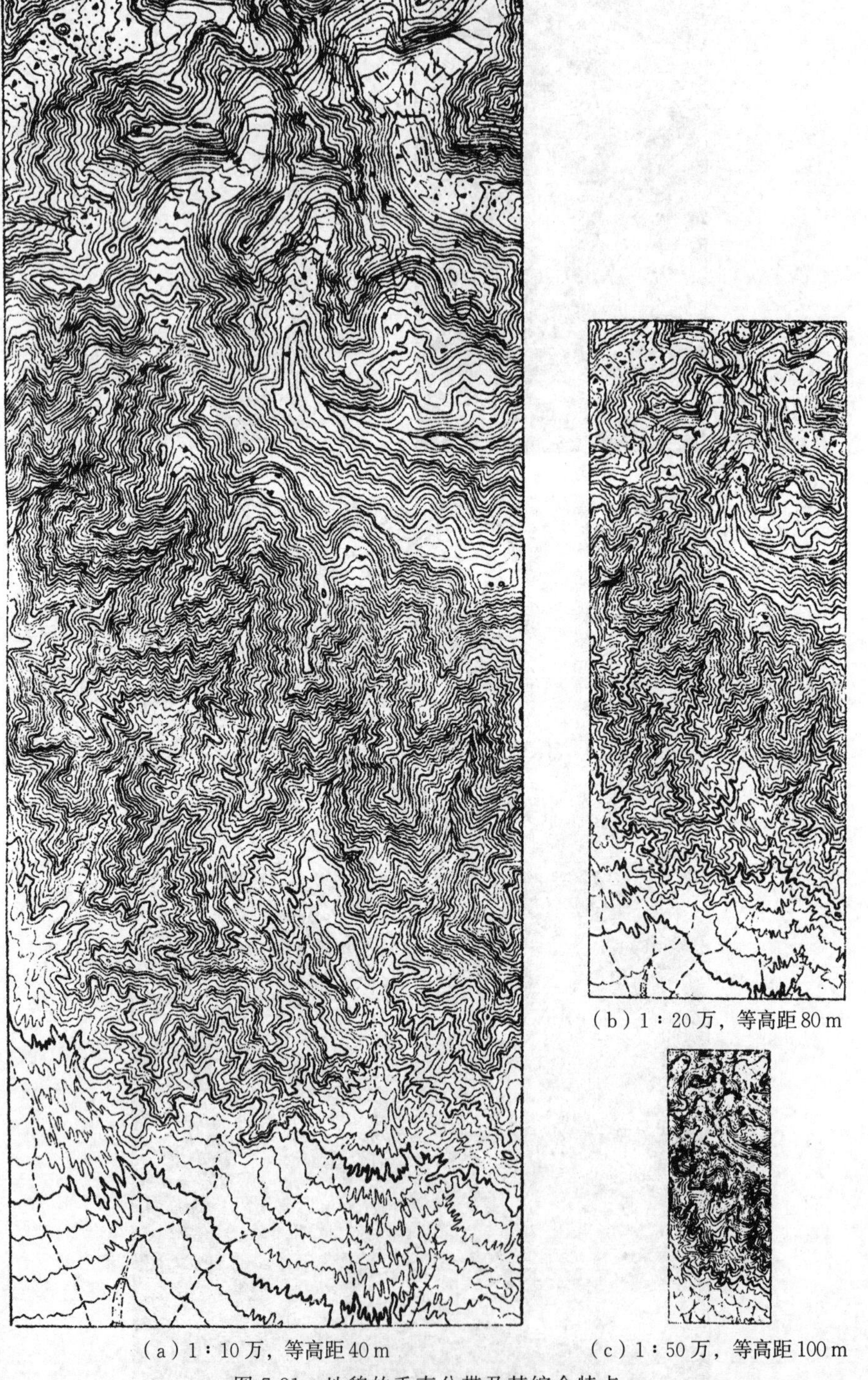

（a）1∶10万，等高距40 m

（b）1∶20万，等高距80 m

（c）1∶50万，等高距100 m

图 7-81 地貌的垂直分带及其综合特点

高山区地貌的这种垂直分带现象，可以用谷地形态的变化规律予以说明：在高山冰川地区，整个谷地（尤其大谷地）的各段上，其横断面常常是不相同的，谷地的上部被冰雪占据（指有现代冰川的高山），往下是冰蚀槽谷，再往下则是流水侵蚀谷地。这充分反映了地貌垂直分带表现在地貌形态上的差异性和过渡性。

所以，在综合高山冰川地貌时，一方面要善于分析地貌的垂直分带规律，同时还要对不同的地貌类型采用不同的综合方法（关于干燥剥蚀地貌的综合问题将在以后讨论），以示地貌垂直分带表现在地貌形态上的差异性和过渡性。

三、干燥区地貌及其制图综合

（一）干燥气候区概况

干燥区无疑是缺乏水分的，由此可知，干燥区的出现必然与降水量少有关。在我国，降水主要是由太平洋、南海和孟加拉湾方向的夏季湿润季风吹送进来的。我国西北地区，包括新疆、青海、甘肃、宁夏和内蒙古等地，由于深居内陆、远离海洋，南部和东部又有天山、昆仑山、喜马拉雅山、秦岭、太行山和大兴安岭等高山峻岭构成层层屏障，阻隔了夏季湿润气流的深入，故该区降水稀少；而在冬季，该区又处于强大的蒙古-西伯利亚冷高压的控制之下，北部地形比较开阔，无高山屏障，干燥的大陆气团和北冰洋寒流可以长驱直入，因而冬季异常干冷。这样我国西北地区就出现了极端干燥的气候条件，形成了大片的沙漠、戈壁、风蚀地等干燥气候区地貌，其分布如图 7-82 所示，它们约占我国总面积的 11.4%。

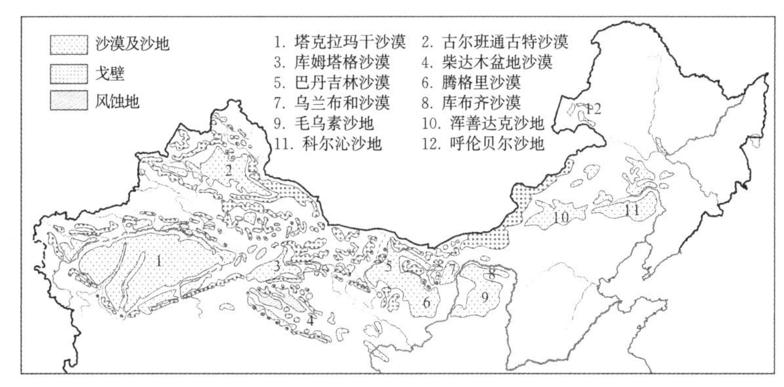

图 7-82　中国沙漠分布

干燥区的自然特征是：

（1）雨量稀少，降水集中。干燥区的降水量一般在 250 mm 以下，在我国降水量自东向西递减，内蒙古东部年降水量在 250～400 mm，宁夏、甘肃西部降至 50～150 mm，柴达木盆地的茫崖仅 5 mm；降水量的分配也很不均匀，一般集中在夏季，有时几年才下一场雨，一两个小时内把全年雨量全部降完，其他时间长期无雨。

（2）蒸发强烈，极度干旱。蒸发量常常大于降水量的 5～15 倍，在我国这种倍率自东向西递增，东部一般在 1.5～4 倍，新疆东部及塔里木盆地上升到 20～60 倍，柴达木盆地的格尔木竟高达 122 倍。

（3）温度剧变，温差较大。由于空气中缺乏水分调节气温，所以在日照情况下气温猛增，而缺乏日照时气温剧降，昼夜温差可达 50～60℃，四季温差也很大。当地谚语“早穿棉袄，午穿纱，怀抱火炉吃西瓜”，就是对该区气温变化情况的生动写照。

（4）植被稀疏，地表裸露。

干燥区的上述自然特征决定了该区外力作用的性质、形式和特征。干燥区地貌主要受下列三种外力的改造。

1. 强烈的物理风化

岩石是由多种物质组成的，各种物质的颗粒大小不均、热胀冷缩的性能各有差异。在温度变化时，这种差异就明显地表现出来，导致颗粒间互相排挤错动，使岩石破碎；同时在温度变化时，岩石表层反应敏锐，里层则较迟钝，久而久之，表里互相分离，岩石成层剥落，这是岩石风化的内在原因。干燥区内温差大、温度变化速度快是该区风化强烈的外在原因。

干燥区强烈风化所提供的碎屑是该区形成沙漠的重要沙源；同时，当其他外力作用将风化物剥离原地时，山体上部呈现出棱角突露的特征，而山体下部则风化物积聚成群，逐渐掩埋山体，使地形起伏渐趋缓和，所以风化作用对干燥区地貌的形成发展具有重要的意义。

2. 暂时性流水作用

干燥区内河网稀疏，河流多靠高山雪水或泉水供给，河流往往是中上游有水，到了下游，由于强烈的蒸发和渗透，水量反而减少，甚至干涸无水，故区内河流作用并不显著，而集中的暴雨所引起的暂时性洪流对地貌具有相当重要的意义：一是，洪水把山上的风化物冲向坡麓和低地，或在沟口形成洪积扇，这些堆积物经过风吹水运，细粒物质被带走，地面仅留下较大的石块，形成一种起伏和缓、表面平坦的石块地，当地称为戈壁滩；二是，洪水流经之处，泥沙的填积速度较快，有时一次洪水可将沟底填高 2～2.5 m，迫使下次洪水另辟新路，再行填积，这样就出现小片沙地，为扩展成大片沙漠创造了条件；三是，暂时性流水积存在洼地底部形成湖泊，但由于蒸发强烈，水流改道，故河湖经常迁移，岸线很不稳定，有的湖泊常常干涸而成盐沼，或干裂而成龟裂地。

3. 强大的风力作用

什么是风？简单地说，空气对流就是风。那么空气为什么会对流呢？因为空气同其他物体一样，具有热胀冷缩的特性，冷空气互相靠拢，密度大，向下沉；热空气互相散开，密度小，压力小，向上升。在地面上，冷热空气常各占一定区域，分别形成高压区和低压区，由于存在气压差异，必然引起气流由高压区向低压区运动而成风。

干燥区内，气温剧变引起气压的改变，与邻近地区产生较大的气压差，所以风力作用十分活跃、频繁而且强烈，成为改造地貌的重要动力。

风力作用有什么特点呢？一是，风力作用具有一定的方向性。在我国，干燥区的风主要是西伯利亚与蒙古高压冷空气所形成的盛行风，其所经路线如图 7-83 所示。风成地貌都与盛行风向有密切关系，地貌特征反映着风向特点。二是，风力活动往往在比较宽旷的空间进行。因此，风成地貌往往具有成片分布的特征。三是，风在前进过程中，如果遇到各种障碍时，风向和风力均会受到干扰，变动性较大，即使是所谓的定向风也是如此。这样就使风成地貌具有复杂的形态和变动的特性。

上面对干燥区的三种外力作用做了简单的介绍，下面对此做一简要分析。

干燥区内，地表径流比较贫乏，仅暴雨偶成洪流造成对地面的冲刷切割，所以区内流水作用是短暂而微弱的。风化虽很强烈，但它的进展在很大程度上又受风的控制，如果没有风把岩石表面的风化物搬走，则风化作用便会因表面碎屑层的加厚而日趋减弱。与上述两种作用相比，区内风的活动活跃而经常，丰富的风化物和缺少植物的光裸地面，为风力作用改造地表提供了十分有利的条件，使它成为塑造干燥区地貌的最重要营力。了解这一点，对于认识干燥区地貌的特征和形成是十分有益的。

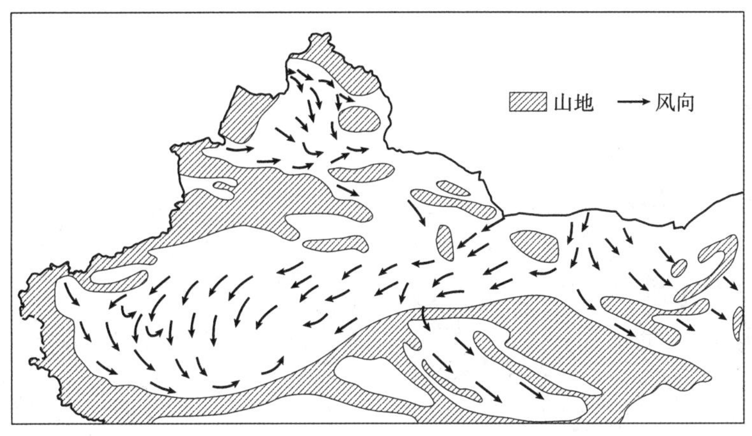

图 7-83　我国西北地区盛行风向略图

（二）干燥剥蚀山地及其制图综合

1. 干燥剥蚀山地地貌的特征

干燥区内的岩石山丘，经上述三种作用改造后，出现下列特征。

（1）山坡一般比较陡峻，山坡上岩沟密布，尖棱突露，呈现出锯齿状特征。

（2）切割山体的较大沟谷，经风力的吹磨掏挖，易蚀部位（如岩石松软处等）迅速加宽加深，使谷地具有风蚀特征而别具一格，其突出之点是：谷地的宽窄变化没有一定规律，有的地方宽若围场，有的地方窄如堑壕；谷底崎岖不平，其纵断面无一定倾斜方向；谷坡坡度较陡，坡面上沟纹纵横，尖棱突露，而坡脚下因有风化物堆积而显得平缓；沟谷系统中很难从深浅、长短、宽窄等方面来分辨主次，主支谷以任意角度交汇，显得十分生硬，并可能出现支谷对生（即两侧支谷在同一处汇入主谷）的现象（图 7-84）。

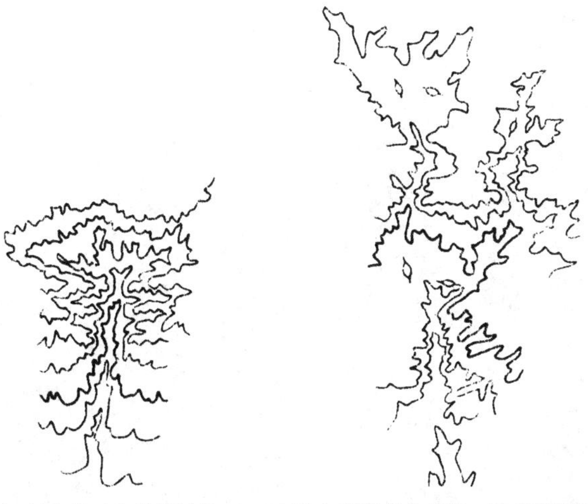

（a）支谷对生的风蚀谷　（b）宽窄变化多端，沟底崎岖不平，多小山包突起的风蚀谷

图 7-84　风蚀谷等高线图形两例

（3）干燥剥蚀山地的山麓地带一般有两种情况：一种情况是山下风化物积聚成群，经风和水的分选，残留砾石而成山麓戈壁，其上冲沟干河发育；另一种情况是山坡下明显转折过

渡为坡度平缓、起伏不大的石质山麓平原，其上披覆薄层流沙，但仍可见顺岩层层理延伸的条状丘埂。上述两种情况分别见于图 7-85、图 7-86。

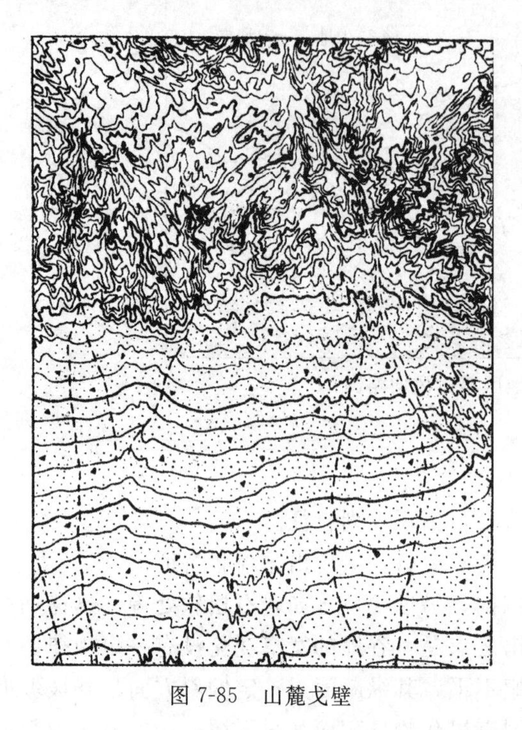

图 7-85　山麓戈壁

图 7-86　石质山麓平原

2. 干燥剥蚀山地的图形特征及其制图综合

图 7-87、图 7-88 分别为干燥剥蚀山地和丘陵地形，从图中可以看出其等高线图形具有下列特征。

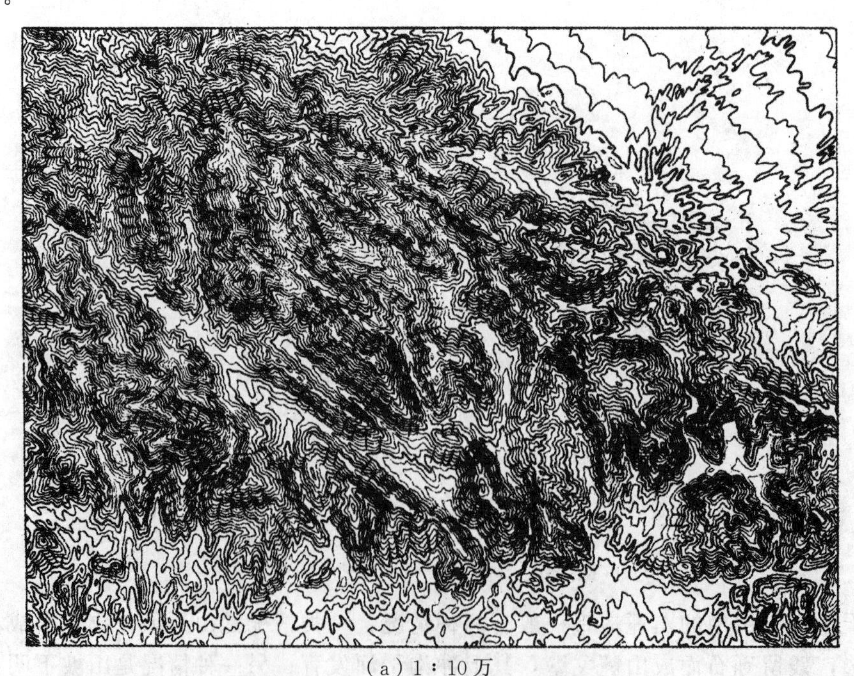

(a)1∶10万

图 7-87　干燥剥蚀山地综合样图

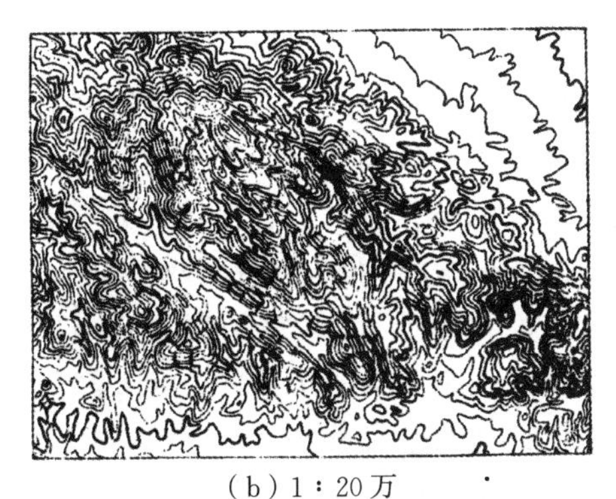
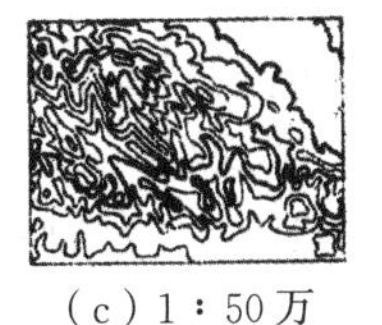

（b）1∶20万　　（c）1∶50万

图 7-87（续）　干燥剥蚀山地综合样图

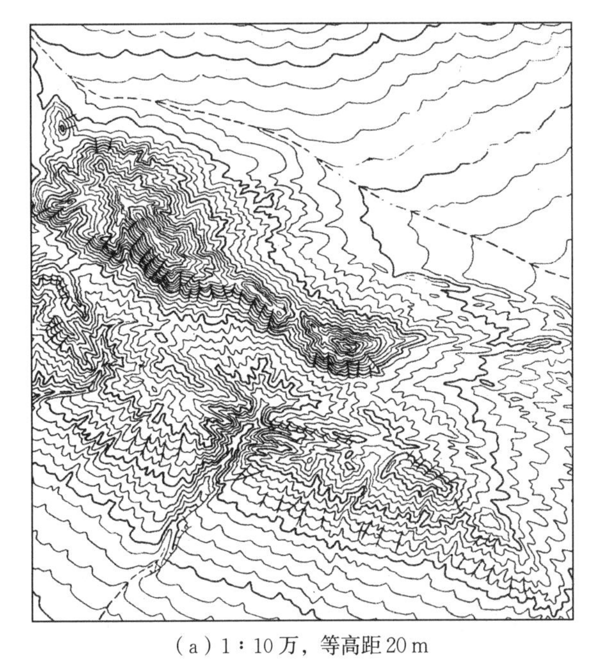

（b）1∶20万，等高距40 m

（a）1∶10万，等高距20 m　　（c）1∶50万，等高距100 m

图 7-88　干燥剥蚀丘陵综合样图

（1）破碎：该地水平切割密度较大，分水岭小、脊狭窄，等高线多细小弯曲。

（2）尖硬：山坡上尖棱突露，等高线多生硬尖锐转折，笔调较硬。

（3）杂乱：坡上岩沟密布，坡下冲沟杂乱，沟谷上下不能呼应，加上谷地多有风蚀特征，故等高线间的协调性差，显得比较零乱。

为了保持干燥剥蚀山地的特征，在制图综合过程中必须注意以下几点。

（1）综合指标：在一般情况下，地貌综合指标规定图上谷间地宽在 2～5 mm，但在综合切割破碎的干燥剥蚀山地时，谷间地宽度以接近下限指标为宜，最小可达 1.5 mm 左右，以保持切割破碎的特点和切割密度的对比，如图 7-88 所示。

（2）山体综合：在综合比较完整的石质山体时，等高线图形应比较协调，谷缘明显，多棱角状转折，如图 7-87 所示。而综合破碎山体时，在 1∶5 万、1∶10 万图上能较详细地显示其锯齿状山坡特征，在 1∶20 万或更小比例尺图上，重点在显示山体总的走向和轮廓，按等高线图形综合原则处理后，一般不再强调其锯齿状特征，但综合后的图形仍应采用生硬转折的笔调，强调其棱角突露的特征，如图 7-88 所示。

为了使山体走向明显起见，在取舍山脊两侧沟谷时，尽可能照顾其对应性，竭力避免回肠式图形。山头等高线落选时，可适当加绘补充等高线（图 7-87）。

（3）山麓地带的综合：山麓石质平原上的条状岩埂，在比例尺大于 1∶10 万地形图上能清晰地表示出来；而在 1∶20 万地形图上，一般可用补充等高线择要扩大表示，注意其延伸方向，或改用残丘地符号显示。图上分布面积小于 1 cm^2 者可舍去（图 7-88）。

综合切割破碎的山麓时，应先找清主要沟谷和分水地段的方向，然后实施舍次留主的综合，上下等高线不能追求人为的套合，以保持其杂乱的特点。

山麓地带应按土质植被的性质和范围填绘相应的符号，如沙地、戈壁、灌丛、草地等。

（4）谷地的综合：应分清谷地类型实施综合，保持各自的特点。风蚀特点明显的谷地应保持其宽窄多变、谷底崎岖和主支谷交汇生硬的特征，谷地等高线生硬而且套合性差，谷底干河可适当保留，以增强谷地等高线之间的联系。支谷对生者在取舍时应保持其对生特征。

对流水作用较明显的谷地应注意其协调性。

（三）风沙地貌的制图综合

常见风沙地貌的形态类型及其图形特点如下。

1. 风蚀残丘

风沿着地面一些低洼地段的裂缝或风蚀谷不断吹蚀，谷地逐渐扩大，相邻谷地互相贯通，将原来地面分割成丘。

风蚀残丘的形态特征各有不同，主要与岩层状况有关。例如：泥质地区在定向风作用下形成顺主风向伸展排列的低矮残丘，迎风坡坡度较陡，丘体较宽，背风坡坡度较缓，丘体呈尖窄的拖尾状；在岩石软硬相间、层理外露地区，强烈风化和风蚀作用会形成顺岩层方向延伸的条状丘，比高不大，外形尖窄，垄槽相间，平行排列，洼地中常覆有薄层流沙，前面提及的山麓石质平原上的岩埂即属此型。

泥质残丘在小于 1∶5 万地形图上一般只能用残丘地符号表示，符号尖端顺主要风向配置；岩石条状残丘一般在大于 1∶10 万地形图上均可用等高线示出，其图形为窄条状的封闭曲线，平行排列，丘脊方向随岩层延伸方向的改变而改变，与风向关系不甚密切。当比例尺缩小无法用等高线表示时，可改用残丘地符号，符号方向随丘脊方向而定，但尽量照顾与风向的协调关系（图 7-89）。

2. 新月沙丘和新月沙丘链（波状沙丘）

新月沙丘最显著的特征是平面轮廓呈月牙形，两个尖角顺着盛行风向伸出，丘脊呈弧形，迎风凸出，丘脊两侧斜坡极不对称，迎风坡缓而长，背风坡陡而短，丘体高度一般在 15 m 以下，往往成片分布。

新月沙丘多见于风向稳定、供沙量不大、地面较平坦的地区。其形成过程大致如下：风沙在前进过程中遇到障碍时，沙粒堆积而成椭圆形沙堆，如图 7-90（a）所示；随着沙堆逐渐增高，气流状况亦起相应的变化，背风坡风速比迎风坡小，因此，背风坡前产生涡流，把沙粒带至涡动区周围，在背风面出现浅小的马蹄形洼地，破坏了沙堆的原始形态，如图 7-90（b）所示；随着沙丘的增高增大，涡动作用加强，马蹄形洼地不断扩大，从迎风面吹越丘顶的流沙只在丘顶附近的背风坡处堆积，丘顶逐渐前移，如图 7-90（c）所示；最后丘顶直接与洼地陡壁相连，丘顶由原来的圆形顶点发育为弧形丘脊，流沙从迎风坡越过沙脊后，顺坡滑下，沙丘两坡的不对称性逐渐形成，同时，沿沙丘两侧流动的风把沙粒带向前方停积下来，逐渐形成两个沙角，发育成典型的新月沙丘，如图 7-90（d）。

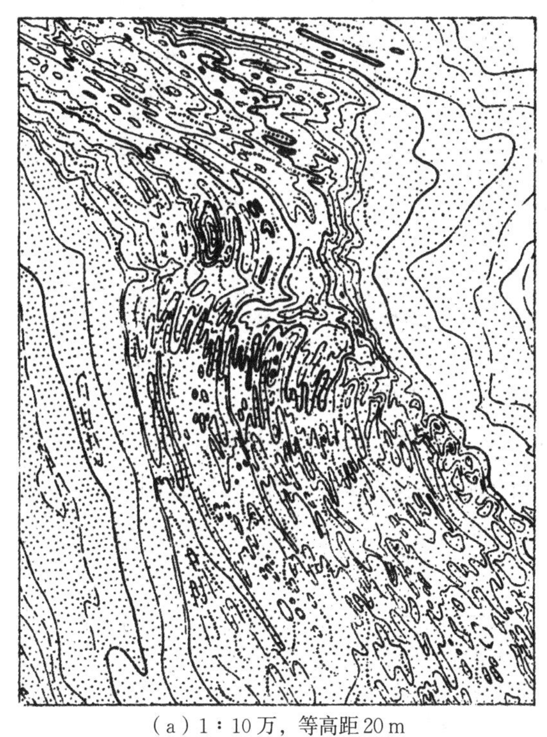

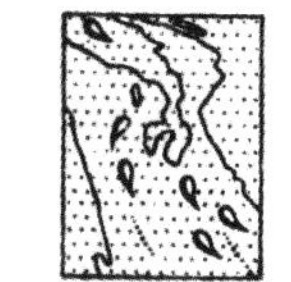

（a）1∶10万，等高距 20 m　　（b）1∶50万，等高距 100 m

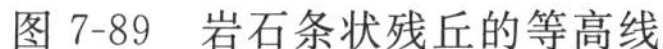

图 7-89　岩石条状残丘的等高线

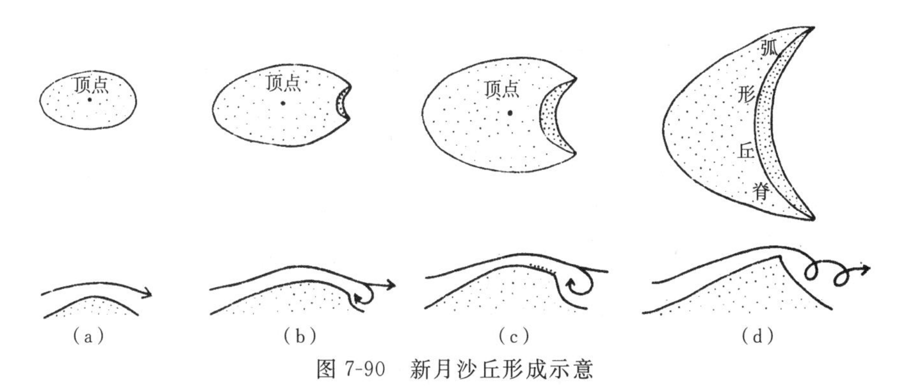

图 7-90　新月沙丘形成示意

新月沙丘是一种不固定的流动沙丘，一般每年可顺风向前移动 50～60 m。

新月沙丘在我国塔里木盆地东部、柴达木盆地西北部及鄂尔多斯中部均有广泛分布。

新月沙丘在地形图上一般仅以波形沙丘符号表示其分布范围和密度对比，符号的两个尖端指向风的前进方向，只有在大比例尺图上或比较固定的大型沙丘才用月牙形封闭等高线显示（图 7-91）。

新月沙丘链（波状沙丘）是在供沙量比较丰富的情况下，由密集的新月沙丘互相连接而成的沙堤，高度一般在 10～30 m，其形态与风力情况有关；在单向风作用的地区，沙丘链在形态上仍保持原来单个新月沙丘的痕迹，垄脊的弯曲度较大；而在两个反向风（其中一为主要风向，一为次要风向）交互作用的地区，沙丘链垄脊比较平直，垂直于风向，垄间多洼地，垄脊两侧斜坡仍具不对称性，迎主风向的一坡较缓。

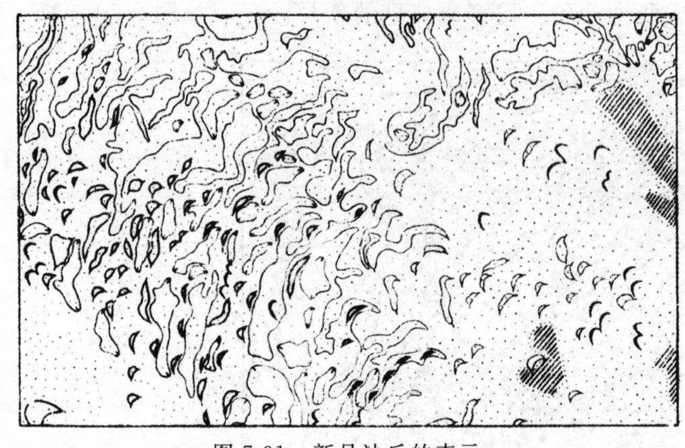

图 7-91　新月沙丘的表示

新月沙丘链的规模较大，也较稳定，故在大于 1∶10 万比例尺地形图上多用波形弯曲的等高线表示，两坡上等高线疏密略有不对称性，垄间洼地多为椭圆形封闭曲线，如图 7-92（a）所示；而在 1∶10 万以下地形图上一般只能用波状沙丘的符号显示，符号应与风向垂直，如图 7-92（b）所示。

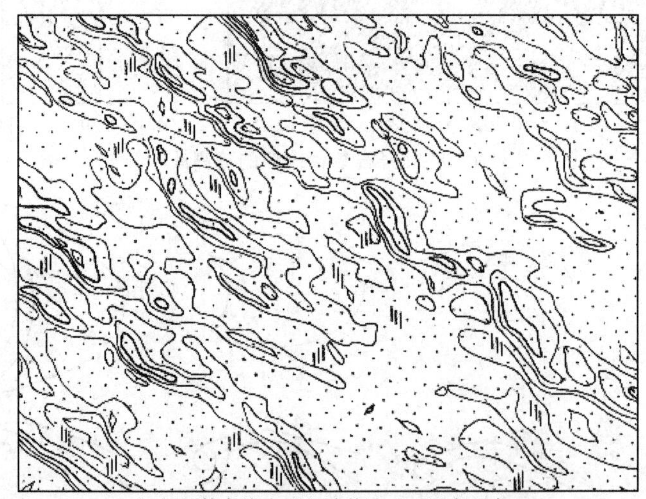

（a）用等高线表示的波状沙丘（风向西南）

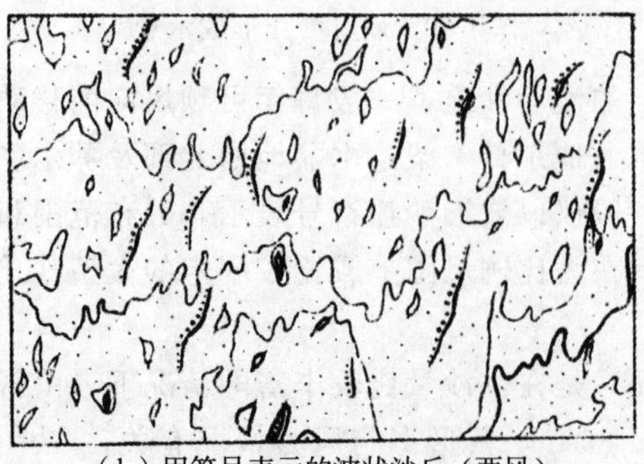

（b）用符号表示的波状沙丘（西风）

图 7-92　波状沙丘的表示

3. 多小丘沙地（灌丛沙丘）

在生长沙漠植被的地区，风力前进受到阻碍，沙粒在植被周围堆积成小丘。这些小丘多为半固定沙丘，高度在 10 m 左右，形状多样，分布零乱，时而密集成群，时而稀疏散列，丘间有洼地分布。

这种沙丘在地形图上一般用等高线表示地面基本起伏，用多小丘沙地符号表示其分布范围和密度对比（图 7-93）。

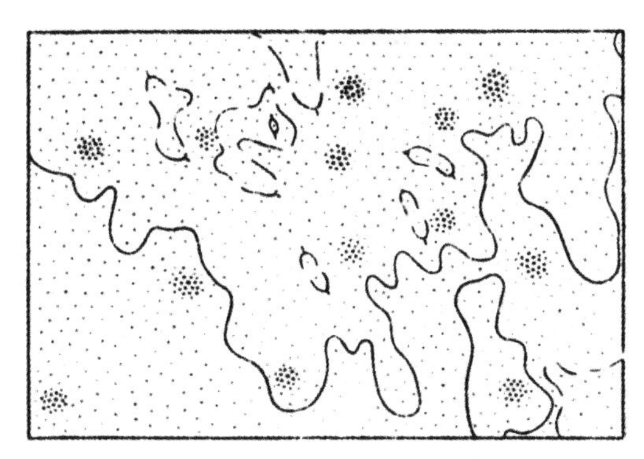

图 7-93　多小丘沙地的表示

4. 沙垄

沙垄是顺风向延伸的长条沙脊，长度由数百米至数千米，高度不一，纵长方向上呈波形起伏，两坡比较对称，往往顺风向平行排列，成片分布，垄间为比较宽坦的洼地，是半固定沙地。

沙垄的形成原因比较复杂，此处不能尽述，仅做择要简介。

（1）由新月沙丘变形连接而成。在两种风向（主风向和次风向）呈锐角斜交的情况下，新月沙丘的一角向前延伸很长，另一角相对萎缩，新月沙丘前后相接而成鱼钩状沙垄。沙垄沿着风的合力方向延伸，所以斜越垄脊的气流就在背风坡产生涡流，使风在垄间洼地里呈螺旋状前进（图 7-94）。沙粒顺沙垄延伸方向搬运和堆积，沙垄不断增高增长，新月形痕迹逐渐模糊消失。

图 7-94　沙垄形成示意

（2）由灌丛沙丘顺风向连接而成。沙垄的规模较大，又较稳定，故在大于 1∶10 万地形图上多用条状迂回的等高线显示，不能用等高线显示的沙垄则以多垄沙地符号显示（图 7-95）。

在主风向与次风向垂直的地区，主风向形成高大的主要垄脊，次风向在垄间洼地里形成与主脊垂直的小垄脊，使沙垄形态复杂化，主次垄脊构成格状特征。这种形式的沙垄又被称为格状沙垄，如图 7-96 所示。

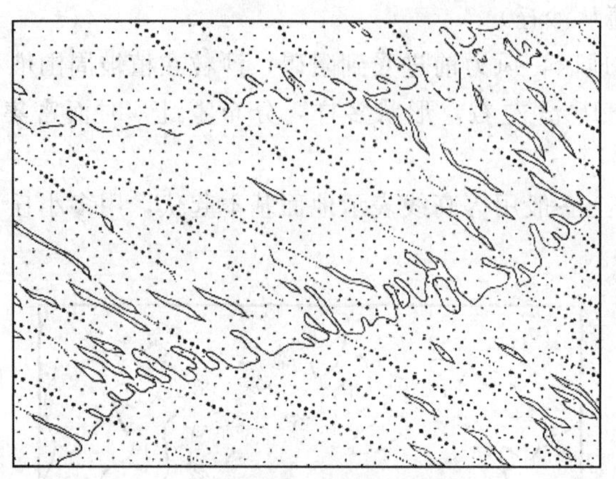

图 7-95 沙垄的表示

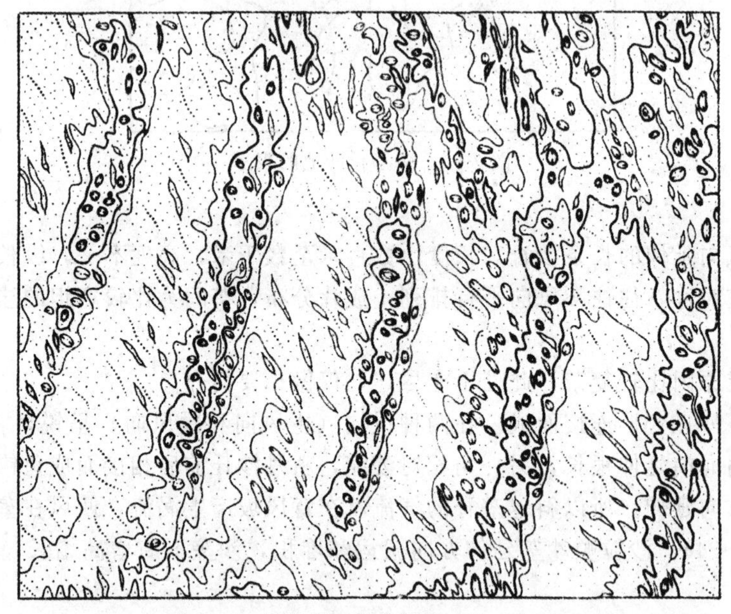

图 7-96 格状沙垄等高线图（1∶10 万）

5. 角锥状沙丘（又称沙山或金字塔沙丘）

在山前地带，气流受山体的阻挡产生强烈的干扰和波动，在风向杂乱、旋风四起的情况下堆积成特殊的角锥状沙丘。其特点是形若角锥，即从尖尖的丘顶向四周放射出数条狭窄的棱脊线；棱脊间构成三角形的斜面，每一个斜面均代表一种风向，主风向形成的斜面比较长大，次风向形成的斜面比较短小；丘体高大，一般在 50～100 m，高者可达三四百米。角锥状沙丘或单个分布，或大面积出现，成群分布时丘体互相连接，构成峰峦起伏的尖山脊；丘体间围成深椭圆形洼地，洼地底部常有湖泊、盐沼出现。

角锥状沙丘由于形体比较高大，在大于 1∶50 万地形图上一般均用等高线示出。其图形特点是：丘体等高线一般呈三角形或多边形，边线比较平直或呈浅弧形；棱脊处等高线棱角明显，互相套合；丘体间以尖窄的长鞍部图形相连；丘间洼地多为椭圆形封闭曲线（图 7-97）。对于较小的不能以等高线示出的角锥状沙丘，因图式上未规定专门符号，目前暂用波状沙丘符号示出。

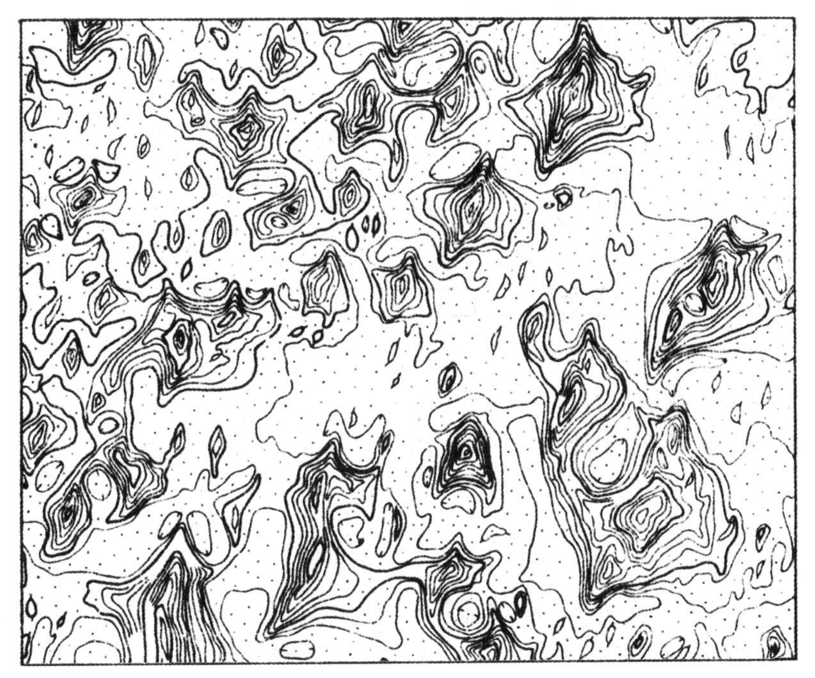

图 7-97　角锥状沙丘等高线图（1∶5 万）

6. 沙窝与蜂窝状沙地

在风向众多、风力均衡的条件下，往往形成许多无一定方向的沙埂，沙埂间围成无数的碟状洼地，远看像马蜂窝，其中洼地浅而密集者称蜂窝状沙地，洼地深大而稀疏者称沙窝地。这些沙地分布范围比较稳定，但其内部形态受风力作用而经常改变，属于半固定沙地。由于其形体比较小，地图上一般以等高线表示地面基本起伏，以相应符号表示分布范围，但在配置沙窝符号时应注意两点：

（1）沙窝符号与等高线显示的地形协调，符号不要配置到山头山脊上去，要配置在比较低洼的地段，同时注意其密度对比。

（2）符号方向要与当地盛行风向相适应，即符号长轴与风向平行，并使符号的粗晕点宽大部分迎风。

风沙地貌的类型、特征及表示方法如上所述。在大比例尺图上，沙丘符号的方向、位置、长度、大小等均依实地情况而定；但在小于 1∶20 万的地形图上，这些符号很难反映每个沙丘的实际位置和尺寸，往往只表示其类型、方向、分布范围和疏密对比等特征。为使图形美观，在小于 1∶20 万图上配置和描绘沙地符号时，根据实际作业经验提出下列参考意见。

（1）小于 1∶20 万比例尺地图上，记号性风沙地貌符号尺寸应相对缩小，大小搭配。波状沙丘符号长度一般在 3～6 mm 为宜；沙垄符号长度一般在 0.5～1.5 cm 为宜；沙窝符号面积一般 5～25 mm^2 为宜。

（2）符号间隔：在小面积分布区内，符号间隔在 0.5～1.5 cm 为宜；在大面积分布区内，符号间隔在 1.0～1.5 cm 为宜。

（3）描绘这些沙地符号时，大小沙点的中心线在一条线上（图 7-98），点的间隔要均匀，一般为0.2 mm，粗细点过渡要自然。

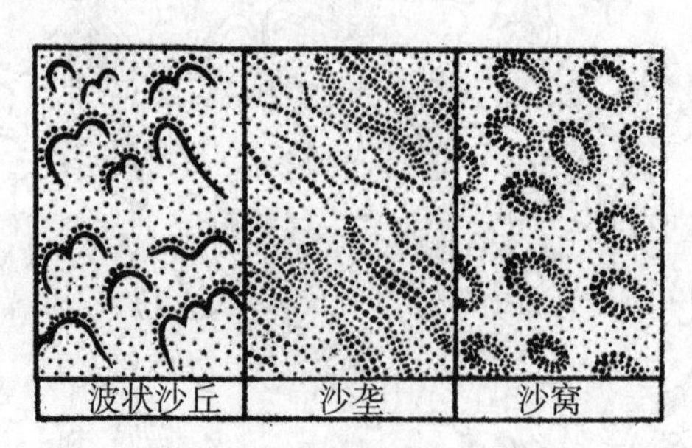

图 7-98　风沙地貌符号的描绘

（四）风沙地貌的制图综合常见问题说明

在风沙地貌的制图综合中遇到的问题很多，也很复杂，此处仅选几个常见问题说明。

1. 符号取舍

风沙地貌在原图上以符号表示时，在新编图上一般只需取舍符号，但仍应保持其分布范围、分布特征、疏密对比和延伸方向。当风沙地貌成片分布时，取舍时应先取外围，以控制其分布区域，后按疏密对比情况取舍内部符号（图 7-99）；当风沙地貌成长条分布时，应先取两头，后取舍中间的符号（图 7-100），并将原图符号改绘成新编图图式符号。

小面积的风沙地貌按规范细则规定的取舍面积进行取舍。

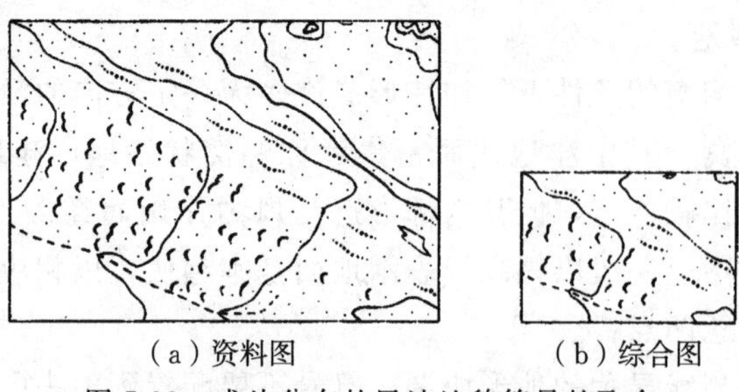

（a）资料图　（b）综合图

图 7-99　成片分布的风沙地貌符号的取舍

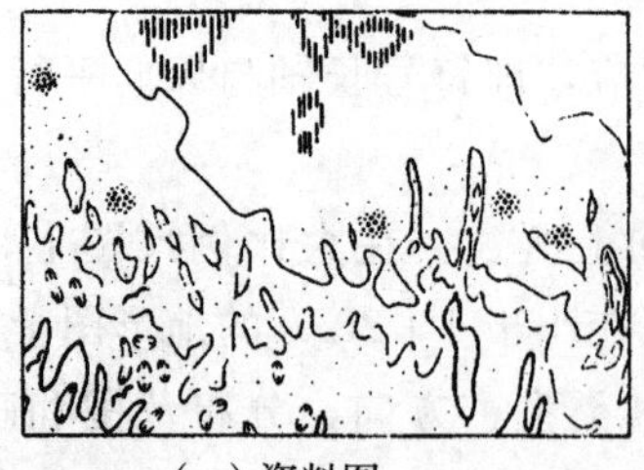
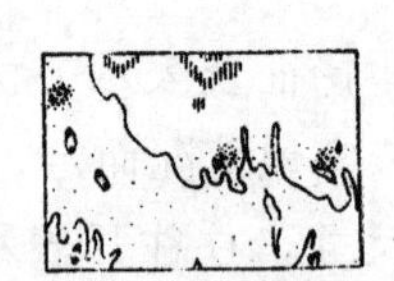

（a）资料图　（b）综合图

图 7-100　条状分布的风沙地貌符号的取舍

2. 等高线图形综合

除按等高线综合的一般原则实施综合外，还应根据风沙地貌等高线图形的具体特点灵活处置，现举例说明如下。

沙垄、条状风蚀丘的等高线图形往往呈狭长的谷脊十分密集的相间排列，在实施综合时一般采取合并正向、删除负向的方法，但若在较宽的负向谷地内出现小脊，则应删除小脊。谷地太窄时应予扩大表示，扩大后的图形应保持谷脊的宽度对比（图 7-101）。

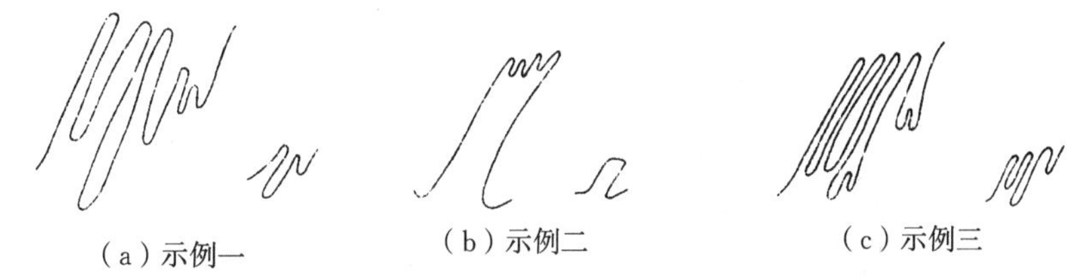

图 7-101　条状垄丘等高线的综合

凹地等高线图形的概括，一般采取扩大凹地的方法，但凹地中的小脊与山体密切联系时，不可删除（图 7-102）。

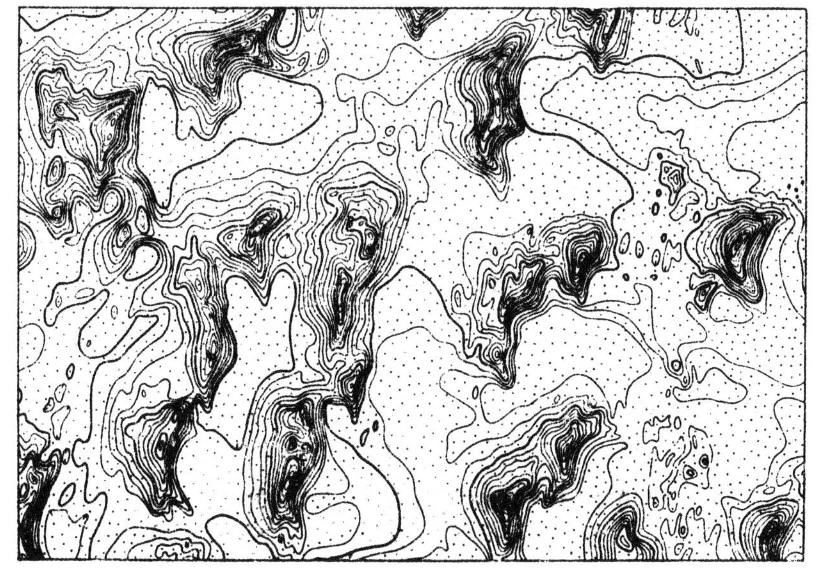
(a) 1∶10万，等高距20 m

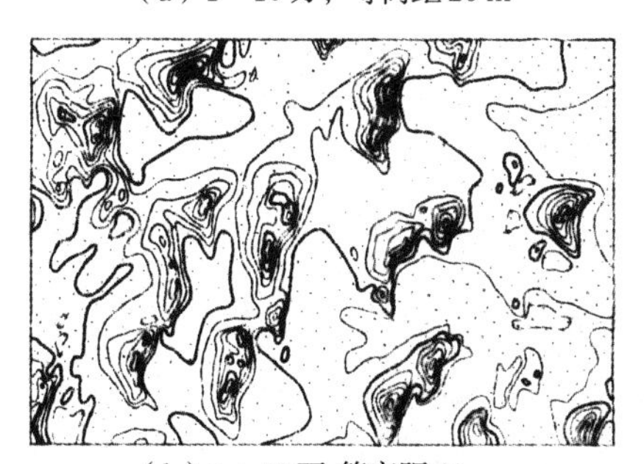
(b) 1∶20万,等高距40 m

图 7-102　凹地等高线的概括

在小山头、小洼地密布的地区，在等高线落选后，应运用补充等高线择要显示基本等高线不能表示的山头、洼地和残丘基底等（图 7-103）。

等高线的图形概括应与沙地符号尽量协调一致。由于多数沙地符号按实地位置配置，所以删除等高线图形的碎部时，应使等高线显示的起伏与沙地形态一致。如等高线与沙垄符号相交时，其外凸部分应从沙垄本身越过，而凹入部分则通过垄间低地。

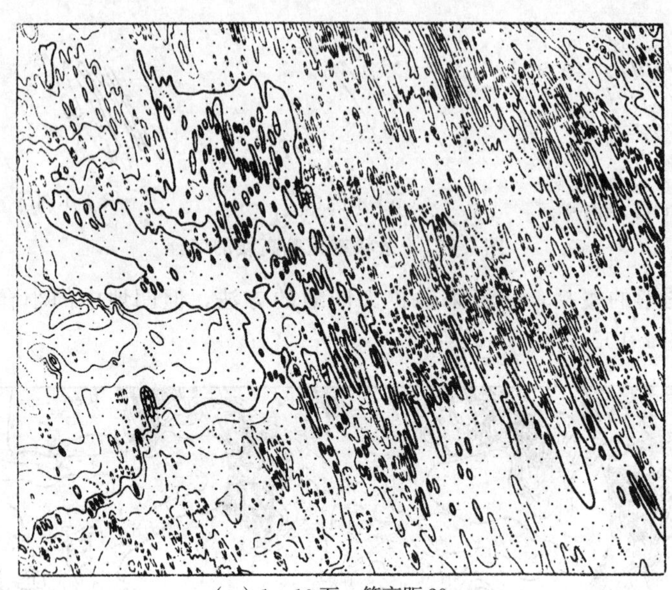

（a）1∶10万，等高距20 m

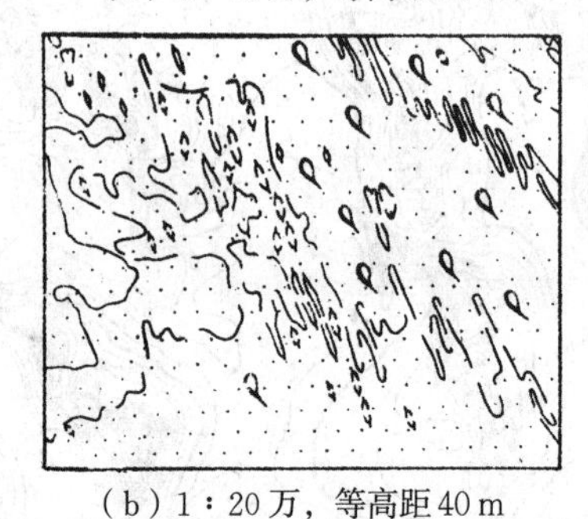

（b）1∶20万，等高距40 m

图 7-103　加补充等高线显示风沙地貌示例

3. 符号转换

随着比例尺的缩小和等高距的增大，许多风沙地貌必然出现等高线图形过小或等高线落选等情况，如果不能再用夸大或加绘补充等高线等方法显示时，必须将其转换成符号，以显示该地的地貌特征。怎样转换呢？

第一，要正确辨认风沙地貌的类型，这是转换符号的根本。判别的方法不外乎直接判别和间接判别两种。所谓直接判别就是直接从等高线图形进行判别，有的图形特征明显，易于判别，如新月沙丘，但是像图 7-89、图 7-92、图 7-95 分别为条状风蚀丘、波状沙丘和沙垄，等高线图形皆为条状丘脊，颇有相似之处，需运用前面所讲的基本知识，仔细分析对照其形态特征，方可判定：垄脊方向不受风向制约而多明显转折，且多短小山头者为条状风蚀丘；顺风向平行排列，垄脊平直，两坡对称者为沙垄；丘脊等高线多弧形弯曲，两坡等高线疏密对比明显，脊间多椭圆形洼地者为波状沙丘。这是最方便可靠的方法。所谓间接判别则是通过图上说明注记、对照已出版的较小比例尺地图或查阅其他文献资料等方法确定地貌类型。

第二，必须准确判定风向，以确定符号在新编图上的方向。在原图上有风向说明注记时一目了然，没有风向注记时则需判断，但在确定了风沙地貌类型后，风向就可以从等高线图形中推知。如沙垄符号可顺垄脊方向配置符号；波状沙丘的丘脊与风向垂直，其陡坡朝向指示风的前进方向；新月沙丘两尖角为风的前进方向；等等。沙窝地及条状风蚀丘需参照周围风沙地貌判定风向，配置符号。

第三，确定符号配置的范围。如果图上的风沙地貌类型单纯，那么需转换等高线的范围即为配置符号的范围；如果图幅内风沙地貌的类型复杂，互相交错，则需根据图形特征的分析判断，分清各类风沙地貌的分布范围，分别配置相应的符号，并需与邻接图幅接边。当地形图资料上用影像反映风沙地貌时，则需根据影像确定类型和分布范围。

第四，根据图形或影像进一步分析风沙地貌的分布规律、疏密差别，以确定符号的排列特征和疏密对比。

第五，在确定了上述内容之后，即可在图上配置符号。符号位置一般根据原等高线位置择要配置，改用符号表示的沙丘与仍用等高线表示的沙丘其方向应互相协调。

在风沙地貌中常有这种情形，即一个地区有两个以上风向时，主要风向形成较大的沙地形态，如大沙垄、大沙丘链和沙山等，而次要风向在这些大形态上形成较小的次一级沙丘，这种状态称沙丘的叠置形态。这种形态的等高线图形经过综合后，大型沙丘仍可用等高线表示，而其上之叠置小形态需转成符号，此时符号方向应根据小沙丘的实际方向配置，而不能强求与主要风向协调（图 7-104）。

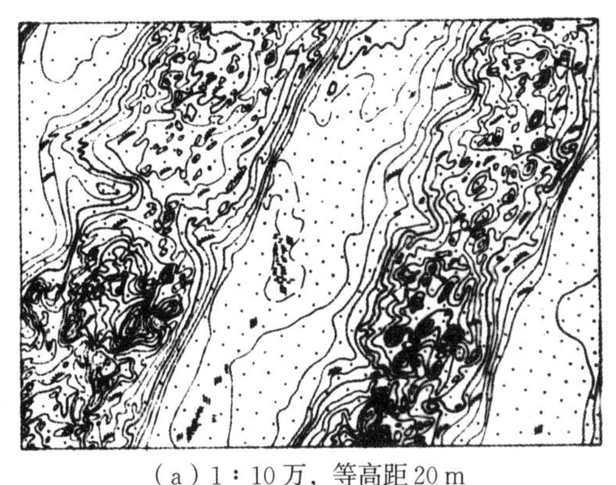

（a）1∶10万，等高距20 m

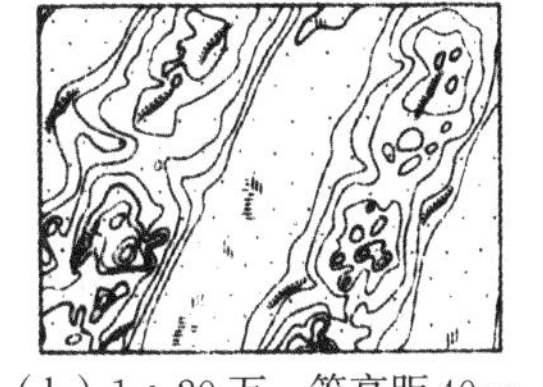

（b）1∶20万，等高距40 m

图 7-104　叠置沙丘地的符号转换与综合

四、黄土地貌及其制图综合

（一）黄土地区概况

黄土是一种灰黄色或棕黄色的粉砂质松散物质，颗粒细小均匀。它在我国分布较广，主要是在秦岭、淮河以北的半干旱地区。总面积将近 40 万 km^2，占全国陆地面积的 4%，其中 72%以上的黄土地区集中在黄河的中游，即甘肃中部和东部、宁夏南部、陕西北部、山西和河南的西部等地（图 7-105），它们连成一片，海拔均在 1 000～2 000 m 之间，构成地域广大、地貌典型的黄土高原，通常所谓的黄土地区指的就是这里。此外，在华北的太行山麓、东北的松辽平原，以及内蒙古的西拉木伦河流域等，还不同程度地分布着类似黄土的黄土状物质，发育一些黄土冲沟，但其他特征很不典型，故不属黄土地区。

黄土高原上，黄土像地毯一样覆盖在大地上，除较大的山地之外，地表全都是黄土，土层厚达一二百米，最厚处 300 多米。是什么力量把黄土搬运到这里来的，又是从哪里搬来的呢？

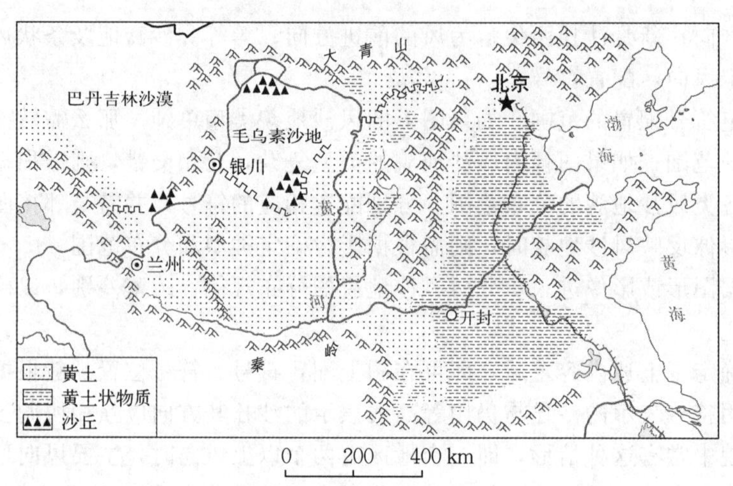

图 7-105 我国的主要黄土地区

原来在黄土高原的西北面，是蒙古沙漠和中亚大沙漠，那里强大的干旱气流不时向我国西部而来，将携带着的大量沙漠中的细小物质均匀地撒在黄土高原上，这样的过程经历了漫长的地质时期，大地慢慢地盖上了巨厚的黄土层，如今的黄土高原因此渐渐形成。

黄土是一种特殊的岩石，具有下述特性，它们对黄土地貌的形态有着决定性的影响。

1. 黄土松散，内部多孔隙

黄土堆积后，没有固结和胶结，仅仅是一种很松散的堆积物，所以其岩性不仅松散多孔，而且具有很高的透水性，几乎毫无抗蚀的性能，因此十分有利于流水的侵蚀和冲沟的发育。黄土的这个特性对于形成沟网密布、千沟万壑的黄土地貌是决定性的因素。

2. 内有丰富的垂直节理

黄土在堆积加厚的过程中，受到压力的影响，土粒间上下的间距缩小、土层压紧，而左右的间距却保持不变。因此，黄土在垂直方向上形成左右连接力弱的特点，使黄土极易沿垂直方向裂开和倒塌，形成的裂缝称黄土的垂直节理。尤其是在暴雨季节，雨水沿垂直节理下渗，使土体崩塌得更加迅速，结果形成了各式各样陡峭直立和零乱破碎的黄土崖坡与沟壁，这是黄土地形和黄土冲沟的独特之处。

3. 富含碳酸钙物质

黄土中富含易溶于水的碳酸钙物质。在雨水沿节理和孔隙下渗的过程中，它们常常因溶解而被带走，这里黄土便发生沉陷，形成陷穴和滑坡，而陷穴和滑坡是黄土区十分普遍的现象。

黄土区的气候也很特殊，并且对黄土地貌的发展有着极重要的影响。其气候的主要特点是干燥、少雨。雨水几乎全都集中在夏季，并成暴雨形式，常常仅一两次降雨便集中了全年的雨量。因而它只有利于对土层的冲刷，而不利于植被的发育，这就导致暂时性流水能在黄土区显示其威力，使黄土高原沟壑日增，日趋破碎，变化速度较大。

（二）黄土地貌的基本形态及其图形特点

1. 负向地貌形态及其图形特点

黄土地貌的负向形态以庞杂的沟谷网为特点，间有其他微地形，依其形态不同分为四类。

（1）黄土河谷：谷底平坦，常年有水，河床蜿蜒曲折，较宽的河谷有河漫滩、河心洲和阶地等形态。河漫滩一般宽度不大，多为泥质；阶地比较高大，阶面宽平，阶坡陡立，阶缘线比较明显，但常为冲沟所切割。

黄土河谷的图形与一般河谷相似，唯河谷两侧有阶地时，等高线疏密分明，坡上多“V”形闭合的沟谷等高线和冲沟符号，反映了切割破碎的特征（图 7-106）。

图 7-106　黄土河谷（河流两侧有两级阶地）

(2) 黄土冲沟：由于黄土区地处半干旱气候区，暂时性流水作用在疏松的黄土堆积物上冲刷出许多大小不一的冲沟，形态各有不同。

发育在斜坡上的冲沟比较短小，沟坡陡峭，沟缘线清晰，横断面略呈“V”形，沟坡上小沟密布。而成为河谷支流的主干冲沟则比较长大，沟谷下段常切透土层，到达岩石，且有永久性水流，而上段往往只有间歇性水流，自上至下横断面由“V”形向“U”形过渡，纵断面上陡下缓，两侧沟坡上冲沟发育，构成羽状沟谷网。沟谷汇合处，由于受黄土特征影响，棱脊突出，往往呈角状转折。沟谷源头部分迅速加深，溯源增长，故沟形狭窄深揳，且受黄土节理影响，沟缘多明显转折（图 7-107）。

由于冲沟密集纵横，为使图形清晰连贯，在大比例尺地形图上，除深窄的小沟、狭窄的沟头和沟坡大于70°的坡段使用符号，其余部分均用等高线表示，主干冲沟上下游等高线闭合图形有“V”“U”变化，沟谷汇合处等高线成套合的角状转折示出棱线，沟底常配有时令河符号，下游有水以河流符号表示。主干冲沟两侧的冲沟视其规模和特征，用相应的等高线、陡壁冲沟和冲沟符号表示。

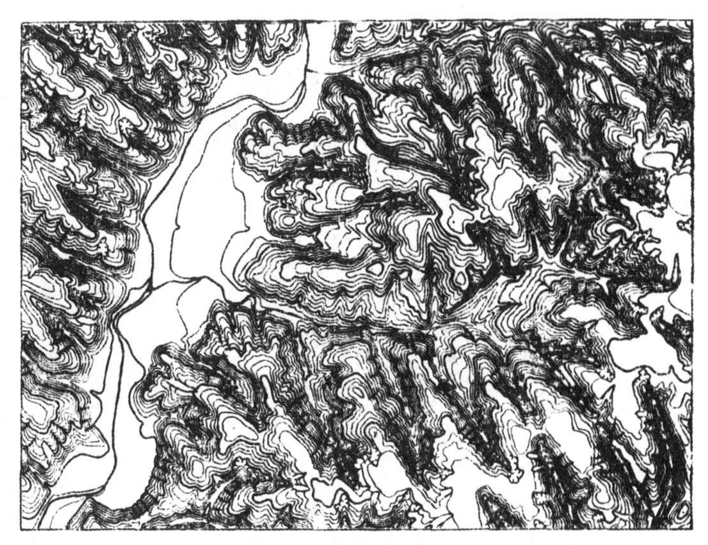

图 7-107　黄土沟谷的表示

黄土区沟谷除上述特征，往往出现沟中有沟、谷中有谷的套合谷地，这是较宽的古老谷地，在地壳上升运动影响下沟底再次下切而成。在地形图上用弧形弯曲的密集等高线表示古老谷地，用符号或“V”形闭合的谷地等高线显示底部的窄谷，反映出新老谷地的不协调性（图 7-108）。

图 7-108 复合黄土沟谷的表示

(3) 黄土坪（川）：黄土坪（川）是长条的古老宽谷，坡上的黄土风化剥落后填入谷地，并被洪水淤平谷底，地壳上升运动使谷地相对抬高，谷底成平台状，台面常在谷口陡崖处中断，台面又有冲沟切割，渐趋破碎。坪是黄土丘陵区人们的重要耕作地带。

黄土坪在地形图上用等高线示出，谷坡上等高线密集而曲折，坪面上等高线稀疏而平直，基本上是槽形谷图形，沟口陡坎以密集等高线或陡崖符号表示（图 7-109）。

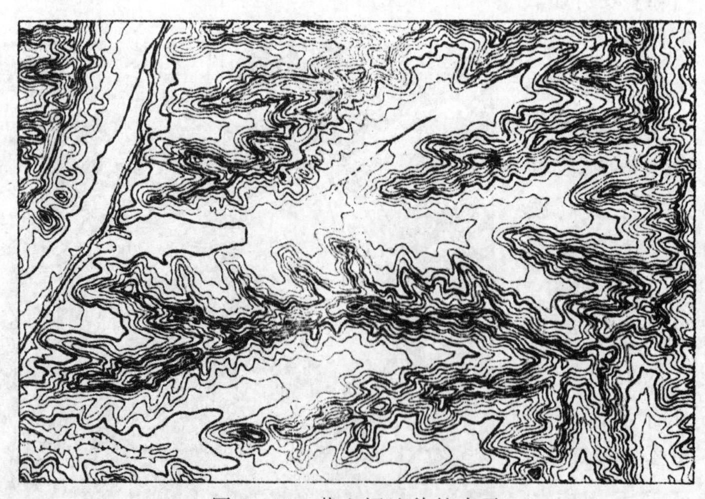

图 7-109 黄土坪地貌的表示

(4) 黄土的崩塌、滑坡及陷穴：在沟源、沟谷汇合处及陡坡等不稳定地段，黄土往往成块崩塌或顺坡滑塌。出现这些现象的地方，其形态特征上部为围椅形陡坡，坡下为局部的阶状形态。在地形图上较稳定者一般以等高线示出，而不稳定者则用滑坡符号表示。此外，黄土区常因水分顺节理下渗、潜蚀其内部，使上部土层陷落成坑，称黄土陷穴，多分布在沟头、沟底或沟坡上，在图上仅选深度大于 1.5 m 者以土坑符号表示，或以漏斗符号示出。黄土崩塌、滑坡及陷穴的表示如图 7-110 所示。

2. 正向地貌形态及其图形特征

黄土区的正向形态依其特征不同分为如下三类。

(1) 黄土塬：在黄土堆积较厚的地区，原始的起伏地面已被黄土填平，成为表面平坦的高原面，当地人称之为塬。由于近代流水的冲刷，完整的塬已很少见，一般均遭沟壑切割而成破碎的台地状态，其面积由数十到数百平方千米不等。此类地貌以泾河、洛河中游地区较为典型。

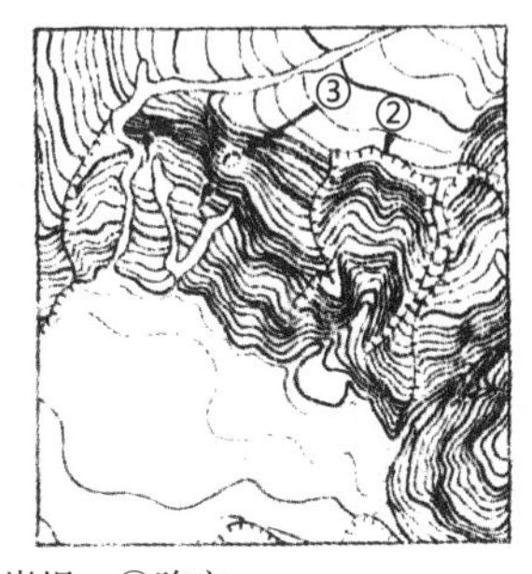

①滑坡 ②崩塌 ③陷穴

图 7-110 黄土崩塌、滑坡及陷穴的表示

塬的特点是顶面平坦，塬面边缘线清晰，四周沟谷围绕，塬坡上冲沟发育，沟头尖窄楔入塬面。

地形图上塬的形态十分易于判别，其图形特点是顶面等高线稀疏圆滑，塬面边缘坡折明显，反映塬面轮廓的等高线顺沟缘延展，多呈现出棱角状转折，切入塬面的冲沟多用冲沟符号示出，或以尖锐闭合的等高线表示，以示其易受侵蚀的特点（图 7-111）。

图 7-111 黄土塬的表示

（2）黄土梁：简称梁或墚，是两条沟谷间夹持的长条状高地，状如山脊，依其形态特征分为两种。

一是平梁。顶部比较平坦，梁顶与梁坡间的坡折明显，梁坡坡度较陡，坡上沟谷发育，梁脊两侧的反向沟头深揳梁顶，出现互相贯通或即将贯通的特点，即将贯通的沟头经过人工维修，成为梁上交通的必由之路。这种梁往往是塬切割破碎而成，其特点与塬有许多相似之处，只是顶面较小而已，在表示上也无原则区别，仅需注意反映反向沟头互相贯通或即将贯通的特点，如图 7-112（a）所示。

二是斜梁。它也是长条高地，但梁顶纵向坡降比较大，梁顶横断面呈明显的弧形，梁顶以下坡度迅速变陡，所以坡形多为凸形坡，梁顶梁坡间无明显坡折。这种梁多半是在原始起伏的地面上再经流水强烈侵蚀而成，是水土流失很严重的地区。斜梁的表示方法是梁顶等高线呈圆弧形闭合，梁坡上等高线上稀下密，反映出凸形坡特征，如图 7-112（b）所示。

（a）平梁

（b）斜梁

图 7-112 黄土梁的表示

（3）黄土峁：简称峁，是一种个体相对独立的丘陵，平面轮廓多为圆形或椭圆形，峁顶呈明显的穹形，由顶点向四周微倾，峁坡多为凸形，沿峁坡而下冲沟多呈放射状分布。峁与峁之间多由短窄的鞍部相连，通常由梁进一步分割而成，有的则是受黄土层下面原始地形的影响所致。

在地形图上，峁顶多为圆滑稀疏的封闭曲线，峁坡上等高线渐密，凸形坡特征明显，坡上冲沟呈放射状，沟间地段棱脊明显，等高线套合良好，鞍部两侧的山脊等高线多呈“V”形闭合（图 7-113）。

梁、峁地形常常互相掺杂，构成黄土丘陵景观。我国泾河、洛河、延河、无定河上源地区，以及山西西北部多为黄土丘陵地貌。

（三）黄土地貌的制图综合

从黄土特性、黄土区外力作用性质和黄土地貌基本形态的特征可知，黄土地貌不同于其他地貌类型，其特殊点可以归纳为坡折明显、棱脊突出、沟谷纵横、切割破碎。所以保持这些特点是黄土地貌综合的主要任务。现从几个方向分述于后。

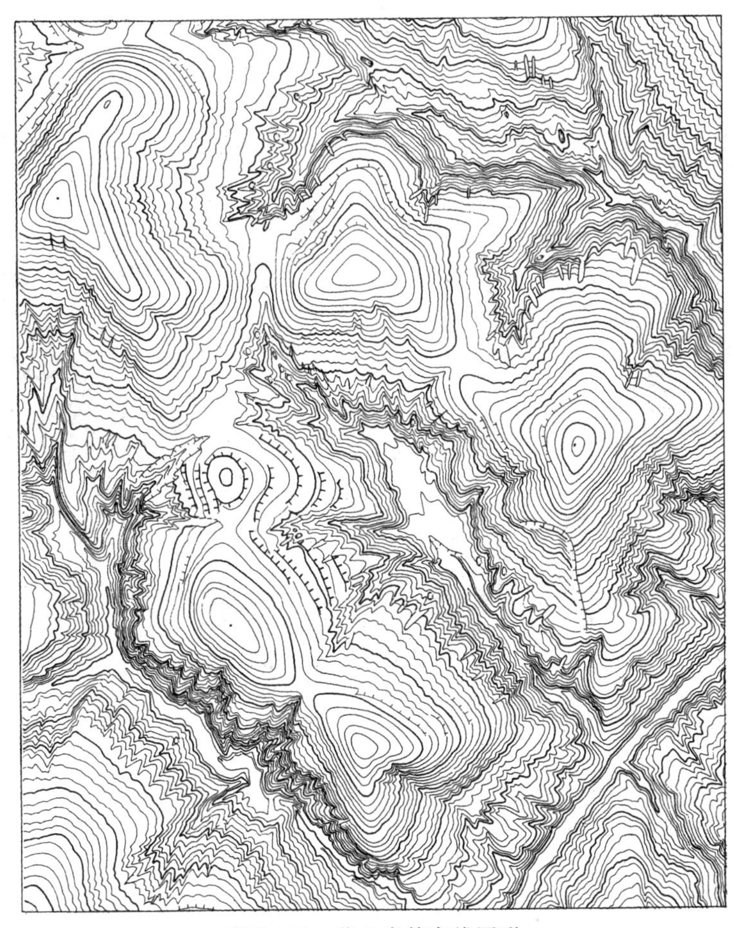

图 7-113　黄土峁等高线图形

1. 保持黄土地貌中各类坡折线的准确性和明显性

由于黄土富含垂直节理，侵蚀顺节理深入，土层沿节理塌落，故黄土塬、平梁、坪、阶地和滑坡等的边缘线均十分清晰。在综合时，应保持此线位置正确，不得任意移动，以反映完整平坦地面和切割破碎地段的面积对比。

强调坡折的方法通常要注意两点：一是要保持陡缓坡分界处的等高线位置正确，这是正确反映顶面范围和面积的重要措施；二是要保持此线上下等高线疏密对比，疏密反差越大，坡折线越清晰明显，综合时必须根据原图情况正确处理，反映实地的陡缓变化，切忌人为地使其明显化。此外，在综合过程中还需注意各类坡折线的特殊点。

塬、平梁、阶地的顶面边缘线在综合时应注意保持其角状转折的特征，在 1∶10 万—1∶100 万比例尺图上均可强调示出（图 7-114）。黄土坪两侧坡折线相对比较平直。滑坡上的坡折线通常呈弧形，在 1∶20 万图上尚可显示，在小于 1∶50 万图上一般很难示出。

2. 保持黄土地貌中棱脊突出的特征

由于黄土节理的影响，黄土地貌的沟缘线和沟间棱脊明显，棱脊末端往往分出几条小棱，构成一些三角面形态，三角面上受雨水冲刷出现细沟，使其平面轮廓呈弧形内凹的形态。所以，在制图综合时应以硬笔调的等高线保持这些特征，即以转折明显且互相套合的等高线强调突出的小棱脊，在三角面上则多为凹弧状等高线，如图 7-115 所示。

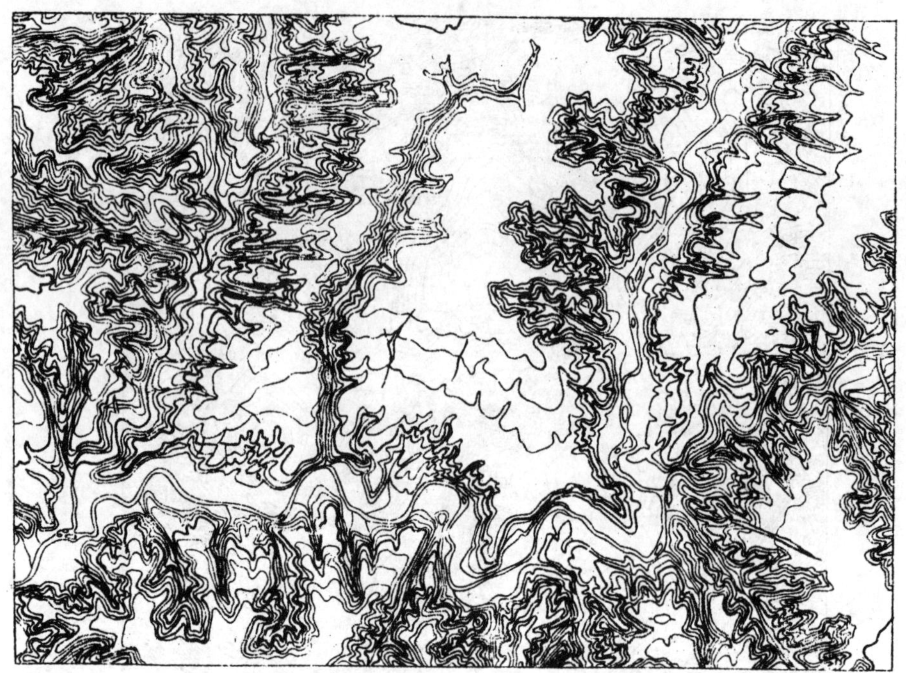

（a）1：20万，等高距40 m

（b）1：50万，等高距100 m（放大为1：35万）

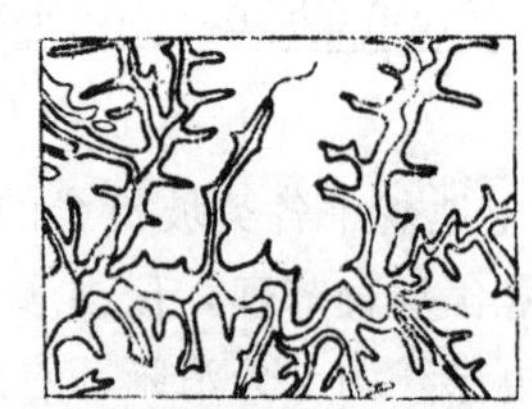

（c）1：100万，等高距200 m（放大为1：75万）

图 7-114 黄土塬的综合

（a）1：5万

（b）1：10万

图 7-115 黄土棱脊的综合

3. 正确反映黄土区的沟谷特征

黄土区沟谷发育，形态多样，地面切割破碎，所以对沟谷实施正确的概括是黄土地貌综合的重要一环。在作业过程中，除按沟谷综合的一般原则实施外，尚有下列问题需予特别注意。

首先，要正确取舍沟谷。黄土区一般按照删除负向合并正向的原则进行，但是，黄土区沟谷数量很多，一旦比例尺缩小，必然要舍去大量细沟。据实验，由 1∶5 万地形图编绘 1∶10 万图时，长 2 mm 的小沟一般可取 80％左右，而由 1∶10 万地形图编绘 1∶20 万地形图时仅能取 40％左右；沟谷取舍后，沟间的宽度在 2～4 mm 为宜，沟谷尽量以等高线示出，适当配置冲沟符号，符号一般配置在大冲沟的沟头和沟坡上，符号密度在 2～4 mm 左右较为清晰。当比例尺缩小时，用等高线、陡壁冲沟或双线冲沟符号表示的冲沟，其宽度在成图小于最小尺寸者可转绘成平线冲沟符号，并可进行取舍。

其次，要保持沟谷的宽度。其目的是反映沟、脊面积的正确对比，保持棱脊的明显性。为此，必须保持沟底两侧坡折线和沟缘线位置正确。但在制图过程中，常因沟坡等高线密集，描绘困难，从而挤动上下坡折线位置，使沟底变窄，棱脊缩小。为防止出现这种现象，可先绘出反映上下坡折线位置的等高线，然后插绘谷坡等高线，其间距小于 0.2 mm 的部位可局部合并绘出。

再次，要正确反映沟谷形态特征。特别是沟头形态比较特殊，在大于 1∶50 万地形图上一般应区分圆弧形和直线形楔形沟头，沟头方向通常有生硬的转折。

黄土沟谷地貌等高线的综合如图 7-116 所示。复合型沟谷的综合应注意灵活运用扩正压负和扩负压正的原则（图 7-17）。

（a）1∶5万

图 7-116　黄土沟谷地貌等高线的综合

（b）1∶10万

（c）1∶20万

图 7-116（续） 黄土沟谷地貌等高线的综合

4. 综合梁峁地形时要注意鞍部形态的表示

黄土丘陵区的鞍部形态多样，宽窄、长短、深浅各有所异，一般在梁上多宽浅的鞍部，峁区鞍部比较深窄，且多不对称鞍部和长鞍部，应予区别对待。尤其是即将贯通的狭窄地段，比例尺缩小后图上距离很小时，可适当缩短反向沟头，保持其即将贯通的特点，不得将其连接起来。

五、石灰岩地貌及其制图综合

（一）石灰岩地貌概述

石灰岩地貌以前称喀斯特，后来称岩溶，测绘人员习惯称其为石灰岩地貌。

石灰岩是地球表面比较普遍、常见的岩石，也是一种很特殊的岩石。地球上的岩石虽然种类很多，但几乎都难溶于水，唯有石灰岩是比较易溶于水的。石灰岩形成的地貌不同于其他岩石，由它构成的是一种山体林立、形态奇异、河流明暗、洞穴遍地的特殊地貌景观。

石灰岩是一种沉积岩，由海水中富含的碳酸钙物质在浅海地区结晶沉积而成，其沉积厚度一般较大。初成时成层地分布在海底，后来，地壳运动将海底抬升为陆地，石灰岩随之暴露于地表。在这种沧海巨变的过程中，石灰岩经受了强烈的挤压并褶皱变形。石灰岩内含有丰富的垂直节理和裂隙，为其迅速溶蚀提供了极为有利的条件，这些节理和裂隙成为岩石被溶蚀的主要通道。综上所述，奇特的石灰岩地貌并不是单一因素造成的，石灰岩的可溶性和岩石内丰富的节理与裂隙是两个非常重要的因素，它们决定着石灰岩地貌的基本特点。

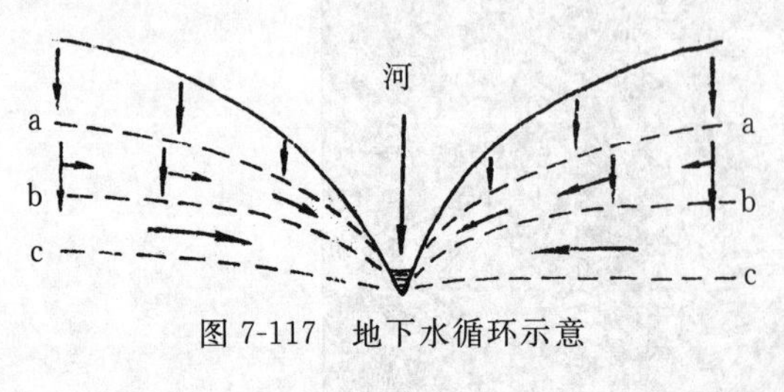

图 7-117 地下水循环示意

地下水是塑造石灰岩地貌的主要外营力。石灰岩地区由于节理和裂隙发育，地表水多数由此漏入地下，形成特有的地下水系。地下水系在其运动的过程中具有明显的分带性，构成完整的地下水循环系统（图 7-117）。不同的地下水循环地带上形成的石灰岩地貌形态差异也很大。

1. 垂直下渗带（图 7-117 中的 a 区）

在石灰岩区的近地表部分，地表水由这里转入地下，水流以下渗为主，因此地表面仅仅开始被溶蚀，形成一些漏斗状洼地，洼地底部多有一个通道伸入地下，水由此而下溶蚀岩石，称为落水洞。

2. 水平运动带（图 7-117 中的 c 区）

地下水渗入到一定深度时，便无力再继续下渗，转而沿岩层层面或水平裂隙做总趋势为水平方向的运动，称水平运动带。此带以水平溶蚀为主，形成溶洞和地下河等。

3. 过渡带（图 7-117 中的 b 区）

过渡带位于垂直下渗带和水平运动带之间。此带地下水既有垂直下渗运动，又有水平运动，形成的地貌形态错综复杂。

地下水循环的三个带，不仅与离地表的深度有关，还与地貌部位相联系（图 7-118）。通常在高原和近高原的山地地区几乎只有垂直下渗带，因而形成以落水洞、溶斗、溶蚀洼地为主要特色的高原石灰岩地貌。在高原与平原之间的过渡地带，地下水是下渗运动和水平运动同时并存，对地表和地下同时进行溶蚀，因而地表形态和地下形态交织在一起，并得以完美发育，形成峰林、峰丛与溶蚀洼地、溶蚀谷地交错并存，溶洞和地下河遍布的典型石灰岩山地地貌景观。在石灰岩溶蚀平原地区，由于大河是地下水的侵蚀基准面，所以地下水的下渗运动很微弱，水平运动却十分强烈，地下河汇集成地表河扫荡着地面，形成开敞平坦的平原，并有残存的孤峰与残丘出现。

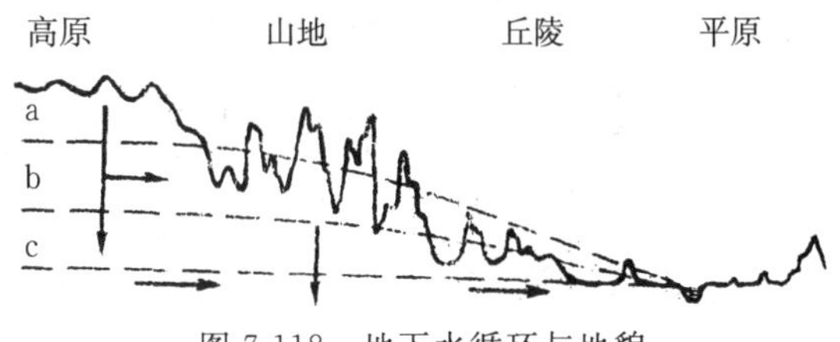

图 7-118　地下水循环与地貌

气候是又一个非常重要的因素。石灰岩地貌多发育在雨水充沛、气候湿热、植被发育的热带和亚热带地区。因为只有充沛的雨水和湿热的气候才能使石灰岩迅速溶解；只有植被发育，河水中才能富含大量的有机酸类，加速石灰岩的迅速溶解，使溶蚀的形态更加典型。可是，并不是有石灰岩分布的地区就必然形成石灰岩地貌，石灰岩地貌具有明显的气候地带性。在干旱气候区，如我国的西部和北部，由于那里的雨水贫乏，溶解作用很难进行，所以石灰岩形成的地貌与其他岩石地貌并无形态上的差别，甚至因为石灰岩岩性坚硬而形成了高峻陡峭的山峰。概括起来，石灰岩地貌的形成与发展受下列因素控制：①石灰岩的可溶性；②石灰岩内节理和裂隙的发育程度；③地下水循环的状况；④地区的气候特征。其中①和④是石灰岩地貌存在与否的决定因素，而②和③是影响石灰岩地貌形态与发育程度的条件。

（二）石灰岩地貌的基本形态与表示

石灰岩地貌的形态比较复杂，但它们明显地分为地表形态和地下形态两大类。其中，地表形态包括溶斗（石灰岩漏斗）、溶蚀洼地（盆地）、溶蚀槽谷、盲谷、干谷、峰丛、峰林、孤峰、残丘等；地下形态包括溶洞、地下河等。

1. 溶斗（石灰岩漏斗）

溶斗是呈漏斗状的石质凹坑，形态各异，深浅不一，底部均有透水的狭窄孔道直通地下，这种透水孔道称为落水洞，如图 7-119（b）所示。溶斗主要由水流溶蚀扩大岩石裂隙而成，所以溶斗的分布、排列深受裂隙延伸方向的控制，不受地形和高度的制约，无论平原、山地、高原、山顶、山坡、山脚和鞍部均可成群出现，如图 7-119（a）所示。如果溶斗底部落水洞被堵塞，水便无法流走，常常积水成湖，当地一般称之为“塘”，这也是石灰岩地区的特殊景观。

(a) 溶斗的表示

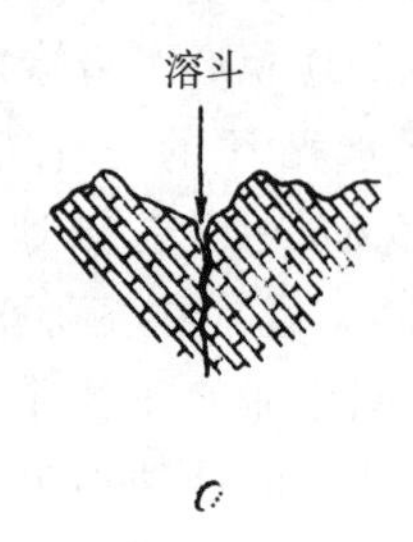

(b) 溶斗示意

图 7-119 溶斗及其表示

在大比例尺地形图上，能依比例尺表示的溶斗，用等高线表示其形态，而在底部透水裂隙处绘以溶斗符号；不能依比例尺表示的小溶斗，只用溶斗符号示出。

2. 溶蚀洼地（盆地）

它是一种底部呈锅底状或盆底状的封闭洼地，小者称溶蚀洼地，大者称溶蚀盆地，多分布在峰林、峰丛区。它们是由溶斗不断扩大，导致相邻溶斗合并而生成的，直径多为几百米，四周陡峭，被峰林环绕，底部常有新的溶斗和湖泊产生。在地形图上应以周围密集、底部稀疏的浑圆等高线表示（图 7-120）。

(a) 溶蚀洼地的表示

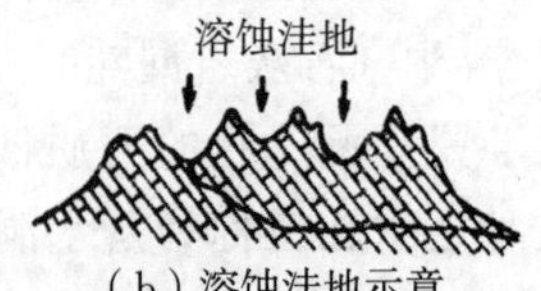

(b) 溶蚀洼地示意

图 7-120 溶蚀洼地及其表示

3. 溶蚀槽谷

溶蚀槽谷又称“坡立谷”，是一种底部为平原的谷地，如图 7-121（b）所示。一般是由溶蚀洼地（盆地）不断扩展合并而成的，横断面呈槽形，宽度自数百米至数千米，长度自数千米至数十千米，边缘由岩峰或峰林围峙，陡峭而又弯曲。底部已被填充成长条形平原，河流纵贯其中，但又常在两端没入地下，有时因排水不畅而成湖泽。

溶蚀槽谷在地形图上以等高线表示。由于溶蚀槽谷一般是由盆地扩展串连而成，所以常保持着盆地合并的痕迹，即谷形时宽时窄，谷底布有小“横堤”（陡坎），这些特征均通过等高线反映出来。

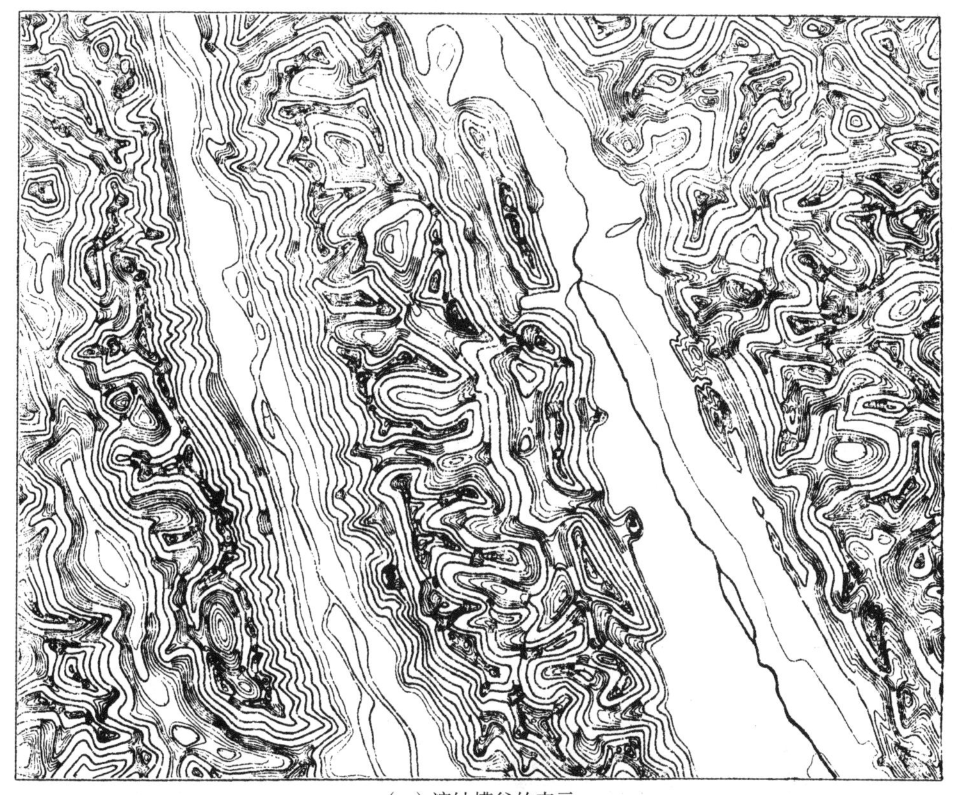

（a）溶蚀槽谷的表示

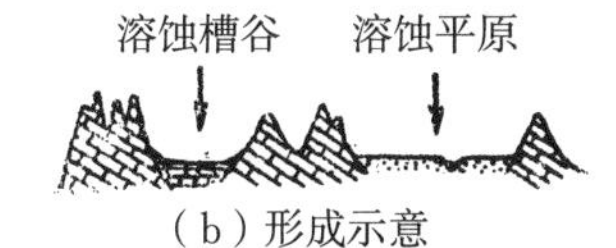

（b）形成示意

图 7-121　溶蚀槽谷及其表示

4. 盲谷和干谷

在河床底部如果有较大的落水洞存在，河水将被全部导入地下，河流被拦腰截断，落水洞以下的河段由此干涸无水形成“干谷”。落水洞上部，由于继续受侵蚀，河床降低，这样便在落水洞处形成了一个陡坎，使河流如同进了死胡同一样而终止，通常把落水洞上部称为“盲谷”。

干谷大者同一般谷地，在用等高线表示方面没有什么两样，小者用干河床符号表示。干谷中往往有溶斗分布，所以溶斗符号也是干谷的重要标志。

盲谷的表示重点在于河流终止处的陡坎，在大比例尺地形图上用密集闭合的等高线表示，当陡坎陡峭得不能用等高线表示时，则采用陡崖符号表示。图 7-122 为盲谷的表示方法。

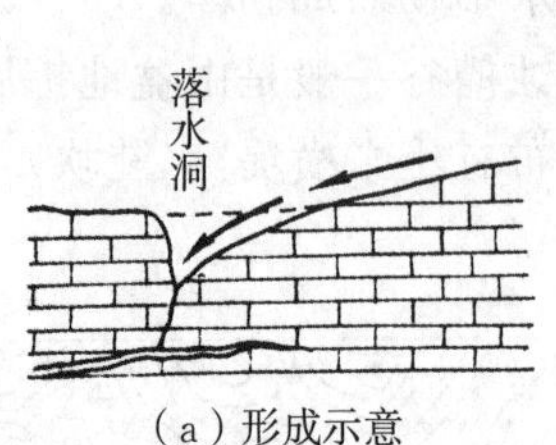

（a）形成示意

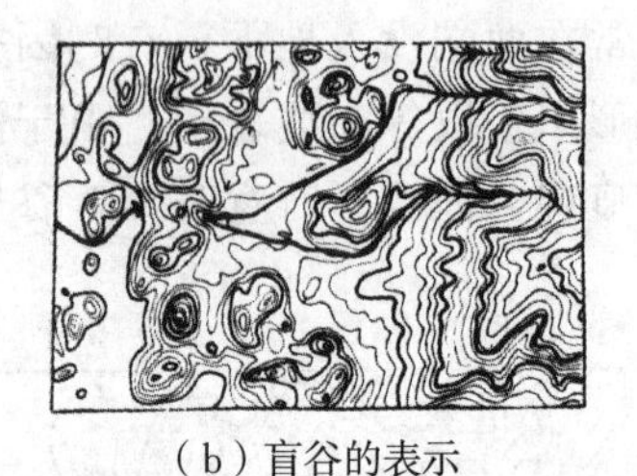

（b）盲谷的表示

图 7-122　盲谷及其表示

5. 峰丛、峰林

峰丛是一种连座峰，其基部完全相连，在同一山体上丛立着成群的小峰体，小峰体的比高一般不大，多在 20～80 m，峰间鞍部很高，使峰体高度仅占山体高度的三分之一左右，如图 7-123（a）所示。峰体间有大量的洼地，形成正负交织的地形。峰丛主要分布在高原的边缘，例如在云贵地区多为峰丛地形，峰丛间的盆地在当地被称为“坝子”。

峰林是基部微微相连的峰群，峰体比高为 50～150 m，占山体高程的三分之二以上，如图 7-123（b）所示。峰体间多溶蚀盆地，呈正负交织的地形。峰林主要分布在平原与高原的过渡地带。

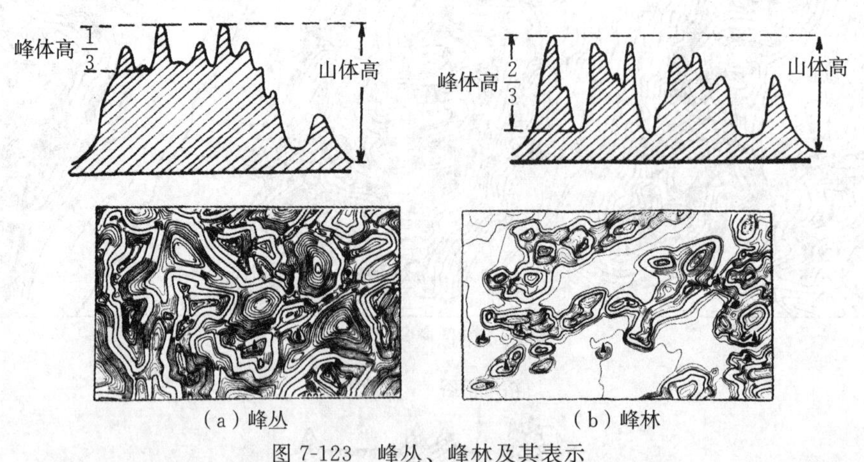

（a）峰丛　　　　（b）峰林

图 7-123　峰丛、峰林及其表示

峰丛、峰林是石灰岩山地的主要形态，在地形图上通常用封闭等高线表示，等高线过密时，计曲线间可按规定合并首曲线。

6. 孤峰、残丘

孤峰和残丘均属石灰岩地貌发育到老年期的形态。

孤峰是在溶蚀平原和溶蚀槽谷中零星分布的峰体，平地拔起，呈陡直的圆筒状、尖锥状或单面崖状，比高一般在 100～200 m。地形图上用等高线或孤峰符号表示，如图 7-124 中的 a 处。

残丘是由峰体不断崩塌，峰林地形进一步解体而成的，如图 7-124 中的 b 处，但多数是由于石灰岩岩层薄，发育不成峰林地形所致，如图 7-124 中的 c 处。地形图上均用等高线表示。

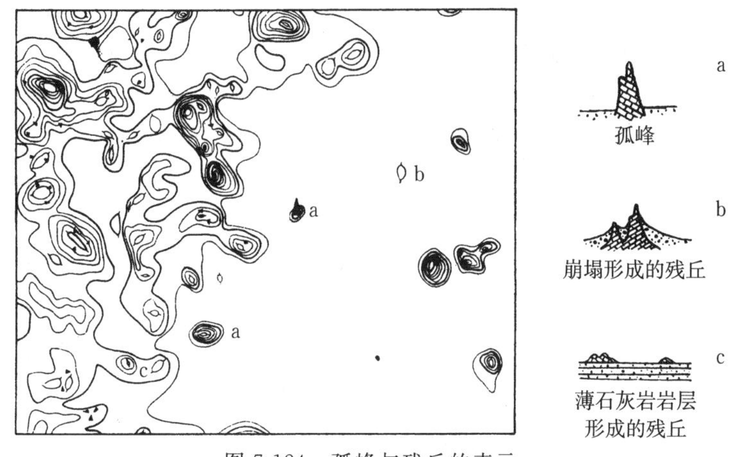

图 7-124　孤峰与残丘的表示

7. 溶洞

溶洞是地下水沿水平层面和裂隙溶蚀而成的地下空洞，通常规模很大，洞内形态奇特。溶洞可以作为仓库、厂房、防护和隐蔽场所，其军事和经济意义很大。在地形图上仅用符号表示洞口，比例尺缩小以后应尽量选取，并应注意洞口符号位置和方向的准确性(图 7-127)。

8. 地下河（伏流）

石灰岩地区的地表河流由落水洞处转入地下后，便形成伏流，即地下河。随着时间的推移，有些地下河顶部崩塌，地下河又露出地表，这样就出现了地下河与地表河时隐时现的状况。地下河段在地形图上不必表示，但要正确地表示地表河的入口和地下河的出口，入口处一定要高于出口处的位置（图 7-125），否则为不合理。

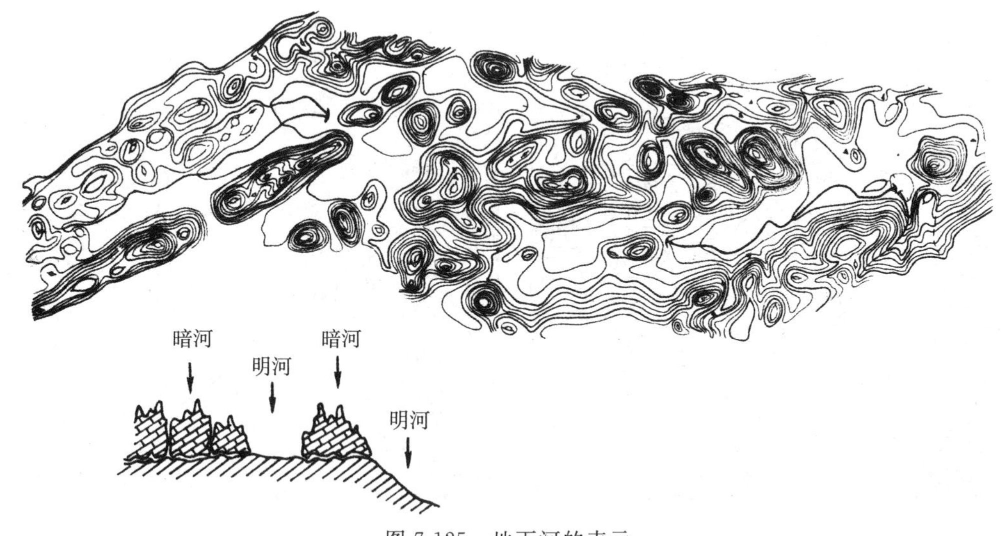

图 7-125　地下河的表示

（三）我国石灰岩地貌的区域特点

我国幅员辽阔，石灰岩广泛分布，全国几乎到处都有，总面积可达 55 万 km^2（图 7-126）。石灰岩地貌的形成和发展，受多种因素的影响，尤其是气候的影响更为显著。由于石灰岩地貌有明显的气候地带性，所以，我们可以把石灰岩地貌划分为三大类型。

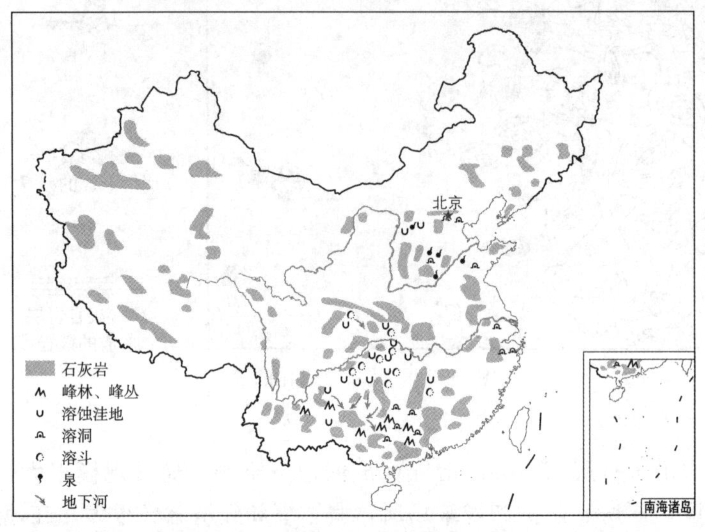

图 7-126　我国石灰岩分布略图

1. 北方型

北方型石灰岩地貌位于长江以北，主要在华北和东北。这里属于温带气候，虽然多雨但气温不高，所以石灰岩地貌不甚发育。地表形态只是微带浑圆的特征（图 7-127），但是溶洞和溶岩泉水很发育，北京周口店的上方山溶洞和“泉城”济南就是典型例子。对于北方型石灰岩地区来说，地形图上应注意溶洞、泉、石灰窑的表示。通过这些符号能够说明区域特征和石灰岩的存在。

图 7-127　北方型石灰岩地貌

2. 华中型

华中型石灰岩地貌位于长江流域，尤其是长江以南，如湖南、湖北、四川、浙江、江西等省。这些地区位于我国中部，属于暖温带-亚热带气候，终年多雨，气温较高，但不很炎热。相比北方型石灰岩地貌，无论是地表形态还是地下形态都比较发育，然而都不够典型。尤其是地表形态，虽然具有明显的溶蚀形态，如浑圆的山顶，山体上发育有成群的乳头状矮小山包和零星散布的溶蚀洼地（图 7-128），但是没有发育完美的峰林、峰丛地貌形态。地形图上应用圆滑的等高线表示山顶，并注意反映山体的走向及山体上山头的分布特点；溶蚀洼地尽量选取，表示不出来时，允许加补充等高线，因为洼地是石灰岩地貌的主要标志之一。

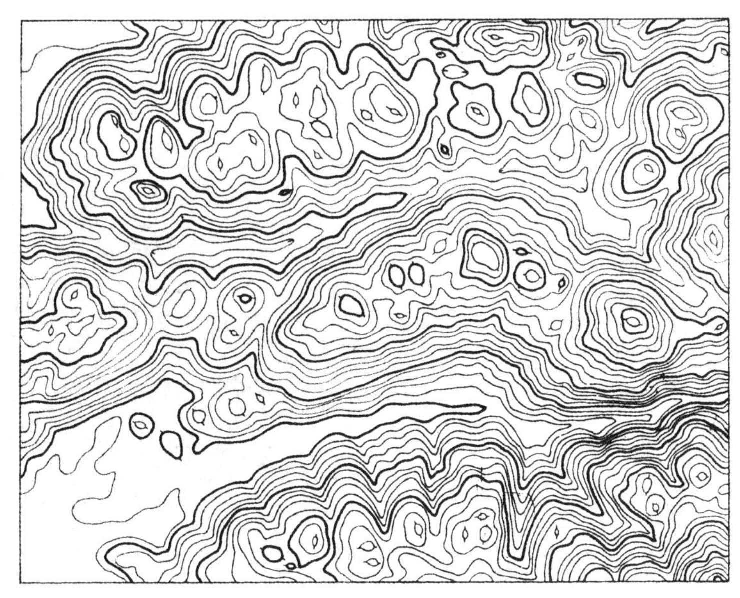

图 7-128　华中型石灰岩地貌

3. 华南型

华南型石灰岩地貌大致分布在南岭以南地区，如广西、贵州南部、云南东部和广东北部等。这里有大面积的、巨厚的、质纯的石灰岩分布，又属于亚热带-热带气候区，终年多雨，四季炎热，地表和地下的溶蚀形态发育得充分和完美，是世界上石灰岩地貌发育最典型的地区。

但是，虽然同处于一个气候区，由于受其他因素的影响，这里的石灰岩地貌在形态上的差别也很大，如广西中部是溶蚀平原、西部是石灰岩山地，广西南部和广东北部是石灰岩残丘，云贵则是高原石灰岩地貌。地形图上应注意反映它们的差异，不能千篇一律（图 7-129）。

（四）石灰岩地貌的制图综合

从上边几个问题的讨论中可以看出，石灰岩地貌的形态复杂，独具一格。制图综合的主要任务在于以下五方面。

（1）反映溶蚀形态的特征。以溶蚀为主形成的地貌，主要特征是浑圆，为此在制图综合中应当运用“软笔调”，始终保持等高线较为圆滑的特点。

（2）反映正负交织的特征。石灰岩地貌的正向形态峰林与负向形态洼地，总是形影相随地交织在一起，在缩小的编绘原图上，能否做到迅速地识别出正负形态，准确地判别出正负高程，是实施综合必不可少的条件。同时这一特征又决定着综合的原则与手法，应当是夸大正向形态与夸大负向形态的有机结合。

(3) 反映正向形态的特征。我们知道，峰体林立是石灰岩地貌的主要标志，但在很多情况下，林立峰体的比高相差不大，怎样区分它们的主次，怎样进行正确的取舍和图形概括，是综合中十分重要的问题。

(4) 反映负向形态的特征。石灰岩地貌的负向形态有其特殊性，不仅谷形独特，而且洼地常常是它的组成部分，这与其他类型地貌的谷地明显不同，因此制图综合必须正确反映这一特点。

(5) 反映水系特征。在石灰岩地貌区域里有许多断头河，即河流以时隐时现为特点。此外，溶蚀湖泊、泉也比较多。水系的这些特点均是石灰岩地貌综合中不可忽视和需要很好反映的。

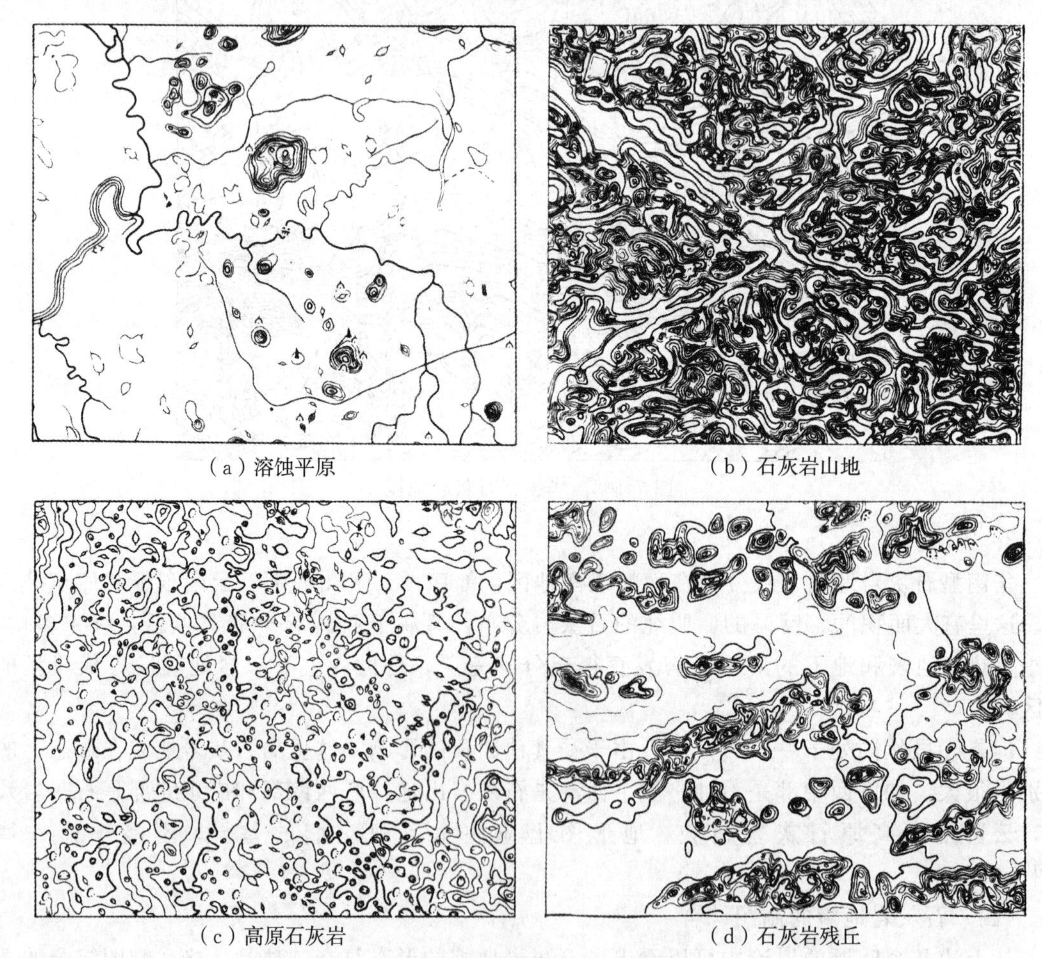

(a) 溶蚀平原　(b) 石灰岩山地　(c) 高原石灰岩　(d) 石灰岩残丘

图 7-129　华南型石灰岩地貌

下面我们分别讨论石灰岩地貌综合中的几个主要问题。

1. 石灰岩地貌正向形态的制图综合

峰林、峰丛区的主要特点是峰体林立、密集成群、坡度较陡、高差相差不大。这些特点在大比例尺地形图上可以用等高线表示出来，但随着地图比例尺的缩小，矛盾越来越突出，主要表现在：因为高差相差不大，难以区分主次并进行取舍；由于峰体密集成群，致使等高线挤在一起，影响了地图清晰；由于峰体小，在编绘图上常常出现等高线很密集难以逐条绘出的情况；等等。怎样解决这些问题并进行正确的综合？

（1）分清峰体主次，取主舍次，或将次要峰体降低高程表示。

在峰体密集成群地区，一般应强调表示其中主要的峰体，舍去次要的峰体。所谓主要峰体指形体高大的，能够反映整个山体走向或分布特征的峰体。所谓次要峰体指高程低的、形体小的峰体。主要峰体，如果因为比例尺缩小而不能清楚地显示时，允许适当夸大等高线；次要峰体如果密集而影响清晰时，允许舍去个别的（图 7-130），或者用降低高程的办法来表示，即舍去 1～2 条等高线（图 7-131）。因为次要峰体随地图比例尺缩小，已逐渐失去判别高程或判别方位的作用，舍去或省略等高线对地图用途并不产生什么影响。

（a）示例一　（b）示例二

图 7-130　两组峰体取舍示例（1∶10 万—1∶20 万—1∶50 万）

（a）综合前　（b）综合后

图 7-131　次要山头用降低高程表示

（2）有条件地合并峰体。

我们知道，在峰林、峰丛区，主要峰体具有判别方位的意义，需要准确而详尽地表示；其他比高相差不大的峰体，一般说来只起着反映地貌区域特征的作用。因此，群集峰体，视其具体情况可以取舍也可以合并。但是，合并是有条件的，合并必须是同一山体上的邻近（间隔小于 0.5 mm）峰体，也就是说，地形图上应当能够清楚地看出有一个共同的基底（图 7-132）。而对于孤峰或残丘，即使是挨在一起了，也不能合并，只能取舍。

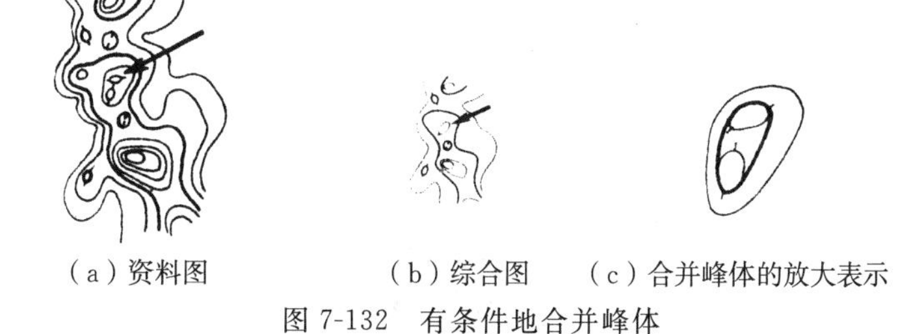

（a）资料图　（b）综合图　（c）合并峰体的放大表示

图 7-132　有条件地合并峰体

（3）正确使用岩峰符号。

岩峰符号在大比例尺地形图上，主要是用于表示耸立在山岭、山坡或平地之上的柱状岩石（图 7-133）。例如云南路南石林，就是等高线上配合适当数量的岩峰符号来显示石林特征的。

随着地图比例尺的缩小，有些无法用等高线表示的柱状峰体，特别是孤峰，可以转化为用符号表示，但不宜过多。在小比例尺地图上，我们可能看到，为了反映峰体林立的特征，使用岩峰符号比较多。

等高线转化为岩峰符号的基本方法是：在编绘图上，峰体陡峭、具有方位意义，同时峰顶等高线空白小于 0.6 mm 无法绘出两条以上的等高线时，允许将等高线转为岩峰符号表示，并有选择地注出比高（图 7-134）。单个峰体用孤峰符号表示，群峰用峰丛符号表示。

比高注记是指符号基底等高线至峰顶的高度。地形图上岩峰符号密集时，也可以进行取舍。

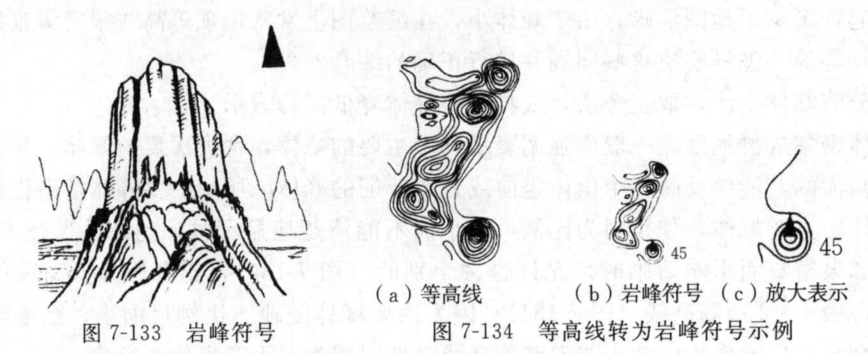

图 7-133　岩峰符号　　　　图 7-134　等高线转为岩峰符号示例

2. 石灰岩地貌负向形态的制图综合

（1）谷地等高线的图形概括。

石灰岩地貌的谷地图形别具一格，以袋状和串珠状为最多，如图 7-135（a）所示。谷底倾斜无一定方向性，时宽时窄（宽处是洼地，窄处是横堤），呈“U”形闭合。制图综合时要注意反映谷地形态特征，如图 7-135（b）所示。袋状谷一般都谷身浅、方向零乱，而串珠状谷地一般呈条状延伸（受地质构造控制，沿断裂线发育），谷地的延伸方向与山岭走向平行。

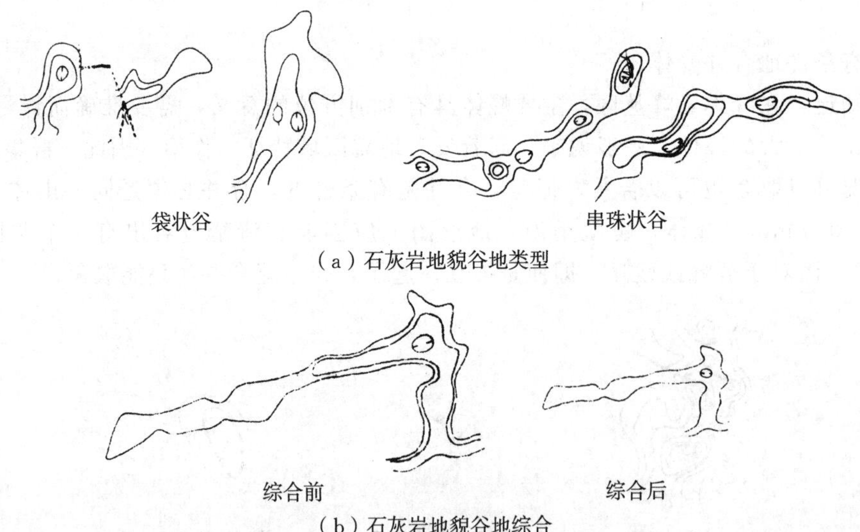

图 7-135　石灰岩地貌谷地案例

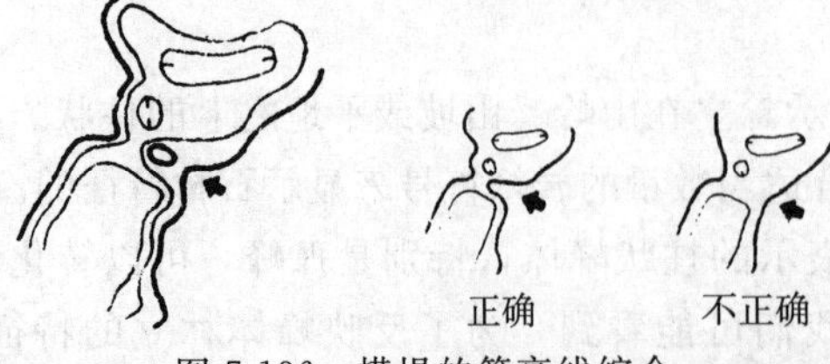

图 7-136　横堤的等高线综合

这里还要注意一个问题，即横堤的表示。横堤不仅仅是谷地形态中的一个特殊点，更主要因为它是实地上跨越谷地的通道，比例尺缩小以后，有些次要的横堤可能被舍去了，但是被保留表示的横堤应反映出它的特征（图 7-136）。

（2）洼地（盆地）等高线的图形概括。

概括洼地（盆地）等高线，一要注意反映形态特征，如圆形、椭圆形及其他较复杂的形状；二要注意反映底部特征，如平底碟形洼地等高线，边缘密集，底部稀疏，概括等高线时应略向上方移动，而锥状洼地等高线，上稀下密，概括等高线时应略向下方移动。这些特征在大比例尺地形图上应详尽表示，比例尺缩小以后，小洼地的形态特征可能无法显示了，重点转移在大洼地及盆地的形态特征显示上。

用等高线表示的洼地，只能取舍，不能合并，封闭曲线的最小面积不得小于 1 mm^2。

（3）溶斗符号的使用与取舍。

溶斗符号在大比例尺地形图上是根据实地调绘资料描绘的，用以表示底部有落水洞的小洼地。比例尺缩小以后，在溶斗密集地区，可以进行取舍，但必须注意反映溶斗分布的密度对比。一般情况下，不允许把用等高线表示的小洼地转化成溶斗符号。在小比例尺地图上，为了反映石灰岩地貌洼地遍布的特征，采用溶斗符号较多，但这些溶斗符号与大、中比例尺地形图上的溶斗符号相比，在意义上已经不同了。

3. 石灰岩地貌中的水系综合

我们知道，石灰岩地貌区域里的许多地表河流是断断续续出现的，但是这些断续出现的河流与地下河保持着内在的联系，它们构成统一的整体，并具有一个总的流向。水系综合应注意两个问题。

（1）降低河流的选取标准。

为了反映石灰岩地貌的水系特征，短于 1 cm 的“断头河”不能一概舍去，应适当保留一些“断头河”，其目的是为了反映时隐时现的特征，反映地表河与地下河的关系，反映水系的总流向（图 7-137）。同时要注意保持同一流向地表河流线划粗度的渐变性，即由河源处开始到汇集于地表河处止，线划逐渐加粗。

（2）汇集于洼地的河流的表示。

汇集于洼地的河流，一种是自成系统，另一种是流入洼地后转入落水洞。前者注意反映主支流的关系；后者注意河流与等高线的关系，即河流必须终止于最低一条等高线之中。

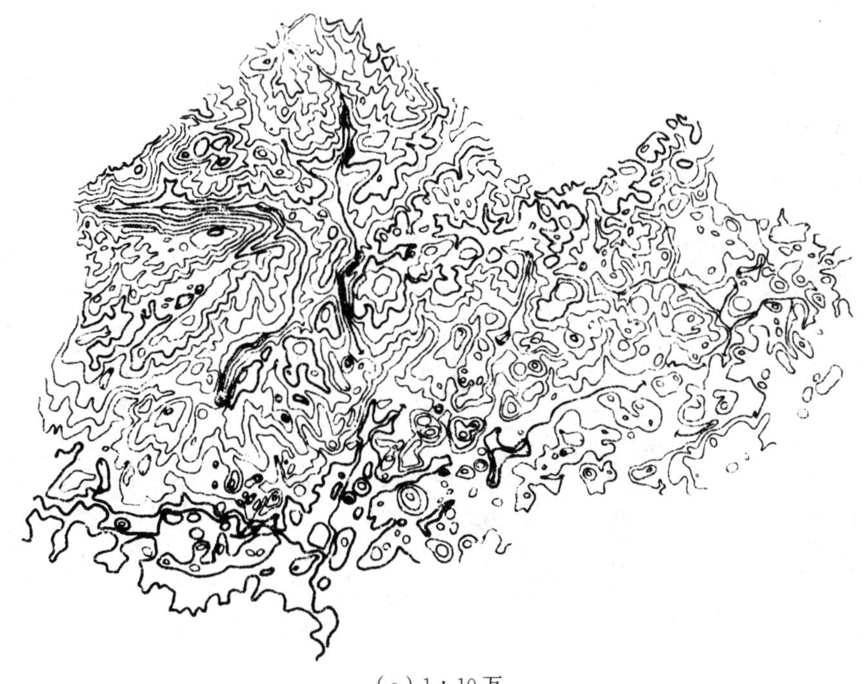

（a）1∶10万

图 7-137　石灰岩地貌中河流的取舍

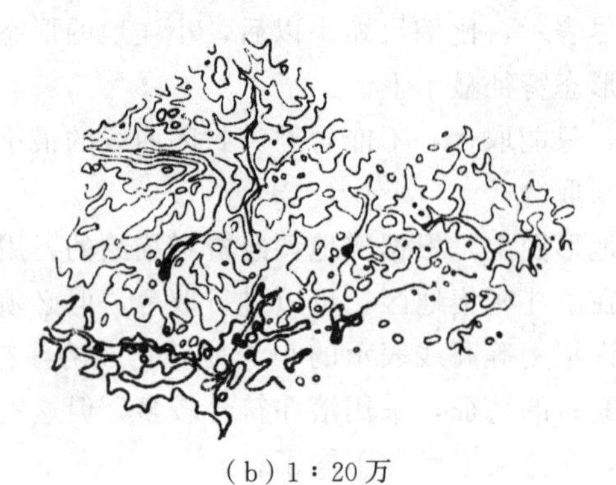

（b）1：20万

图 7-137（续）　石灰岩地貌中河流的取舍

4. 石灰岩地貌制图综合举例

（1）华南型-热带石灰岩山地（峰林、峰丛）地貌综合。

该地区石灰岩质地较纯，溶蚀形态发育，正负形态交织，峰体林立且比高相差不大，洼地遍布，形态大小不一，到处都分布有露岩。综合时，要保持溶蚀形态的浑圆特征，分清主次峰体，注意表示主要峰体，次要峰体视具体情况舍去或降低高程表示。注意反映峰体的分布规律及溶蚀谷地的延伸方向。洼地要注意反映形态特征，加绘示坡线，同时适当配以露岩符号（图 7-138）。

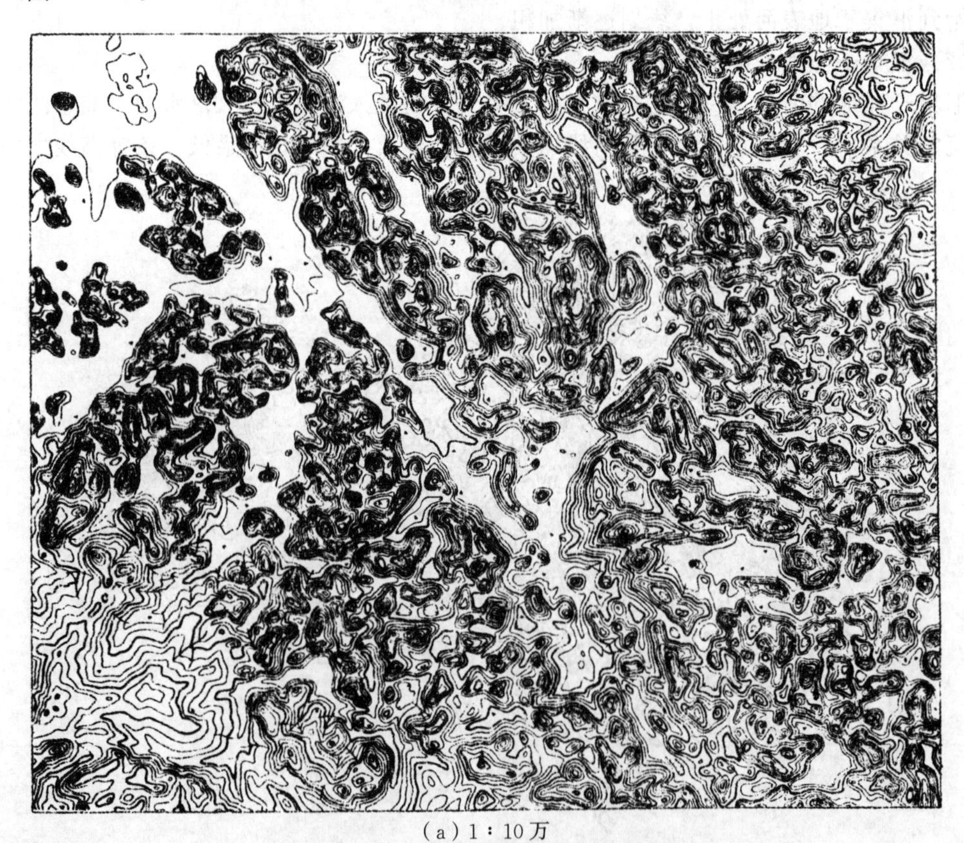

（a）1：10万

图 7-138　华南型-热带石灰岩山地（峰林、峰丛）地貌综合

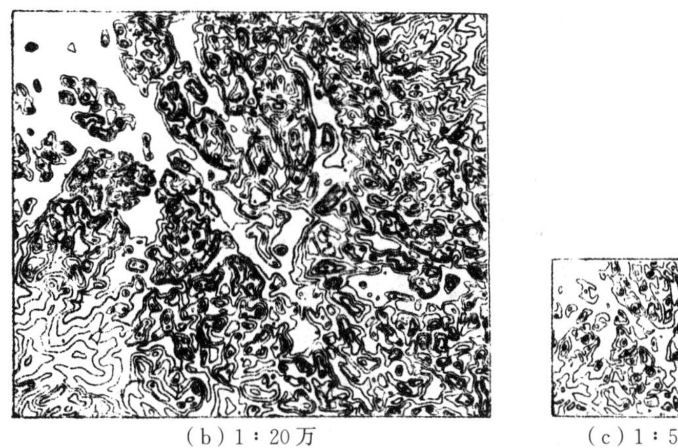
(b) 1∶20万

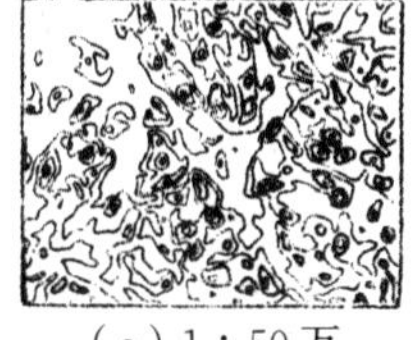
(c) 1∶50万

图 7-138（续）　华南型-热带石灰岩山地（峰林、峰丛）地貌综合

(2) 华南型-热带石灰岩高原地貌综合。

该地区绝对高程较大，平均在 1 500 m 以上。高原面上分布着起伏不大的丘陵，并密布着溶蚀洼地和溶斗。综合时，重点在于反映溶蚀洼地和溶斗，密集时允许取舍，但要正确反映分布特征、发育部位和密度对比（图 7-139）。

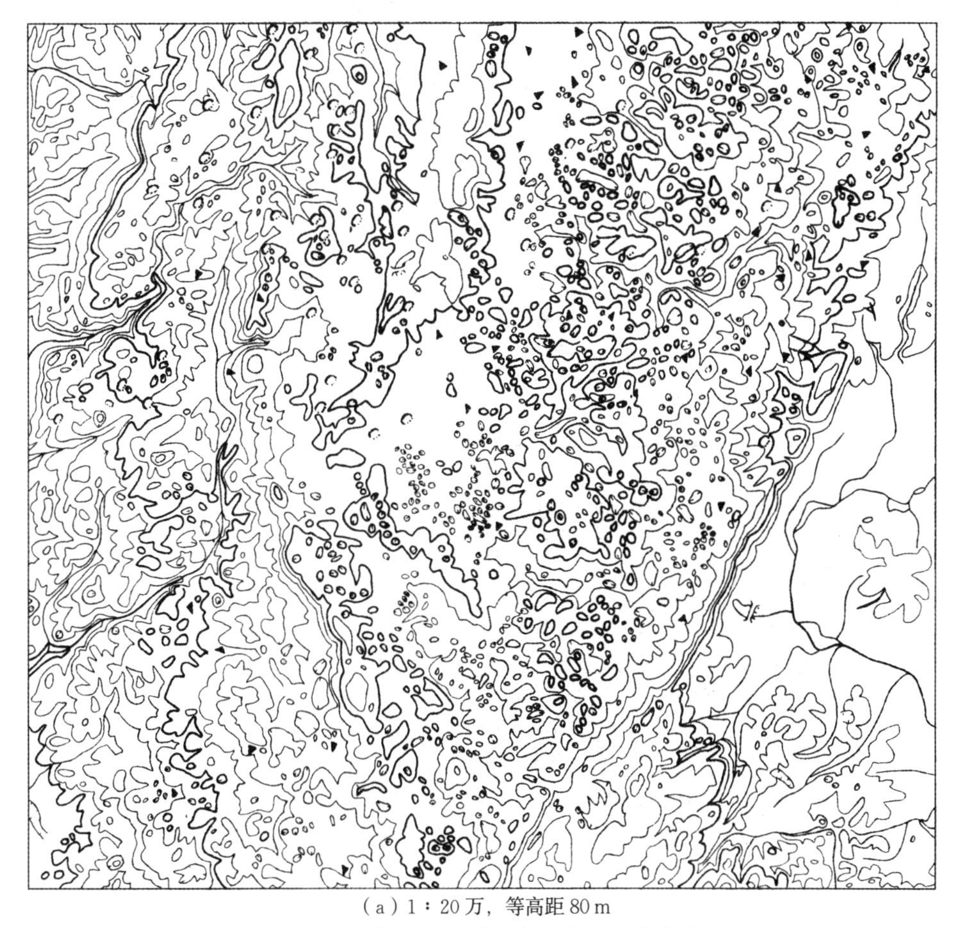
(a) 1∶20万，等高距 80 m

图 7-139　华南型-热带石灰岩高原地貌综合

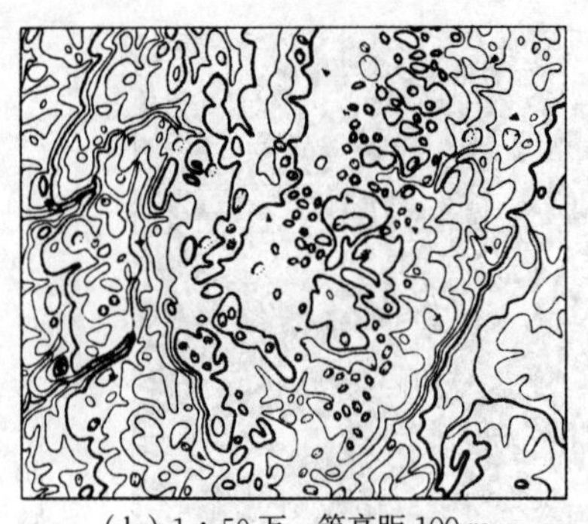

（b）1∶50万，等高距100m

图7-139（续）　华南型-热带石灰岩高原地貌综合

（3）华中型-温带石灰岩地貌综合。

温带石灰岩地貌的主要特点是外表形态浑圆，溶蚀洼地较多，山体走向比较清楚，但分水岭较为破碎，山头浑圆且分布零乱（图7-140）。

（a）1∶10万

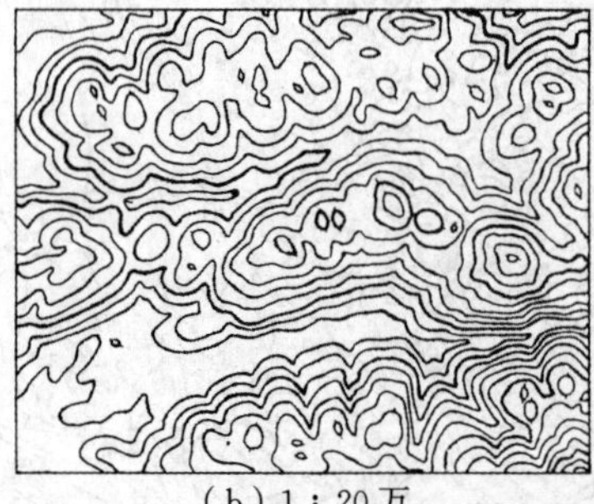

（b）1∶20万

（c）1∶50万

图7-140　华中型-温带石灰岩地貌综合

第八章　测量控制点、独立地物、管线和垣栅的综合

第一节　测量控制点的综合

测量控制点，是测制地形图的主要依据，也是各种工程设施放样的主要依据。图上以几何图形表示三角点、埋石点、水准点、独立天文点等，其几何符号中心即为实地点位置。

按照我国现行有关规范和图式规定，测量控制点在比例尺为 1∶2.5 万—1∶5 万的地形图上全部表示；在 1∶10 万地形图上，三角点仍全部表示，埋石点、水准点等过密时适当舍去，或以一般高程点表示；在 1∶20 万及更小比例尺地形图上，三角点可适当舍去，或改为一般高程点，埋石点、水准点全部改为一般高程点。

一、测量控制点的选取方法

（一）选取等级高的全国性三角点

我国三角测量，按其精度高低，区分为一、二、三、四等。取舍时，应根据测量控制手簿或图历簿中有关记载，分清等级，保证国家高等级控制点的选取。舍去的，首先是测量标志损坏的点，然后是低精度的控制点。

（二）选取易于判别地形起伏的高程点

高程点，包括埋石点、水准点和测图加密控制点。这些点的选取，应能迅速判定任一点的高程和比高。因此，对于高程点的选择，应着眼其作为重要的地性点，既要有山头、高地的高程点，又要有谷底、平地、缓坡的高程点，并保证图上最高点的选取。图内高程点应均匀分布（图 8-1）。

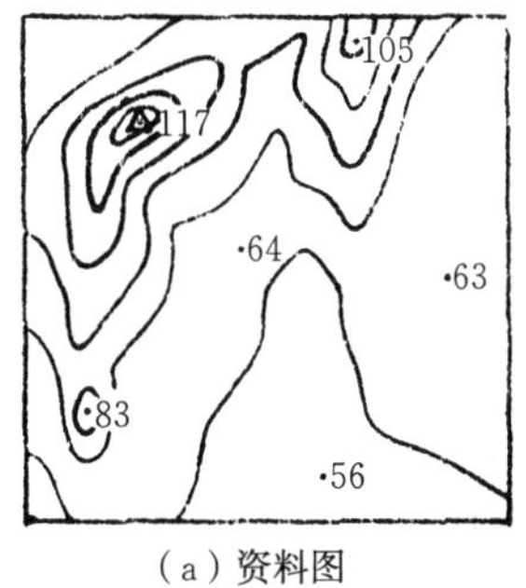

（a）资料图

（b）正确

（c）不正确

图 8-1　高程点的选取

（三）选取制高点和有战术意义的地面高程点

山头、鞍部、渡口、徒涉场、桥头、道路岔口、山隘、独立地物等有战术意义的地面高程点应尽可能地选取，以保证用图的需要。

二、控制点的选取指标

控制点的选取，主要依据地面高程判读的难易程度。在平原地区，高程、比高易于判别，故选取数量一般较少。在山区、丘陵区则较平原区难于判读，故选取数量较平原区多。同时，

选取数量还受地理环境的影响，在人口稠密区，由于地物多，控制点选取少；在荒漠区，由于地物少，选取数量多。

因此，控制点的选取指标一般是一个活动的数字，如1969年版《1∶20万、1∶50万地形图编绘规范及图式》中规定，“一般在山区和丘陵区平均每4 cm^2 注1～2个”高程注记（含曲线高程注记）。

三、控制点的关系处理

（一）控制点注记位置的选择

控制点高程一般注于点之东侧，比高注于点之西侧。位于居民地街区内的三角点，其注记影响地图清晰时，只绘符号，不注高程。例如：

4.5 △ 169.3

在地图内容复杂的地区，控制点注记位置应视具体情况灵活处理，以保证指示明确，清晰易读。但高程一般置于点之西侧或正北方向。例如：

374 △ 3.8　　2157△ 3.1　　1356.7 ·　　374 ·

控制点位于山头的，有山名时，一般山名注于点之东侧，高程注于点之西侧。例如：

1468 ⊙ 大洪山

影响地图清晰性时，一般山名注于点北或西侧，高程注于点之东或西侧。例如：

莲花东山 ·1543　　九华山 · 185　　九华山 374 ·

测量控制点在测量过程中为作业方便而命名的点名，一般不表示；在人烟稀疏区的大比例尺地形图上需要表示时，以点名字体（细等线体）注出，不以山名字体（长中等线体）注记，以避免混淆（图8-2）。

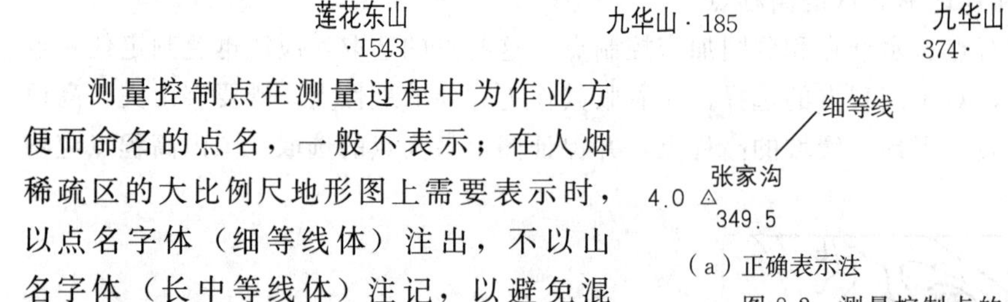

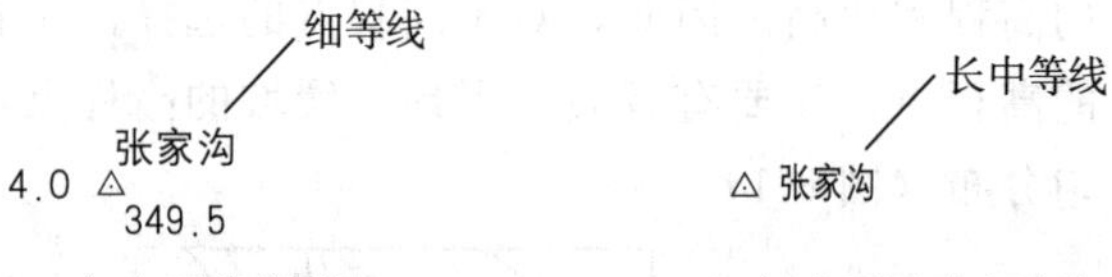

细等线
张家沟
4.0 △
349.5
长中等线
△ 张家沟
（a）正确表示法　　（b）不正确表示法

图8-2　测量控制点的点名注记示例

（二）测量控制点与其他地物的关系

控制点与其他地物相遇时，视具体情况移动、缩小或间断其他地物轮廓图形，以保证控制点点位精度（图8-3）。

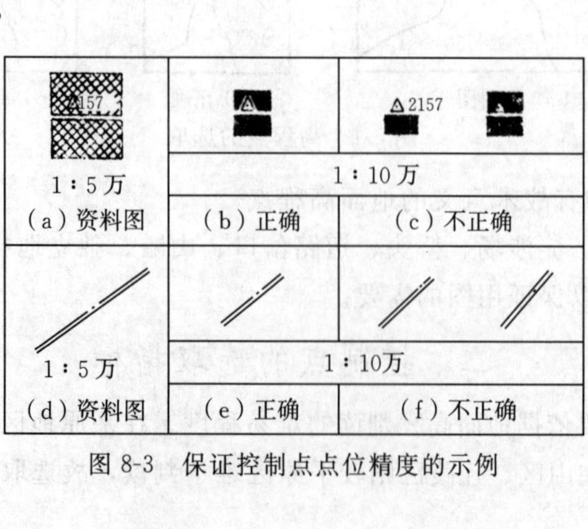

2157
1∶5万
（a）资料图
△2157
1∶10万
（b）正确
（c）不正确
1∶5万
（d）资料图
1∶10万
（e）正确
（f）不正确
图8-3　保证控制点点位精度的示例

第二节　独立地物的取舍

独立地物，是部队判定方位、确定位置、指示目标、联测战斗队形、实施射击指挥的重要依据。独立地物依其不同特点，分为第一类方位物和第二类方位物。

(1) 第一类方位物：突出地面，易于迅速识别。如革命烈士纪念碑、烟囱、古塔、水塔、无线电杆塔、塔形建筑、气象站、水车、风车、钟楼、鼓楼、古关塞等。

(2) 第二类方位物：一般不高出地面，长期固定且易于识别。如道路交叉口、桥梁、河流汊口、居民地内主要街道岔口、道路及河流的特征拐弯、轮廓地物的明显转折等。

这里，我们主要研究第一类方位物。

一、独立地物的选取原则

(一) 在大比例尺地形图上，保证具有战术意义的独立地物选取

独立地物的战术意义，在于它能够帮助迅速判定方位，确定射击诸元。因此，地形图上应保证位于制高点、突出或有重要意义独立地物的选取。

(二) 在中、小比例尺地形图上，保证具有地标作用和政治、文化、历史意义的独立地物的选取

图内最突出的独立地物和处于高处的独立地物都有很强的地标（方位标）作用。同时，对具有政治、历史、文化意义的独立地物，即使不是很突出、很大、很高，也应视其意义和作用选取。

二、独立地物的选取方法

在我国，不同地区独立地物差别较大，在戈壁、草原、沙漠、山区方位物少，在城镇近郊、交通要道等地方位物多。独立地物的突出与不突出，比高不是确切的标准，如在平原地区比高1米的独立石等有很明显的方位意义，而在矿区的烟囱群中几十米高的烟囱也显得很不突出。突出与不突出也是有条件的、相对的、变化的。因此，独立地物的选取方法，是依形状、高度、位置等从普遍中找特殊，从一般中找突出，具体情况具体分析，因地制宜地选取主要、突出的独立地物。

在一片独立地物中，各独立地物都有独立的特点，主次的判别较容易。如古塔、亭、气象站挤在一起，根据其高大特征即可判断古塔为主，其他为次；在大厂矿中的烟囱群，有比高时依比高判别，从高到低地选取，无比高时依其分布特征选取（图 8-4）。

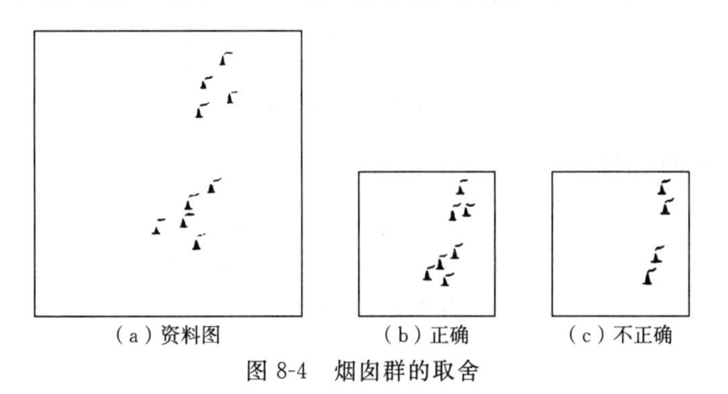

(a) 资料图　(b) 正确　(c) 不正确

图 8-4　烟囱群的取舍

三、独立地物的关系处理

随着地图比例尺的缩小，两个相邻独立地物或多个相邻独立地物都难于准确地保持各自的精度，必须处理其相互关系，处理的基本原则包括：①保持制高点独立地物位置不动，移动其他独立地物。②保持突出或有方位意义的独立地物不动，移动其他独立地物。③保持独立地物不动，移动其他地物。处理方法如下。

（一）判别

即判别两个独立地物或多个独立地物中的主、次。判别主次的主要依据是独立地物的方位作用。按独立地物所处的位置，一般处于独立高地、制高点、拐弯点、岔口等地的是主要的；按其重要意义，革命烈士纪念碑、古塔等是主要的；按其比高，比高越大越重要。

（二）比较

即将相邻独立地物进行比较，分清主次。例如，塔与亭相比，一般塔是主要的，取舍时，一般取塔舍亭，如两者必须同时保留，则可保持塔的位置不动而移动亭；烟囱与水塔相比，除特别高大突出的烟囱，一般水塔是主要的，处理其关系时可保持水塔位置不动，移动烟囱；同样，纪念碑与亭相比，纪念碑是主要的。

（三）平移

独立地物的实地位置是点，平移不是向任意方向移动，必须是在两独立地物测定点连线上移动（图 8-5）。

（a）资料图　　（b）正确　　（c）不正确

图 8-5　独立地物平移示例

（四）独立地物与其他地物的关系处理

保持独立地物的位置不动，移动、缩小或中断其他地物的轮廓图形。举例如下：

(1) 与独立房屋关系的处理（图 8-6）。

（a）资料图　　（b）正确　　（c）不正确

图 8-6　平移独立地物附近的独立房屋

(2) 与河流关系的处理（图 8-7）。

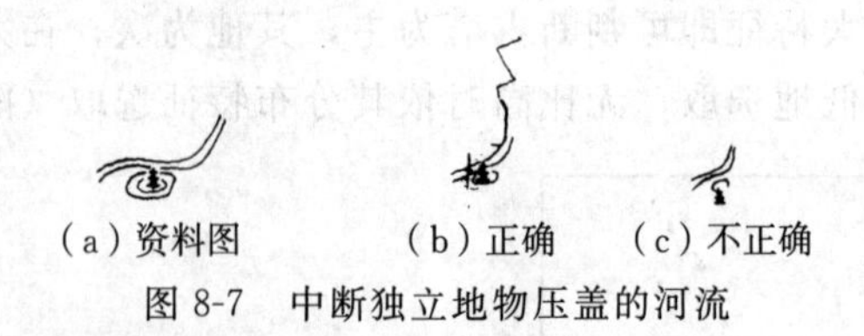

（a）资料图　　（b）正确　　（c）不正确

图 8-7　中断独立地物压盖的河流

(3) 与街区关系的处理（图 8-8）。

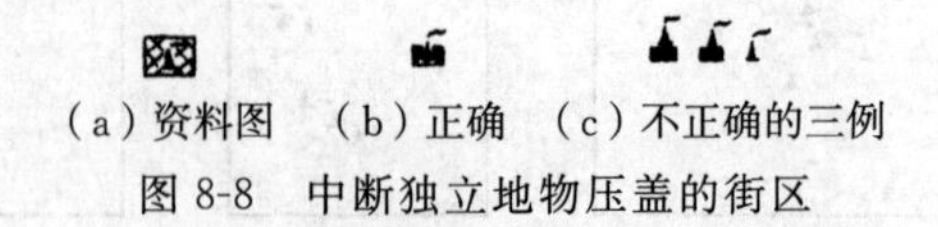

（a）资料图　（b）正确　（c）不正确的三例

图 8-8　中断独立地物压盖的街区

（4）与道路关系的处理（图 8-9）。

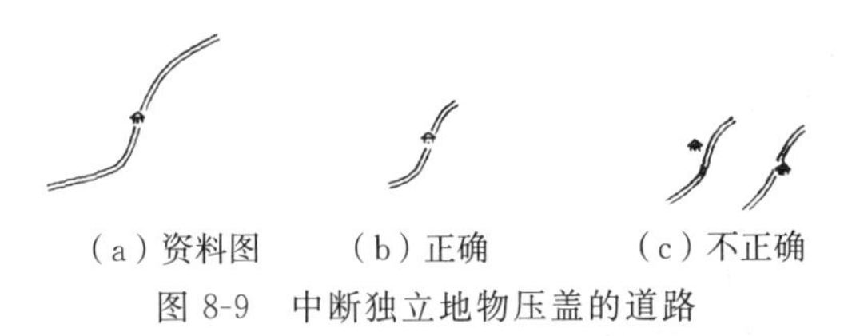

（a）资料图　（b）正确　（c）不正确

图 8-9　中断独立地物压盖的道路

第三节　管线和垣栅的综合

一、管线的综合

高压电线、通信线，以及各种输油、输水、输气管道，无论是战时还是和平时期，在国民经济和军事上都是非常重要的。根据我国现行图式和规范规定，在大于 1∶10 万比例尺地形图上应予详细表示，在 1∶20 万及 1∶50 万比例尺地形图上只表示主要高压电线。

管线的综合主要表现为以下几个方面。

（一）选取电压高、线路长和通往大型厂矿或变电所的高压线路

高压电线是远距离的输电线路，距离越远，电压越高。因此，电压是高压电线选取的主要依据。在没有电压伏数注记时，依线路长度判断，一般线路越长，电压越高。同时，线路的选取还应考虑其通向处所，如大型厂矿、变电所设施等。其选取方法是保留高压线路，舍去低压线路；保留长距离线路，舍去支叉线路。

（二）选取主要联络点间的通信线路

通信线是联络点间通信的线路。其联络点在行政意义上主要是指我国基层行政单位，如乡镇等。各联络点就是选取通信线的主要依据。在重要性上，主要选取位于边防、人烟稀疏区或山区的通信线。一般交通越困难，通信线的选取程度越大，越详细，特别是比较固定的荒漠区的通信线。许多条通信线与高级道路平行时，选取距离道路最远的线路，与道路间距小于 3 mm 的路段略绘，仅绘出与路斜交的部分（图 8-10）。

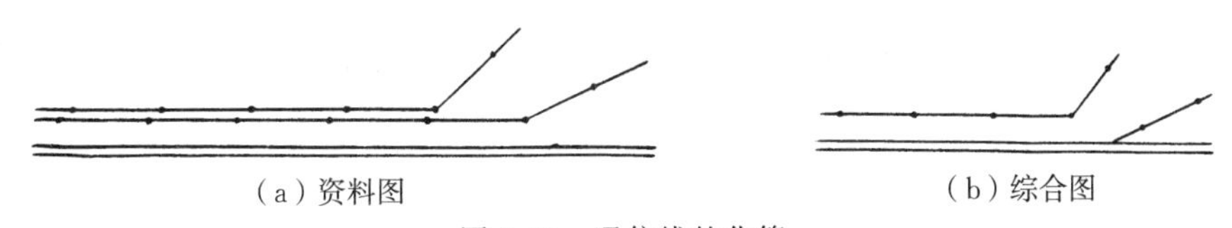

（a）资料图　（b）综合图

图 8-10　通信线的化简

（三）管线的选取应反映其结构特征

综合时，必须进行分析、研究，找出网络特征、大小及主要线路的走向和通达地，然后具体分析确定其取舍。

（四）管线只能取舍，不能合并

管线的架设，除了支线，都是分别架设，有各自的独立性，不互相通用。因此，进行综合时，遇到多条管线平行、交叉等情况不能互相合并取代，只能整条取或舍（图 8-11）。

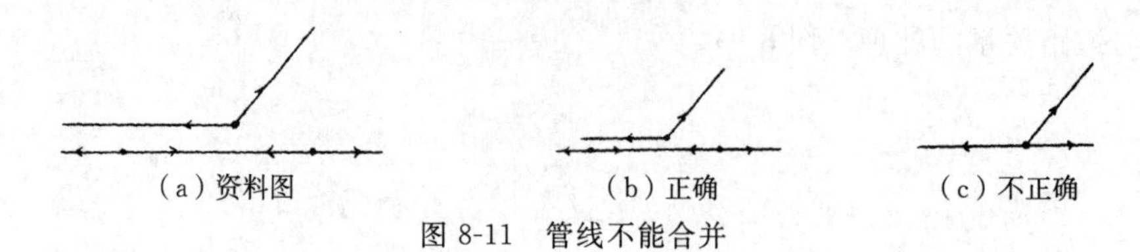

（a）资料图　　（b）正确　　（c）不正确

图 8-11　管线不能合并

（五）管线与其他地物的关系

高压电线、通信线是架空的线状地物，除了进入居民地街区内不表示外，与其他要素相遇一律跨越，不中断，并保持其连贯性（图 8-12）。

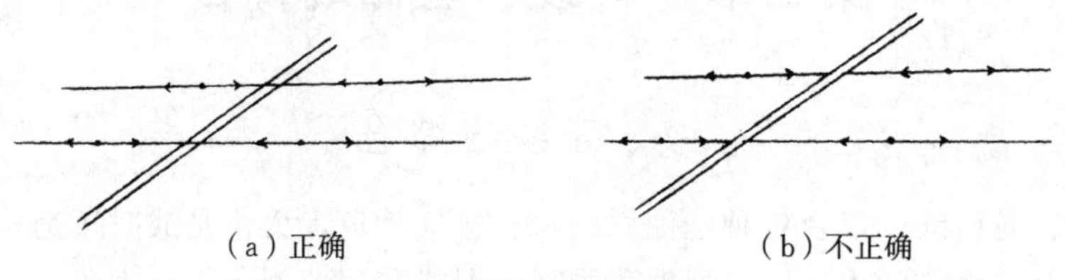

（a）正确　　（b）不正确

图 8-12　保持管线的连贯性

交叉的高压电线、通信线，交叉点一般不共用杆、架，高压电线与通信线不混接（图 8-13）。

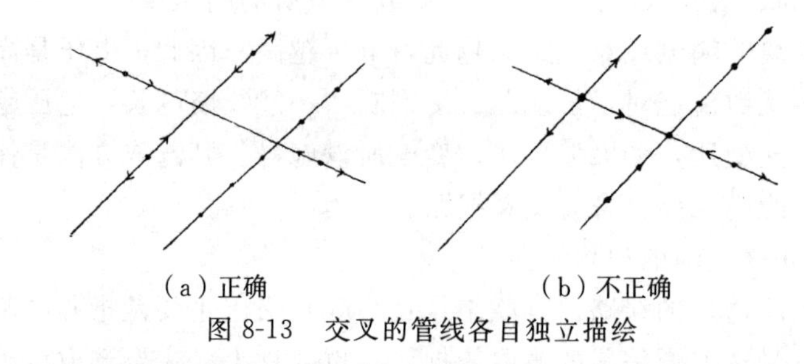

（a）正确　　（b）不正确

图 8-13　交叉的管线各自独立描绘

通信线与其他线状地物平行时，一般保持其他地物不动，移动通信线（图 8-14，图 8-15）。

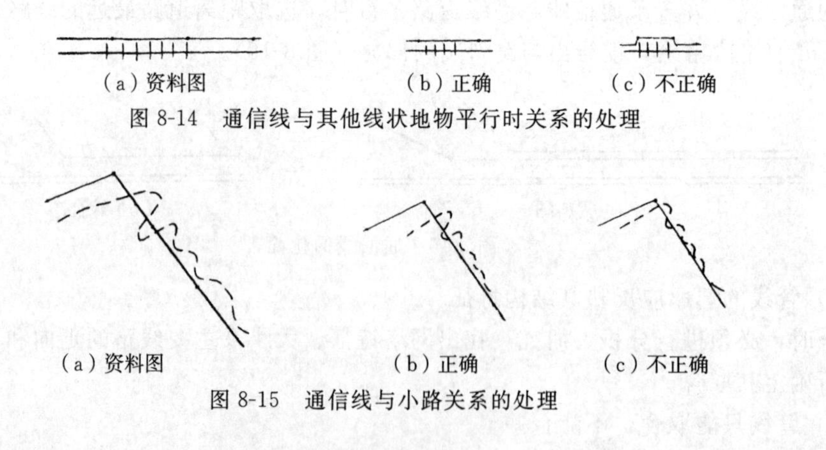

（a）资料图　　（b）正确　　（c）不正确

图 8-14　通信线与其他线状地物平行时关系的处理

（a）资料图　　（b）正确　　（c）不正确

图 8-15　通信线与小路关系的处理

二、垣栅的综合

城墙是国家的文化遗产，有着重要的历史意义；堤，是人们在与自然界斗争中用以防洪、防潮、围垦、拦水截流的构筑物，它化水害为水利，是改造自然的重要措施。

我国垣栅的建筑形式，有很强的规划特征和清楚的几何图形，在军事上还有重要的战术价值，其制图综合主要有以下几个方面。

（一）根据意义及重要性选取

城墙，除了长城、大中城市的高大城墙外，在我国还有一些实地不高、不太明显但有历史意义的城墙，如成吉思汗边墙等。这些城墙不仅在大比例尺图上，而且在中、小比例尺图上也应显示。同样，有重要防洪防潮作用的堤，如长江大堤等，亦应突出显示。

（二）根据连贯性及堤网特征选取

垣栅的制图综合，大量地表现为堤的取舍。我国长江中下游两岸、大河三角洲地区、沿海低平地带筑有大量的防洪、防潮、围垦堤，这些堤具有很好的连贯性。这种连贯性又构成防护网，其网状特征在不同地区表现为不同形式，如长江两岸为线状，三角洲地区为放射状，沿海多为格状。

（三）正确显示垣栅形状特征

垣栅形状概括的基本方法是保持或扩大主要特征弯曲，舍去次要碎部形状（图 8-16）。

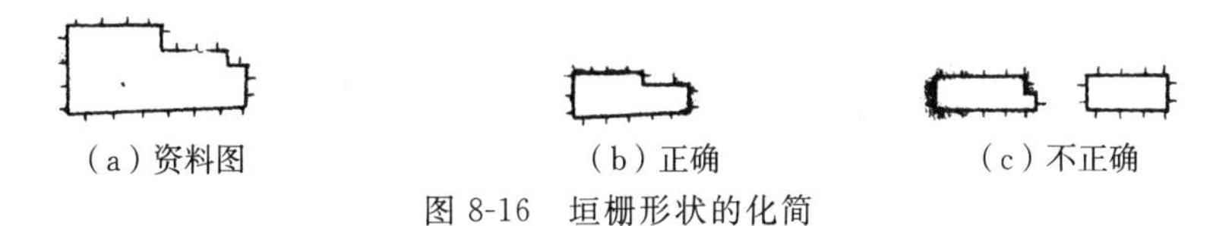

（a）资料图　（b）正确　（c）不正确

图 8-16　垣栅形状的化简

（四）垣栅与其他要素关系的处理

1. 垣栅与河流关系的处理

一般是保持河流位置不动，移动垣栅。但如果是城墙内外的小溪、沟渠、护城河等，则应以保持城墙位置不动，移动小溪、沟渠、护城河等。

2. 垣栅与街区关系的处理

保持垣栅位置不动，缩小或移动街区（图 8-17）。当垣栅与街道边线重合时，只绘街道线，不绘垣栅符号（图 8-18）。

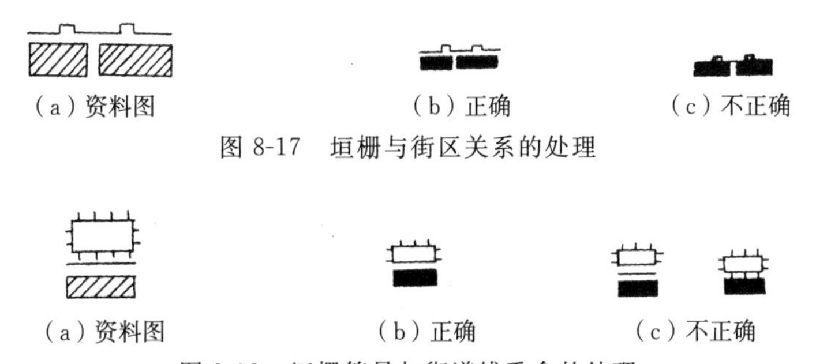

（a）资料图　（b）正确　（c）不正确

图 8-17　垣栅与街区关系的处理

（a）资料图　（b）正确　（c）不正确

图 8-18　垣栅符号与街道线重合的处理

3. 城墙与道路关系的处理

保持城墙位置不动，移动道路。

4. 土围、栏栅与道路关系的处理

如为高级道路，则保持高级道路走向、位置不动，移动土围、栏栅；如为低级道路，则保持土围、栏栅位置不动，移动低级道路（图 8-19）。

5．堤与道路关系的处理

高级道路与堤平行时，路不动，移动堤；低级道路与堤平行时，则堤不动，移动路。堤、路一致时，高级道路与主要堤相连，堤改为路堤；低级道路则接于堤端（图 8-20）。

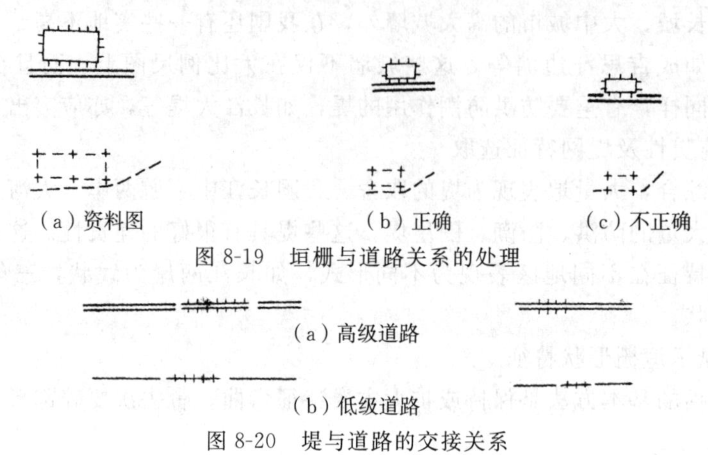

（a）资料图　　（b）正确　　（c）不正确

图 8-19　垣栅与道路关系的处理

（a）高级道路

（b）低级道路

图 8-20　堤与道路的交接关系

6．垣栅与独立地物关系的处理

保持独立地物的点位、相关位置及符号方向（图 8-21）。

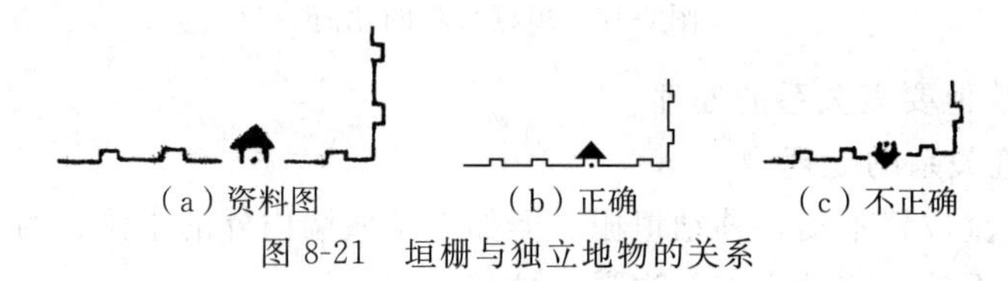

（a）资料图　　（b）正确　　（c）不正确

图 8-21　垣栅与独立地物的关系

保持独立地物（如独立房屋）分别位于堤上、堤坡、堤脚的位置关系（图 8-22）。

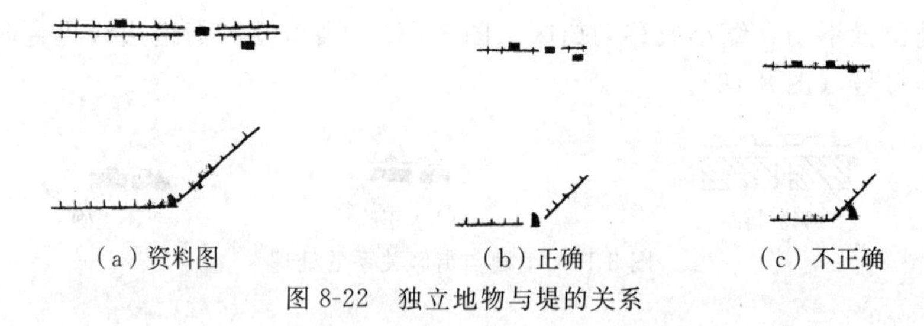

（a）资料图　　（b）正确　　（c）不正确

图 8-22　独立地物与堤的关系

第九章　地形图上各要素图解关系的处理

地图上，以各种不同的符号表示实地各种不同的地物。各符号按其比例尺分类，可分为依比例尺符号、不依比例尺符号和半依比例尺符号。

地图符号的一致性和连贯性，是保证识图用图迅速准确的重要因素。因此，在我国系列比例尺地形图上保持了符号图形的完全一致和符号尺寸的基本一致，免除了因符号图形不一致而造成的烦琐的符号对照、转移和判读错误。但是，符号尺寸的同一性又必然造成地图比例尺缩小后各符号间的互相压盖、互相干扰，使图面极不清晰，无法判读。

为保证地图既详细准确又清晰易读，必须正确处理好各要素间的相互关系。

各要素间的相互关系，经常地、大量地表现为两要素关系和多要素关系。其图解形式多为相切、相离、相交、平行、通过、绕行等。这些关系，遵循着一定的变化和发展规律。认识和掌握这些规律是正确处理各要素相互关系的基础。

从地图用途来考虑，1∶10 万及更大比例尺图是战术用图，保持物体位置的准确是主要的，一般也是能够办到的；而 1∶20 万及更小比例尺图是战役和战略用图，应保持物体之间的关系正确，并尽量照顾到精度。

要解决各要素图形之间的冲突，保持关系正确，基本的方法是移位。如何移位，移动哪一个要素，要按照以下的原则处理。

第一节　重要要素与次要要素之间的关系处理

从制图的角度说，多数情况下，只要有两个以上的要素并存，就有主有次，有重要与一般，有高级与低级，即有区别。这些区别是处理相互关系的重要依据。

在各要素的关系处理过程中，一般是保持某一要素位置不动，移动其他要素。“不动”要素，即是“主次”中的“主”要素，“重要与一般”中的“重要”要素，“高级与低级”中的“高级”要素。主要与次要是相对的，变化的。“主要”要素也不是一切都主要，同一主要要素中也有主次之分。比如，水系中的大河与沟渠就是同一主要要素中的主和次。水系与道路比，水系是主，道路是次。但沟渠与高级道路比，高级道路上升为主，沟渠下降为次等。因此应正确区分主次，保持主要要素的位置，移动次要要素的位置。

一、海、湖、大河流等大的水系物体与岸边地物的关系处理

海、湖、大河流等大的水系物体与岸边地物的关系处理，应该是大的水系物体不移位。海、湖、大河流等是良好的方位物，又是地形的重要骨架，对近岸其他物体的位置和形状起着制约作用，在实地上也比较稳定，故应保持其位置不变，而移动其他要素。下面举几个具体实例。

(一) 海、湖、大河岸线与居民地的关系

当居民地与岸线相切时，保持切点（或切线）不变。沿岸有街道时，保留街道；无街道时，街区与岸线间空 0.2 mm。当岸边街道为唯一或主要通道时，以圈形符号表示的居民地，圈形符号切于道路边线；当岸边街道为非唯一或主要通道时，图形符号切于岸线。如图 9-1 所示。

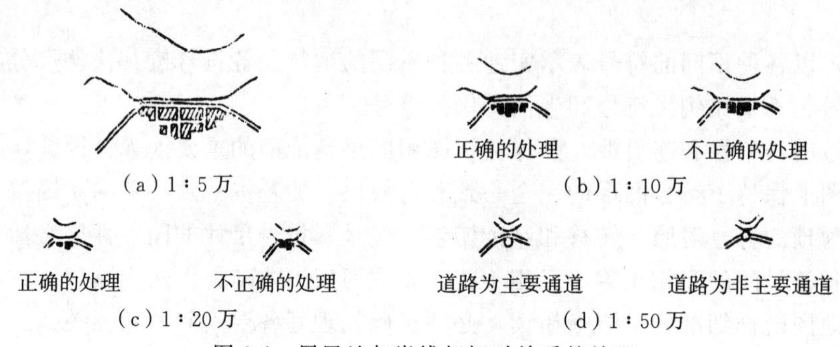

图 9-1 居民地与岸线相切时关系的处理

位于海角处的居民地，因位置较重要，一般均应表示（图 9-2）。以平面图形表示的居民地，若容纳不下时可缩小街区面积或外移岸线，使二者之间空 0.2 mm 间隔，并保持海角形状不变，见图 9-2（b）。以圈形符号表示的居民地，若海角的宽度略小于圈形符号时，可外移岸线，如图 9-2（c）左侧图所示。若海角很窄时，为了显示海角特征，可不移岸线，圈形符号绘在居民地中心位置上，如图 9-2（c）右侧图所示。

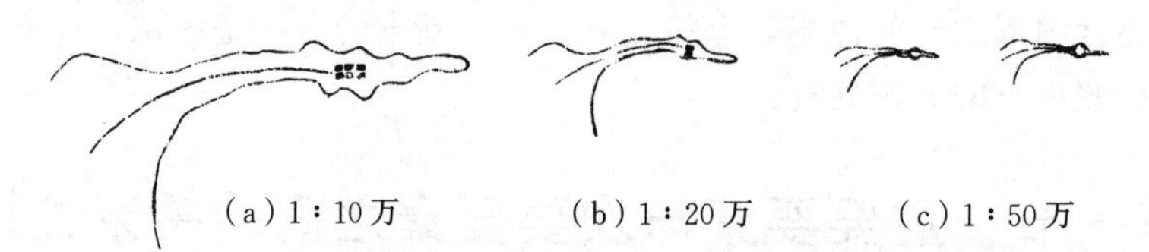

图 9-2 居民地与海角关系的处理

当居民地与岸线相离时，以平面图形表示的居民地邻近岸线一侧的房屋与岸线间隔大于 0.2 mm 时，仍保持形状特征和相离关系；间隔小于 0.2 mm 时，房屋适当向居民地内侧移动，不能移位时，可舍去一些靠近岸线的零散房屋，使间隔保持 0.2 mm，即为相切关系。若居民地以圈形符号表示且与岸线之间隔大于 0.2 mm 时，仍保持相离特征，小于 0.2 mm 时，可切在岸线上。如图 9-3 所示。

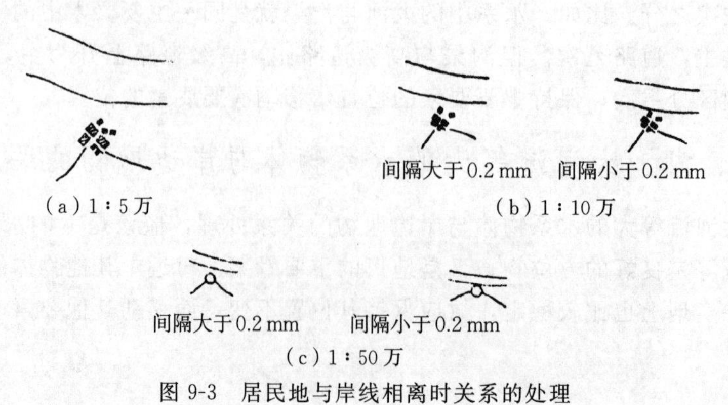

图 9-3 居民地与岸线相离时关系的处理

（二）海、湖、河岸线与岸边道路的关系

海、湖、河岸与岸边道路的关系，有两种情况：一种是道路依岸平行，另一种是道路通过浅滩连接大陆和岛屿。在处理两者关系时应保持岸线位置不变，平移道路符号；保持通过岸线道路走向不变，中断岸线。岸线与路平行时，保持平行路段起止点不变，比例尺缩小后路与岸间仍空 0.2 mm 间隔。路通过岸线时，被道路符号压盖部分的岸线中断，通过水域的路段路边不加绘岸线。如图 9-4、图 9-5 所示。

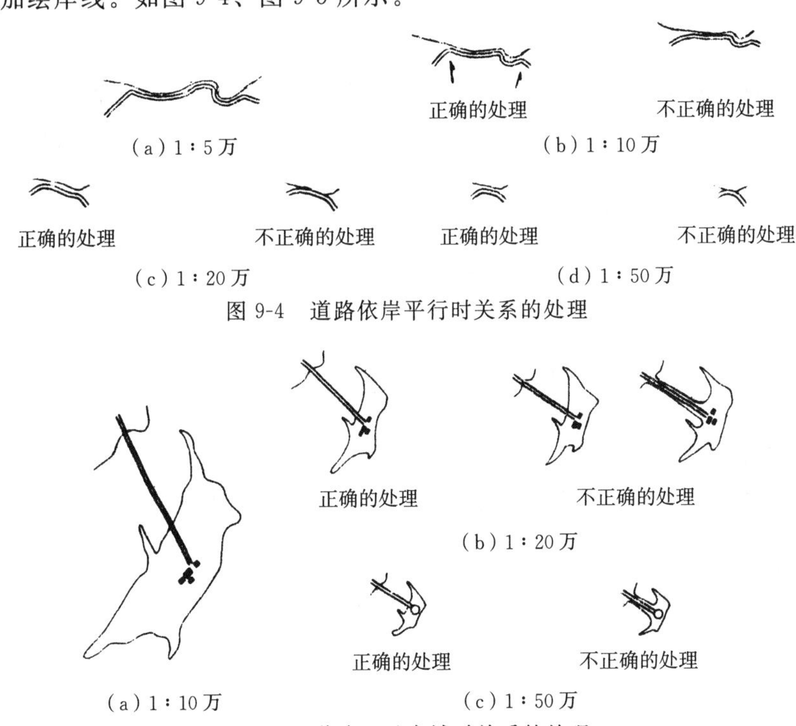

图 9-4　道路依岸平行时关系的处理

图 9-5　道路通过水域时关系的处理

（三）海、湖、河岸线与岸边人工堤的关系

沿海、湖、河岸修筑的防浪、防洪、围垦堤坝与岸线关系，有两种情况：一是堤坝边缘直接与水域毗连，一是堤坝外与岸线间有一宽窄不一的滩地。随着比例尺的缩小，堤坝外毗连水域时，以堤为主，堤坝基线不动，以堤线代岸线，如图 9-6 所示。

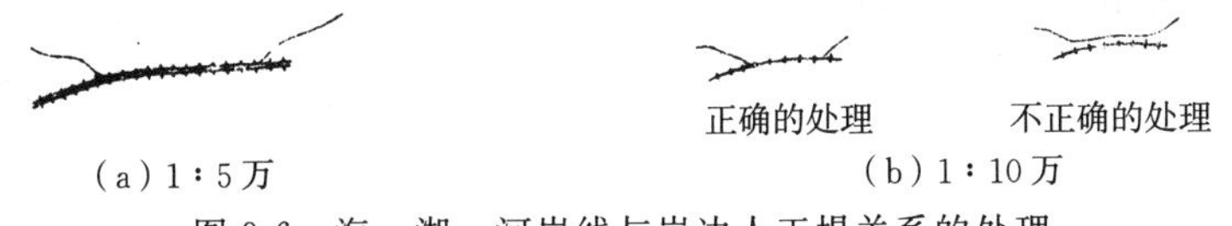

图 9-6　海、湖、河岸线与岸边人工堤关系的处理

堤坝外有滩地时，岸线是主要的，岸线不动，向内陆方向平移堤坝，使堤坝与岸线间保持 0.2 mm 间距，如图 9-7 所示。

图 9-7　堤坝外有滩地时关系的处理

二、城市中各要素关系的处理

城市中各要素关系的处理，应该是保持河流或铁路的位置不动而移动街道和街区。在有河流、铁路通过的城市中，河流、铁路与街道、街区比较起来，前者是主要的，后者是次要的。这些地物符号，特别是铁路及其附属物符号会占去大量的街区面积。在关系处理时，应保持河流或铁路位置不动，平移或缩小街区；铁路位于河流边时，保持河流位置不变，依次平移铁路和街区。如图 9-8 所示。

图 9-8 居民地内街区与铁路关系的处理

三、高级道路与小居民地的关系处理

高级道路与小居民地的关系处理，应保持高级道路位置及走向不变，移动小居民地。铁路、公路等高级道路与县级以下的居民地比较起来，铁路、公路是主要的，居民地是次要的。随着比例尺的缩小，为了保持二者的相切、相通和相离的正确关系，需要移动居民地。

居民地与铁路相切时，其街区应与铁路间空出 0.2 mm 间距；居民地街区与公路相切或间隔小于 0.2 mm 时，街区与公路共边线表示。若居民地以圈形符号表示时，圈形符号切于道路边线。如图 9-9 所示。

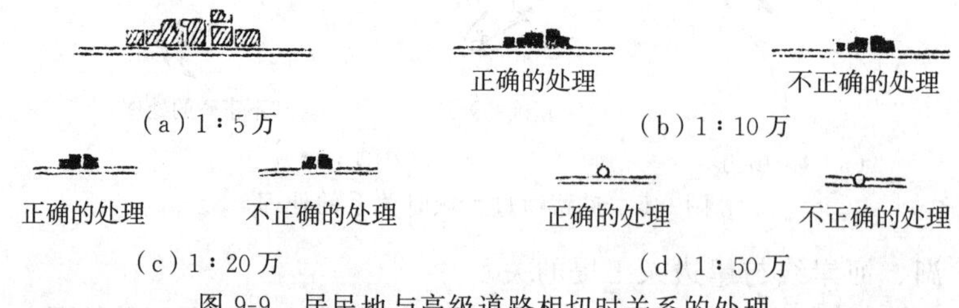

图 9-9 居民地与高级道路相切时关系的处理

道路通过居民地时，铁路连续通过，与街区间留 0.2 mm 间隔；公路通过时，若居民地为散列居民地，公路连续通过，公路与街区相切的仍然切在路上，若居民地具有完整街道时，则公路与街口衔接处应平齐间断。居民地以圈形符号表示时，公路接在圈形符号上。如图 9-10、图 9-11 所示。

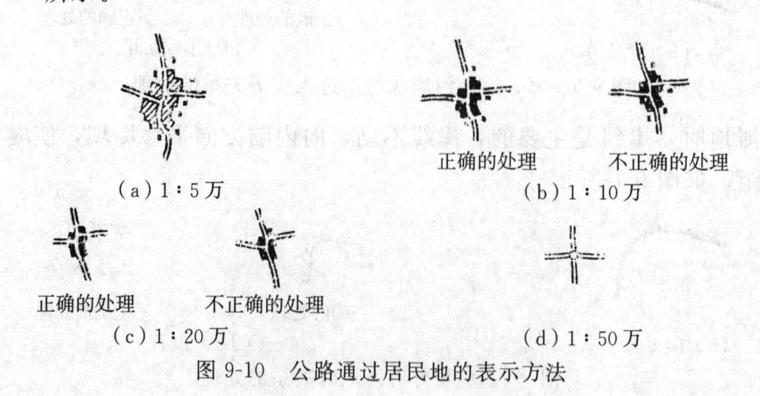

图 9-10 公路通过居民地的表示方法

图 9-11　公路进出居民地情况的处理

居民地与道路相离时，处理原则与“居民地与岸线相离的关系”处理原则相同，如图 9-12 所示。

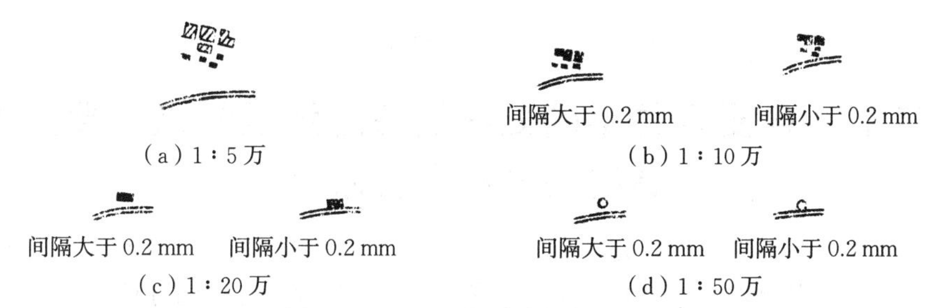

图 9-12　居民地与道路相离的表示

四、河流与居民地的关系处理

河流与居民地的关系处理，应保持河流的位置不变，移动居民地，保持二者关系正确。河流对居民地有重要的制约作用。河流和居民地的关系在不同地区有不同的特点，主要有相切、相通、相离三种形式。河流与居民地比较起来，前者是主要的，因此在处理其关系时，应保持河流位置不变，移动居民地，真实反映河流与居民地的位置关系。

居民地与河流相切时，则平移街区或缩小街区面积，使二者保持 0.2 mm 间距。以圈形符号表示的居民地切于河岸线。如图 9-13 所示。

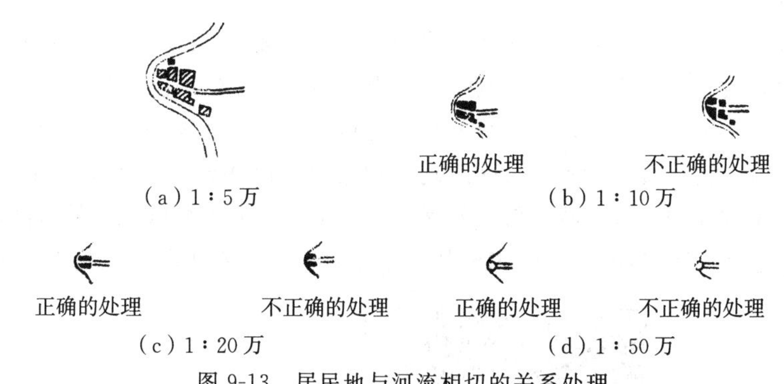

图 9-13　居民地与河流相切的关系处理

河流通过居民地时，应平移街区或缩小街区面积，使河流与街区间空 0.2 mm。以圈形符号表示时，河流接在圈形符号上，圈内中断河流符号（注：航空图上圈形符号内不中断河流符号）。如图 9-14 所示。

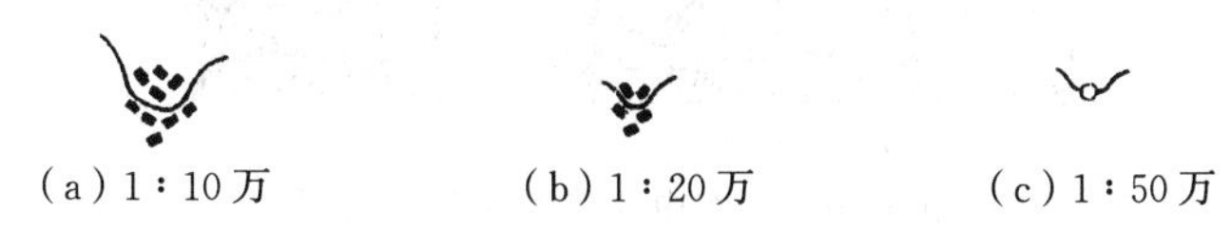

图 9-14　河流通过居民地的关系处理

居民地与河流相离时,处理原则与“居民地与岸线相离时关系的处理”相同,如图 9-15 所示。

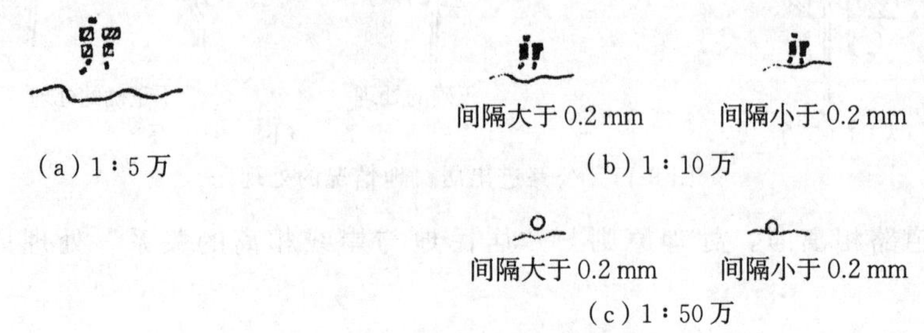

图 9-15 居民地与河流相离的关系处理

第二节 各要素关系的处理要考虑地区特点及要素的制约关系和移位难易

由于各要素所处的位置不同，处理的方法也不同，前面讲的原则不能千篇一律地运用，应根据地区特点、要素的制约关系、移位难易等条件对具体情况做具体的分析。如前面所讲的水系是重要的，一般不能移位，移动的是其他要素，但也不是所有地方的水系都不能移位，有时就要移动水系而不移动其他要素。因此在特殊情况下，还要从要素所处的位置和制约关系来决定移位关系。

一、峡谷中各要素的关系处理

峡谷中各要素的关系处理应保持河流不动，而移动其他要素。在山区谷地，特别是在有工矿区的谷地里，常常是厂房、居民地、河流、铁路、公路等地物交织，在基本比例尺地形图上表示已是不易，随着比例尺的缩小则更显困难，有时单用移位的方法处理相互关系易造成谷底地物上山，使用图产生错误。

为了较好地处理其相互关系，应保持谷底河流位置正确，依次平移其他地物。如铁路、公路与河流平行时，要平移铁路、公路。其次序是先移靠近河流的道路，后移远离的道路，不论二者的等级高低。为了减少移位，各平行的高级道路可采用共边线表示。必要时也可缩小符号尺寸，对谷底河流、道路符号及各符号间距均予以缩小，缩小幅度一般为 0.1～0.15 mm。对于以轮廓图形表示的地物保持形状相似，不做扩大。也可舍去各线状地物符号间的某些零散建筑及分岔、低级道路等次要地物。图 9-16 中保持河流不动，移动道路以共边线表示。

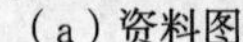

(a) 资料图 (b) 综合图

图 9-16 峡谷中各要素的关系处理

二、位于等高线稀疏的开阔地区的单线河流与高级道路的关系处理

位于等高线稀疏的开阔地区的单线河流与高级道路的关系处理，应是移动河流弯曲部分，保持高级道路位置不变。单线河流与铁路比较，铁路显得位置更重要，方位意义大。单线河位于开阔地区，弯曲部分的位移不影响与等高线的套合关系，故可以移动河流使其间距0.2 mm，如图 9-17 所示。

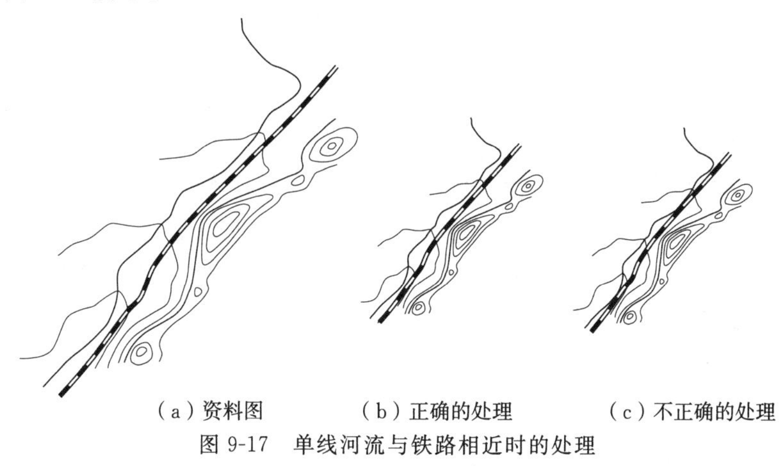

（a）资料图　（b）正确的处理　（c）不正确的处理

图 9-17　单线河流与铁路相近时的处理

三、沿海、湖区狭长陆地与高级道路的关系处理

沿海、湖区狭长陆地与高级道路的关系处理，应是移动岸线，保持高级道路的位置。在沿海或湖区，狭长的半岛或湖区狭长地带筑有高级道路，从重要性来讲，岸线是重要的，不得移动。但从二者的制约关系来看，高级道路不得舍去，一定要表示，随着比例尺的缩小，道路符号宽于狭窄地带时，只有扩大陆地，向外移动岸线。处理时应保持道路的等级和走向，缩小道路符号宽度，一般是将 0.6 mm 的道路符号缩为 0.5 mm，保持岸线的连续和完整，将被道路符号压盖的岸线平行移出路外，如图 9-18、图 9-19 所示。

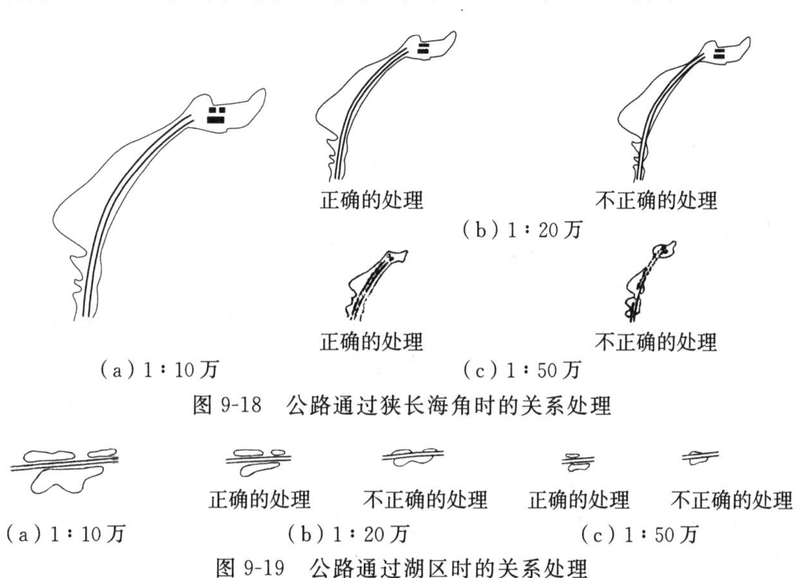

图 9-18　公路通过狭长海角时的关系处理

图 9-19　公路通过湖区时的关系处理

四、狭窄河湾与道路、居民地的关系处理

狭窄河湾与道路、居民地的关系处理，应是保持居民地和道路的位置、走向不变，平移河流，扩大河湾。图 9-20 表示的是河湾中居民地、道路与河流关系的处理。

正确的处理
不正确的处理
(a)1∶10万
(b)1∶20万
(c)1∶50万

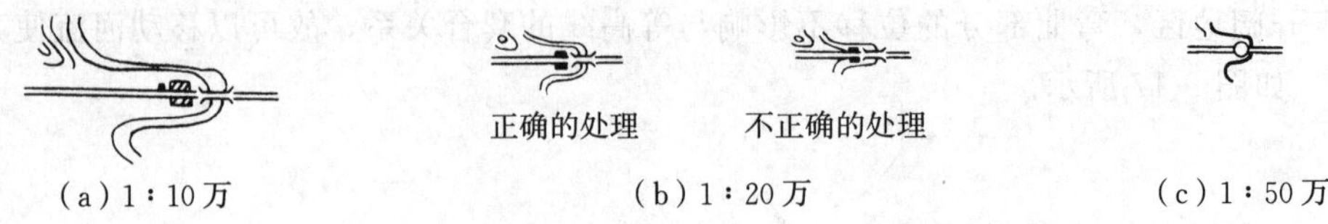

图 9-20　河湾中居民地、道路与河流关系的处理

五、海、湖、河岸线与独立地物的关系处理

海、湖、河岸线与独立地物的关系处理，应保持独立地物的点位不变，中断或移动岸线。岸边的独立地物，多为航行设施（如灯塔、航标等）、名胜古迹（如古塔、亭、碑等）、工程设施（如石油井、无线电杆塔等）。这些地物除了本身的特定作用外，还具有方位标作用，有较好的测量精度。在处理二者之间的关系时，应保持方位物点位不变，中断岸线（如图 9-21 所示）或扩大岛礁面积。

正确的处理
不正确的处理
(a)1∶5万
(b)1∶10万

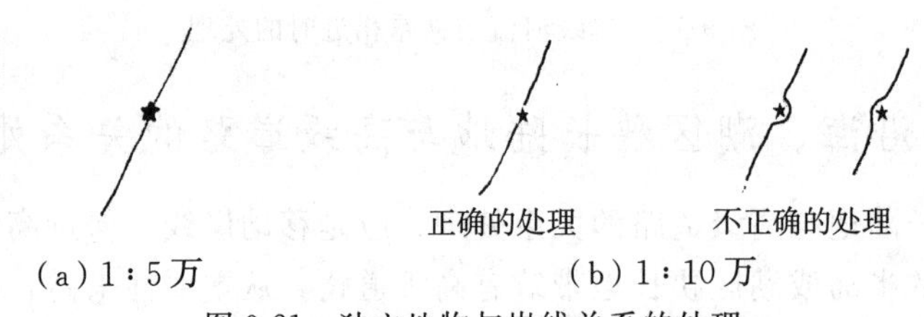

图 9-21　独立地物与岸线关系的处理

扩大岛礁这一方法只用于大比例尺地形图上小岛礁面积略小于独立地物符号面积时的关系处理。在中、小比例尺地形图上，当岛礁很小时，只表示独立地物，不表示岸线。如图 9-22 所示。

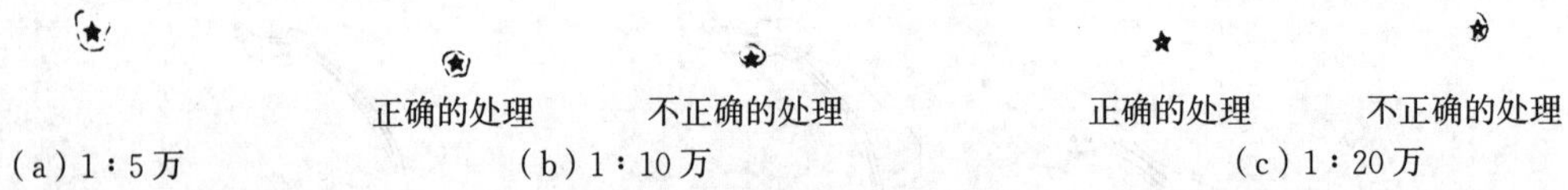

正确的处理
不正确的处理
正确的处理
不正确的处理
(a)1∶5万
(b)1∶10万
(c)1∶20万

图 9-22　小岛礁上独立地物的表示

第三节　各要素的关系处理要考虑图形特征

要素的平面图形有曲线段、直线段等不同特征，在编绘作业中应客观地反映出来，这是地图的用途要求决定的。笔直部分、特征弯曲部分方位意义大，因此在关系处理时应保持直线段的位置不变，夸大或缩小曲线段的弯曲，关系处理后仍然保持原来的形状特征。

一、高级道路与狭窄河湾的关系处理

高级道路与狭窄河湾相交时，比例尺缩小后应保持道路的走向与位置不变，扩大河湾，如图 9-23 所示。

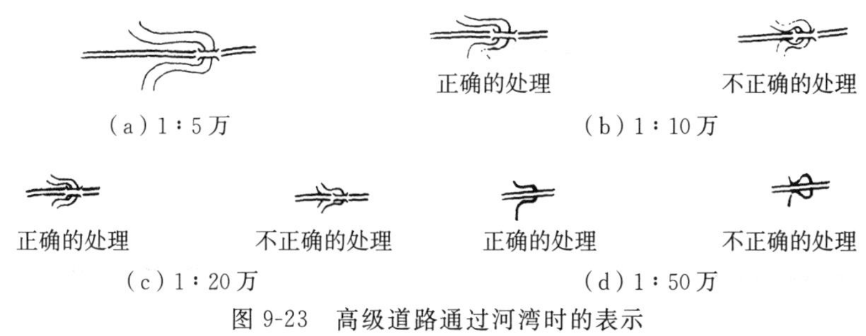

(a) 1∶5万　(b) 1∶10万　(c) 1∶20万　(d) 1∶50万

图 9-23　高级道路通过河湾时的表示

二、高级道路与河流的关系处理

若路段是笔直的而河流是弯曲的，应移动河流；若河段是直的而道路是弯曲的，则移动道路。如图 9-24 所示。

(a) 1∶10万　(b) 1∶20万

图 9-24　高级道路与河流的关系处理

三、两高级道路与居民地之间的关系处理

应保持笔直的道路不动，移动弯曲的道路，如图 9-25 所示。

(a) 1∶20万　(b) 1∶50万

图 9-25　两高级道路与居民地之间的关系处理

第四节　要素内部图形的图解关系处理

要素内部的图解关系是指图形结构特征。随着比例尺的缩小，有的需要完全保持要素内部图形的有机联系和特征；有的不能按原图形绘出，需进行必要的化简。这类图解关系的处理，有的是移位；有的不移位，只是化简图形（包括图形组合、类型、性质的变化）。

图解关系处理以道路较多。由于地形不同，形成了不同的道路等级、走向和相互关系，有的在同一平面上交叉、平行，有的在不同平面上交叉、平行。关系处理时应保持两道路的走向、交叉点位置不变，移动低级道路，以保持高级道路位置正确。

在同一平面上相交时，断开同类高级道路交叉口内的边线；不同类高级道路交叉时，则保持运输能力强的道路符号完整连贯，其他道路在交叉点衔接；各低级道路的交点均应以实线相交，并保持交点位置准确。如图 9-26 所示。

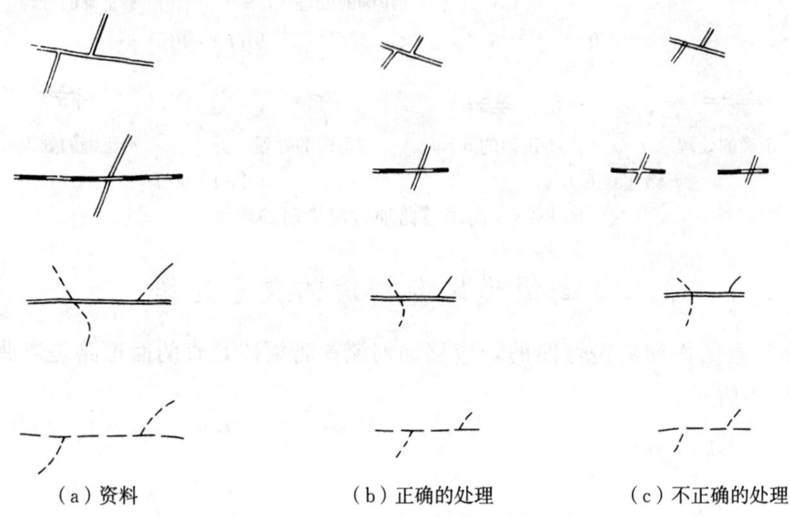

图 9-26　各级道路交接关系的表示

两道路在同一平面上平行时，高级道路及桥梁以共边线处理；或保持两道路间高一级道路不动，平移低一级道路；相同等级则视情况移动一条或两条同时向两侧移动。如图 9-27、图 9-28 所示。

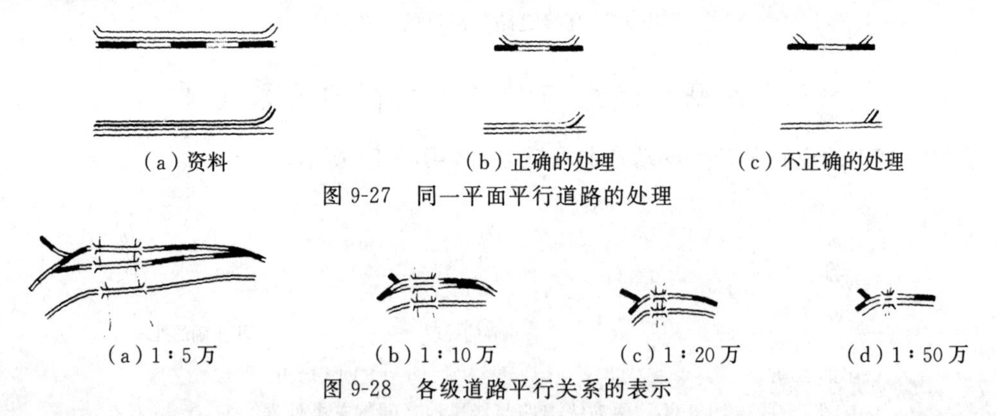

图 9-27　同一平面平行道路的处理

图 9-28　各级道路平行关系的表示

两道路在不同平面上相交时，位于高平面的道路不论其等级、类别，一律压盖低平面的道路。压盖的方式，一是以桥、涵等，二是以道路符号压盖。复杂的高级道路交叉口，可做适当化简。如图 9-29、图 9-30 所示。

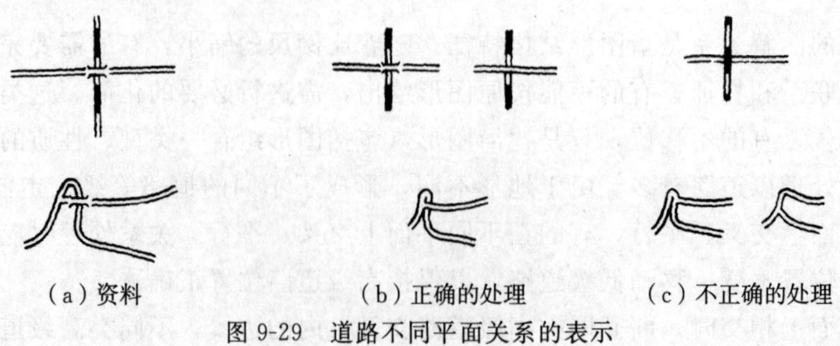

图 9-29　道路不同平面关系的表示

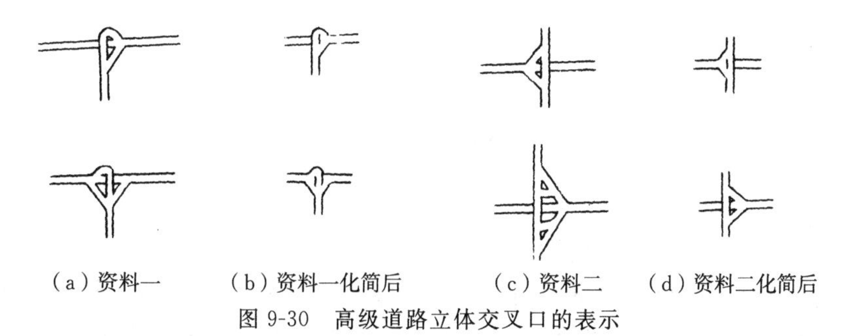

（a）资料一　（b）资料一化简后　（c）资料二　（d）资料二化简后

图 9-30　高级道路立体交叉口的表示

不同平面上平行时，保持高级道路不动，以共边线或移动低级道路处理。

居民地的图解关系处理，随着比例尺的缩小，图形的化简常形成图形新的组合，带来类型、性质的变化，如居民地中的土围、栏栅基线有可能改绘成街道边线。

水系的图解关系处理也较多，常见的有河流与河流、河流与沟渠、沟渠与沟渠的交叉，有的在同一平面上，也有的不在同一平面上。这种情况以海河工程较多。在处理图形时，首先要保持交叉点位置正确，不论水系物体大小，高平面一律压低平面，压盖方式通常以渡槽、涵管等形式表示。图形复杂的可以化简，需位移时，保持大的河流和主干渠位置不动，移动次要河渠。

编后语

本书于1974年编写，书中涉及当时的地图编绘规范、标准、术语、地图比例尺系列，以及其他背景情况，不做修改，书中插图也大多保持油印版原貌，仅对少量保存效果太差的图进行了技术处理或局部补绘，以提高清晰度。这是为了尊重历史，特此说明。

因排版需要，本书中的地图比例尺仅为示意。

作者

2021年5月于郑州